21 世纪高职高专创新精品规划教材

微型计算机组装与维护
（第二版）

主　编　柳　青　陈孟祥

副主编　郭　雅　吴观全

中国水利水电出版社
www.waterpub.com.cn

内 容 提 要

本书以当前主流微型计算机及其配件为基础，介绍微型计算机各部件的功能、性能参数、选购知识和装配技术，以及微型计算机维护的基本方法，突出典型性和新技术，注重帮助学生掌握基本知识与技能，体现以就业为导向、以职业能力为核心、以岗位应用为目标的基本原则。

本书可作为高等职业院校和计算机培训班相关课程的教材或参考书，也可作为微型计算机用户的工具书。

本书配有电子教案，读者可以到中国水利水电出版社和万水书苑的网站上免费下载，网址为：http://www.waterpub.com.cn/softdown/和 http://www.wsbookshow.com。

图书在版编目（CIP）数据

微型计算机组装与维护 / 柳青，陈孟祥主编. -- 2版. -- 北京：中国水利水电出版社，2015.9
 21世纪高职高专创新精品规划教材
 ISBN 978-7-5170-3596-1

Ⅰ. ①微… Ⅱ. ①柳… ②陈… Ⅲ. ①微型计算机－组装－高等职业教育－教材②微型计算机－维修－高等职业教育－教材 Ⅳ. ①TP36

中国版本图书馆CIP数据核字(2015)第210214号

策划编辑：杨庆川　　　责任编辑：张玉玲　　　封面设计：李 佳

书　　名	21世纪高职高专创新精品规划教材 **微型计算机组装与维护（第二版）**
作　　者	主　编　柳　青　陈孟祥 副主编　郭　雅　吴观全
出版发行	中国水利水电出版社 （北京市海淀区玉渊潭南路1号D座　100038） 网址：www.waterpub.com.cn E-mail：mchannel@263.net（万水） 　　　　sales@waterpub.com.cn 电话：（010）68367658（发行部）、82562819（万水）
经　　售	北京科水图书销售中心（零售） 电话：（010）88383994、63202643、68545874 全国各地新华书店和相关出版物销售网点
排　　版	北京万水电子信息有限公司
印　　刷	三河市铭浩彩色印装有限公司
规　　格	184mm×260mm　16开本　13.75印张　335千字
版　　次	2008年1月第1版　2008年1月第1次印刷 2015年9月第2版　2015年9月第1次印刷
印　　数	0001—4000册
定　　价	28.00元

凡购买我社图书，如有缺页、倒页、脱页的，本社发行部负责调换

版权所有·侵权必究

第二版前言

随着计算机技术的高速发展，计算机应用领域正在深入到社会的各个方面，计算机已成为人们工作、学习和娱乐的必需品。微电子技术的高速发展，为微型计算机体系结构的设计提供了各种先进的技术，微处理器及其外围设备技术正以前所未有的速度向前发展。受市场需求和竞争的影响，计算机硬件技术的发展千变万化，如何选购或组装一台微型计算机，如何将自己的微型计算机调整到最佳状态，如何维护微型计算机、排除常见故障等，已成为许多计算机用户迫切需要解决的问题。

在高职院校计算机专业以及相近专业中，一般都开设了计算机组装和维修课程，迫切需要既能清楚讲述计算机最新硬件知识，又能有效介绍微机组装和维护的教材。本书第一版出版以来，受到广大读者的欢迎。为了适应计算机技术的发展和高职院校计算机专业的教学需要，我们针对高等职业教育的特点和要求，以当前主流微型计算机及其配件为基础，对教材进行了重新组织和编写，希望能给读者提供有益的参考。

本教材编写突出计算机各部件的功能、性能参数、选购知识和装配技术，不讲或少讲各部件的工作原理，突出维护技术和使用工具进行维护的基本方法，少讲底层维护技术。教材编写中突出典型性和新技术，注意职业岗位领域的最新发展，选择的部件和操作方法与实际装配一致，注重帮助学生掌握基本知识与技能。教材的编写中紧跟新技术的发展，注意相关知识、技术与技能的联系，突出重点，适度展开，易于学生接受和自学。

教材的编写体现以就业为导向、以职业能力为核心、以职业岗位应用为目标的基本原则，努力体现以全面素质教育为基础、以学生为主体的教学理念。理论知识以"必需"为原则，以"够用"为度，深广度从职业岗位的实际需要出发，内容的组织与编排既注意符合知识的逻辑顺序，又着眼于符合学生的思维发展规律和计算机组装与维修的基本规律。

本书可作为高等职业院校和计算机培训班相关课程的教材或参考书，也可作为微型计算机用户的工具书。

本书由广东创新科技职业学院与东莞金河田实业有限公司合作编写，由柳青、陈孟祥任主编，郭雅、吴观全任副主编，项目1和项目2由陈孟祥编写，项目3和项目4由郭雅编写，项目5和项目6由吴观全编写，陈榕利、梁观如、周成就参与了教材部分编写工作，全书由柳青修改和统稿。

限于编者的水平和计算机硬件技术的飞速发展，加上时间仓促，书中难免有错误和不当之处，恳请广大读者批评指正。

编　者
2015年7月

第一版前言

随着计算机技术的高速发展，计算机应用领域正在深入到社会的各个方面，计算机在文字处理、事务管理、娱乐学习、科学计算、工程设计等方面都得到了广泛的应用，已成为人们工作、学习和娱乐的必需品。微电子技术的高速发展，为微型计算机体系结构的设计提供了各种先进的技术，微处理器及其外围设备技术正以前所未有的速度向前发展。受市场需求和竞争的影响，计算机硬件技术的发展千变万化，如何选购或组装一台微型计算机，如何将自己的微型计算机调整到最佳状态，如何维护微型计算机、排除常见故障等，已成为许多计算机用户迫切需要解决的问题。

在高职高专院校计算机专业及其相近专业中，一般都开设了微型计算机组装与维护课程，迫切需要既能清楚讲述微型计算机最新硬件知识，又能有效介绍微型计算机组装和维护的教材。我们针对高等职业教育的特点和要求，以当前主流微型计算机及其配件为基础，编写了这本教材，希望能给读者提供有益的参考。

本教材编写中突出计算机各部件的功能、性能参数、选购知识和装配技术，不讲或少讲各部件的工作原理，突出维护技术和使用工具进行维护的基本方法，少讲底层维护技术。教材编写中突出典型性和新技术，注意职业岗位领域的最新发展。选择的部件和操作方法与实际装配一致，注重帮助学生掌握基本知识和技能。教材编写过程中紧跟新技术的发展，注意相关知识、技术与技能的联系，突出重点，适度展开，易于学生接受和自学。

教材的编写体现以就业为导向、以能力为本位、以应用为核心的基本原则，努力体现以全面素质教育为基础，以学生为主体的教学理念。理论知识以"必需"为原则，以"够用"为度，深广度从职业岗位的实际需要出发，摆脱学科型教材的模式。编写突出逻辑性，教材内容的组织与编排既注意符合知识的逻辑顺序，又着眼于符合学生的思维发展规律和计算机组装与维修的基本规律。另外，我们还编写了与本书配套使用的实验教材《微型计算机组装与维护实验与实训》，以帮助读者熟练掌握微型计算机组装与维护的基本技能。

本书第 1 章介绍了微型计算机硬件基础知识，第 2 章介绍了微型计算机硬件系统的组装技术，第 3 章介绍单操作系统及常用应用软件的安装，第 4 章介绍多操作系统的安装和多重启动，第 5 章介绍微型计算机硬件维护和故障处理，第 6 章介绍计算机软件系统维护和故障处理。教材内容便于初学者学习、掌握微型计算机的组装与维护技术。

本书可用于高等职业院校和计算机培训班有关课程的教材或参考书，也可作为微型计算机用户的工具书。

本书由柳青主编，第 1 章由柳青编写，第 2、5 章由韩玉民编写，第 3、4 章由叶明伟编写，第 6 章由蒋翔编写。另外参加部分章节编写工作的还有刘顺来、封斌、张翚、曾振、杨军等，全书由柳青修改和统稿。

限于编者的水平和计算机硬件技术的飞速发展，加上时间仓促，书中难免有错误和不当之处，恳请广大读者批评指正。

编　者
2007 年 12 月

目 录

第二版前言
第一版前言
项目1 计算机组装知识准备 ······················· 1
  学习任务 1.1　初步认识微型计算机 ············ 1
    1.1.1　初识计算机 ································· 1
    1.1.2　计算机的诞生和发展 ···················· 2
    1.1.3　计算机的应用领域 ························ 3
  学习任务 1.2　认识计算机系统的组成 ············ 5
    1.2.1　计算机的硬件组成 ························ 5
    1.2.2　组成微型计算机的基本部件 ··········· 6
    1.2.3　计算机的软件组成 ························ 7
  项目实践 1.1　了解计算机硬件组成及连接 ····· 10
    1.1.1　主机箱 ······································· 10
    1.1.2　外部设备 ···································· 13
  习题一 ··· 15
项目2 计算机硬件的选购 ·························· 16
  学习任务 2.1　认识和选购主机设备 ············· 16
    2.1.1　主板 ·· 16
    2.1.2　微处理器（CPU） ······················ 18
    2.1.3　内存 ·· 21
  学习任务 2.2　认识和选购外部存储设备 ······· 22
    2.2.1　硬盘驱动器 ································· 22
    2.2.2　光盘驱动器 ································· 24
    2.2.3　其他存储设备 ······························ 25
  学习任务 2.3　认识和选购输入/输出设备 ······ 27
    2.3.1　键盘和鼠标 ································· 27
    2.3.2　显示器 ·· 29
    2.3.3　显示卡 ·· 31
    2.3.4　打印机 ·· 33
    2.3.5　扫描仪 ·· 34
    2.3.6　摄像头 ·· 35
  学习任务 2.4　认识和选购机箱和电源 ·········· 37
    2.4.1　机箱 ·· 37
    2.4.2　电源 ·· 39

  项目实践 2.1　市场调查与系统配置方案设计 · 40
  学习任务 2.5　选购计算机其他设备 ············· 43
    2.5.1　网卡 ·· 43
    2.5.2　ADSL Modem 和无线路由器 ········ 44
  项目实践 2.2　安装打印机 ··························· 46
  项目实践 2.3　安装 ADSL Modem ··············· 51
  习题二 ··· 56
项目3 组装计算机 ····································· 57
  学习任务 3.1　组装计算机前的准备 ············· 57
    3.1.1　组装所需工具 ······························ 57
    3.1.2　组装的操作规程和注意事项 ········· 58
  学习任务 3.2　计算机硬件组装 ···················· 59
    3.2.1　安装电源 ···································· 59
    3.2.2　安装微处理器与散热器 ················ 60
    3.2.3　安装内存条 ································· 63
    3.2.4　安装主板 ···································· 64
    3.2.5　显卡及其他扩展卡的安装 ············ 66
    3.2.6　安装硬盘与光驱 ·························· 67
    3.2.7　机箱内部线缆的连接 ···················· 69
    3.2.8　外设安装 ···································· 72
    3.2.9　加电测试与整理 ·························· 73
  学习任务 3.3　BIOS 的设置 ························· 74
    3.3.1　BIOS 基础知识 ··························· 74
    3.3.2　BIOS 的设置 ······························· 76
  习题三 ··· 82
项目4 构建软件系统 ································· 83
  学习任务 4.1　操作系统基础知识 ················· 83
    4.1.1　操作系统概述 ······························ 83
    4.1.2　常用 DOS 命令的使用 ················· 83
  学习任务 4.2　硬盘分区和格式化 ················· 84
    4.2.1　分区软件 FDISK 的使用 ·············· 84
    4.2.2　分区软件 DM 的使用 ·················· 92

学习任务 4.3　Windows 7 的安装 ………… 96
　4.3.1　安装方法 ……………………………… 96
　4.3.2　安装步骤 ……………………………… 96
学习任务 4.4　设备驱动程序的安装 ………… 103
　4.4.1　设备驱动程序的安装 ………………… 103
　4.4.2　打印机驱动程序的安装 ……………… 106
学习任务 4.5　应用程序的安装 ……………… 107
　4.5.1　办公软件 Office 2010 的安装 ……… 107
　4.5.2　压缩工具 WinRAR（或 Winzip）
　　　　　的安装 ……………………………… 108
　4.5.3　杀病毒软件的安装 …………………… 108
学习任务 4.6　硬盘克隆软件 Noton Ghost …… 109
　4.6.1　Noton Ghost 的主要特点 …………… 109
　4.6.2　Noton Ghost 的使用 ………………… 109
学习任务 4.7　系统性能测试与优化 ………… 113
　4.7.1　测试系统的信息 ……………………… 113
　4.7.2　测试系统的性能 ……………………… 114
　4.7.3　优化计算机系统 ……………………… 115
学习任务 4.8　多操作系统的安装和多重
　　　　　　　启动 ………………………… 117
　4.8.1　操作系统的引导过程 ………………… 117
　4.8.2　硬盘数据的存储 ……………………… 118
　4.8.3　分区软件 PQMagic 的使用 ………… 118
　4.8.4　Windows 多操作系统的安装 ……… 121
　4.8.5　Windows/Linux 多操作系统的安装 · 123
　4.8.6　多重启动的设置方法和技巧 ………… 127
习题四 …………………………………………… 129
项目 5　计算机硬件维护和故障处理 ……… 130
学习任务 5.1　计算机维护的基本原则和
　　　　　　　方法 ………………………… 130
　5.1.1　计算机维护的基本原则 ……………… 130
　5.1.2　计算机硬件维护的基本方法 ………… 131
　5.1.3　计算机维修步骤 ……………………… 133
学习任务 5.2　主机的常见故障 ……………… 135
　5.2.1　微型计算机的开机启动过程 ………… 135

　5.2.2　主机常见故障的分类、现象与解决
　　　　　方法 ………………………………… 137
　5.2.3　主机部件故障分析与维护 …………… 139
学习任务 5.3　存储设备的故障 ……………… 161
　5.3.1　硬盘的故障与维修 …………………… 161
　5.3.2　光驱的故障实例分析 ………………… 169
　5.3.3　U 盘驱动器的故障与维修实例 ……… 173
　5.3.4　移动硬盘的故障与维修实例 ………… 178
学习任务 5.4　扩展卡的故障 ………………… 179
　5.4.1　显卡常见故障与维修 ………………… 179
　5.4.2　声卡常见故障与维修 ………………… 184
学习任务 5.5　常用外部设备的故障处理 …… 187
　5.5.1　显示器的故障处理 …………………… 187
　5.5.2　键盘的故障处理 ……………………… 192
　5.5.3　鼠标的故障处理 ……………………… 193
　5.5.4　IRQ、DMA 和 I/O 的概念 ………… 195
　5.5.5　打印机的使用与维护 ………………… 196
习题五 …………………………………………… 199
项目 6　计算机软件系统维护和故障处理 … 200
学习任务 6.1　计算机软件系统维护概述 …… 200
　6.1.1　计算机软件系统维护的基本工作 …… 200
　6.1.2　计算机软件系统的基本日常维护 …… 201
　6.1.3　防杀病毒、木马、流氓软件 ………… 202
　6.1.4　计算机软件系统的快速维护方法 …… 203
　6.1.5　计算机软件系统极速维修的方法 …… 203
学习任务 6.2　计算机系统常见故障及处理 … 204
　6.2.1　软件故障处理概述 …………………… 204
　6.2.2　计算机系统软件故障类别 …………… 204
学习任务 6.3　Windows 系统的故障处理 …… 205
　6.3.1　概述 ……………………………………… 205
　6.3.2　Windows 系统还原 …………………… 206
　6.3.3　使用 Windows 故障恢复控制台 …… 208
　6.3.4　Windows 注册表的备份与还原 …… 208
习题六 …………………………………………… 209
参考文献 ……………………………………… 211

项目 1 计算机组装知识准备

职业能力目标：

- 了解计算机的基本组成
- 了解计算机的发展和应用
- 了解计算机的硬件组成
- 了解计算机的软件组成
- 掌握台式机主机箱的组成及连接
- 掌握台式机外接设备的分类

随着计算机技术的发展和 Internet 应用的不断普及，计算机的应用领域从最初的军事科研应用扩展到社会的各个领域，已形成了规模巨大的计算机产业，带动了全球范围的技术进步，由此引发了深刻的社会变革。计算机已遍及一般学校、企事业单位，进入寻常百姓家，成为信息社会中必不可少的工具。作为"地球村"的村民，无论是学生还是寻常百姓，都有必要了解计算机的基础知识，掌握计算机的基本操作技能，从而能够正确使用计算机。

学习任务 1.1 初步认识微型计算机

1.1.1 初识计算机

计算机（Computer）是能够按照指令对各种数据和信息进行自动加工和处理的电子设备。电子计算机按其规模或系统功能，可以分为巨型机、大型机、中型机、小型机和微型机等几类。巨型机如图 1-1 所示。

曙光巨型机　　　　　　　　IBM 巨型机

图 1-1　巨型机

人们日常工作中使用的计算机属于微型计算机，简称微机、PC（Personal Computer，个人计算机）或电脑。

计算机按照生产厂商又可以分为品牌机和兼容机（又称组装机）；从结构形式上又可以分为台式计算机和便携式计算机，其中便携式计算机又称为笔记本电脑，如图 1-2 所示。

台式计算机　　　　　　　　　　　笔记本电脑

图 1-2　微机外观

虽然计算机的外形不一样，但其组成部件基本相同，常用的台式计算机主要由主机、显示器、键盘、鼠标和音箱几个关键部件组成，如图 1-3 所示。

音箱　　键盘　　显示器　　鼠标　　主机　　音箱

图 1-3　计算机组成

目前计算机正向着微型化、网络化和多媒体化的方向发展。尤其是微型计算机，它已经渗透到工作、学习和生活的各个方面，正在逐渐改变着人们的工作和生活方式。

1.1.2　计算机的诞生和发展

20 世纪 40 年代，近代科学技术的发展对计算精度和计算速度的要求不断提高，参与计算的数据长度与数量也使得原有的计算工具无法满足应用的需要，这些都促使人们开始研究和创造新型的计算工具。与此同时，计算理论、电子学和自动控制技术的发展也为计算机的出现奠定了坚实的基础。

1945 年，美籍匈牙利数学家冯·诺依曼（John Von Neuman）与莫尔学院科研小组合作，提出了以二进制、程序存储和程序控制为基础的冯·诺依曼计算机理论，奠定了现代计算机的理论基础。

1946 年，世界上第一台电子计算机 ENIAC（Electronic Numerical Integrator And Calculator，

电子数字积分器和计算器）在美国的宾夕法尼亚大学诞生，它能够通过不同部分间的重新接线进行编程，并拥有并行计算的能力，因此被称为计算机发展史上的重要里程碑，如图1-4所示。

图1-4 ENIAC

从第一台电子计算机诞生至今，根据其内部物理器件的不同，通常将计算机的发展划分为以下几个时代：

（1）电子管计算机时代（1946—1958）。

这一阶段的计算机采用电子管作为基本物理部件，运算速度慢、体积大、能耗高、价格昂贵，仅限于科学计算和军事应用。

（2）晶体管计算机时代（1959—1963）。

晶体管计算机时代的计算机采用晶体管作为基本物理部件，内存使用磁芯存储器，外存使用磁带，运算速度一般为每秒钟几百万条指令，主要应用于科学计算、工程设计、数据处理和事务管理等方面。

（3）集成电路计算机时代（1964—1971）。

1964年4月，IBM公司推出了采用新概念设计的IBM 360计算机，宣布了第三代计算机的诞生。此时的计算机采用集成电路作为基本电子元件，使用半导体作为内存，外存使用磁带和磁盘，运算速度一般为每秒钟几千万条指令，应用范围也扩大到企业管理和辅助设计等领域。

（4）大规模、超大规模集成电路计算机时代（1972年至今）。

大规模、超大规模集成电路计算机时代的计算机使用大规模和超大规模集成电路作为计算机的主要功能部件，运算速度可达每秒钟数亿次，其应用已渗透到社会的各个领域。

（5）智能计算机时代。

正处在研制阶段的第五代计算机是使用第五代元器件构成的智能计算机，它是集超大规模集成电路、人工智能、软件工程和新型计算机体系结构于一体的综合产物。

1.1.3 计算机的应用领域

如今，计算机已经深入到工业、农业、财政金融、交通运输、文化教育、国防安全等行业，并为家庭娱乐增添许多新的色彩。总体概括起来，计算机的应用领域可分为以下几个方面：

（1）科学计算（数值计算）。

最初计算机的发明就是为了解决科学技术研究中和工程应用中需要的大量数值计算问题。例如，利用计算机高速度、高精度的运算能力，可以解决气象预报、解方程式、火箭发射、地震预测、工程设计等庞大复杂人工难以完成的计算任务。

（2）数据处理（信息管理）。

数据处理用来泛指非科学工程方面的所有对数据的计算、管理、查询和统计等。使用计算机信息存储容量大、存取速度快等的特点，采集数据、管理数据、分析数据、处理大量的数据并产生新的信息形式。方便人们查询、检索和使用数据。例如，人口统计、企业管理、情报检索、档案管理等目前应该是最广泛的领域，如用 Word、WPS 等软件处理文字，编排小报；用 Excel 进行电子表格处理，统计成绩；用画图软件画画；用 Internet Explorer（IE 浏览器）上网冲浪；用 Outlook Express 软件收发电子邮件等。

（3）计算机通信（电子邮件、IP 电话等）。

计算机通信是计算机应用最为广泛的领域之一，它是计算机技术和通信技术高速发展、密切结合的一门新兴学科。Internet 已经成为覆盖全球的信息基础设施，在世界的任何地方人们都可以彼此进行通信，如收发电子邮件、进行文件的传输、拨打 IP 电话等。Internet 还为人们提供了内容广泛、丰富多彩、各种各样的信息。

（4）计算机辅助工程。

计算机辅助工程的应用，可以提高产品设计、生产和测试过程的自动化水平，降低成本，缩短生产的周期，改善工作环境，提高产品质量，获得更高的经济效益。

1）计算机辅助设计（Computer Aided Design，CAD）。

它是指利用计算机来辅助设计人员进行产品和工程的设计。计算机辅助设计已应用于机械设计、集成电路设计、建筑设计、服装设计等各个方面。

2）计算机辅助制造（Computer Aided Manufacturing，CAM）。

它是指利用计算机来进行生产设备的管理、控制。如利用计算机辅助制造自动完成产品的加工、装配、包装、检测等制造过程。

3）计算机辅助教学（Computer Aided Instruction，CAI）。

它是指利用计算机进行辅助教学、交互学习。如利用计算机辅助教学制作的多媒体课件可以使教学内容生动、形象、逼真，取得良好的教学效果。通过交互方式的学习，可以让学员自己掌握学习的进度、进行自测，方便灵活，满足不同层次学员的需要。

4）计算机辅助测试（Computer Aided Translation，CAT）。

它是指利用计算机进行产品等的辅助测试。

5）计算机集成制造系统（CIMS）。

CIMS 是集设计、制造、管理三大功能于一体的现代化工厂生产系统，具有生产效率高、生产周期短等特点，是 20 世纪制造工业的主要生产模式。在现代化的企业管理中，CIMS 的目标是将企业内部所有环节和各个层次的人员全都用计算机网络连接起来，形成一个能够协调统一和高速运行的制造系统。

（5）过程控制（实时控制）。

随着生产自动化程度的提高，对信息传递速度和准确度的要求也越来越高，这一任务靠人工操作已经无法完成，只有计算机才能胜任。利用计算机为中心的控制系统可以及时采集数据、分析数据、制定方案，进行自动控制。它不仅可以降低劳动强度，而且可以大大提高自动控制水平，提高产品的质量和合格率。因此，过程控制在冶金、电力、石油、机械、化工以及各种自动化部门得到了广泛应用，同时还应用于导弹发射、雷达系统、航空航天、飞机上的自动驾驶仪等各个领域。

（6）人工智能。

人工智能（Artificial Intelligence，AI）是指利用计算机来模拟人类的智力活动，如对机器人的研制（美国火星探测器"探索者"号）。

学习任务 1.2　认识计算机系统的组成

一个完整的计算机系统由硬件系统和软件系统两大部分组成，计算机通过软件来驱动硬件系统进行数据的运算和存储，两部分相互依存，不可或缺。

1.2.1　计算机的硬件组成

计算机硬件是指组成计算机的电路、机械部件等物理设备的集合，是计算机进行工作的物理基础。

基于冯·诺依曼结构的计算机硬件系统由运算器、控制器、存储器、输入设备和输出设备 5 部分组成。

1. 运算器

运算器（Arithmetical Unit）在控制器的控制下，对取自存储器的数据进行算术运算或逻辑运算，并将结果送回存储器。运算器一次运算二进制数的位数称为字长，主要有 8 位、16 位、32 位和 64 位等。字长是衡量 CPU 性能的重要指标之一。

2. 控制器

控制器（Control Unit）的主要作用是控制各部件协调工作，使整个系统能够连续地、自动地运行。控制器每次从存储器中取出一条指令并对指令进行分析，产生操作命令并发向各个部件，接着从存储器取出下一条指令，再执行这条指令，依此类推，从而使计算机能自动运行。

在现代计算机中，运算器和控制器被集成在一块集成电路芯片上，称为中央处理器（Central Processing Unit，CPU），是计算机的核心部件。

3. 存储器

存储器（Memory）是用来存储程序和数据的部件，分为内存储器（简称内存）和外存储器（简称外存，也称辅存）两种。内存主要存放当前要运行的程序和数据，断电后数据会丢失。外存有硬盘、光盘、磁带机和 U 盘等，用来存储暂时用不着的程序和数据。

4. 输入设备

输入设备（Input Device）可以把程序、数据、图形、声音、控制指令等信息转换成计算机能接收和识别的信息并传输给计算机。目前常用的输入设备有键盘、鼠标、扫描仪、音/视频采集设备（话筒、摄像头等）等。

5. 输出设备

输出设备（Output Device）能将计算机的运算结果（二进制信息）转换成人类或其他设备能接收和识别的内容，如文字、图形、图像、声音或其他设备可以识别的信息指令。常用的输出设备有显示器、投影机、打印机、绘图仪和音箱等。

输入/输出设备和外存储器统称为外部设备（简称外设），通过适配器与主机相连，使主机和外围设备并行协调地工作，是外界与计算机系统进行沟通的桥梁。

6. 总线

计算机硬件的 5 个部分之间由总线（Bus）相连。系统总线是构成计算机系统的骨架，是系统部件之间进行数据、指令、地址及控制信号等信息传输的公共通路。

计算机中总线有外部总线和内部总线之分，外部总线有地址总线（Address Bus）、数据总线（Data Bus）和控制总线（Control Bus）3 种，是 CPU 与其他部件之间的连线，内部总线则是指 CPU 内部的连线。

1.2.2 组成微型计算机的基本部件

组成微型计算机的基本部件如表 1-1 所示。

表 1-1　组成微型计算机的基本部件

部件	说明
处理器	处理器通常被认为是系统的"发动机"，也称为 CPU（中央处理单元）
主板	主板是系统的核心，它是真正的 PC，其他各个部件都与它连接，它控制系统中的一切操作
内存	系统内存通常称为 RAM（随机存取存储器），这是系统的主存，保存在任意时刻处理器使用的所有程序和数据
机箱	机箱中包含了主板、电源、硬盘、适配卡和系统中的其他物理部件
电源	电源负责给 PC 中的每个部分供电
软驱	软驱是一种简单、便宜、低容量、可移动的磁存储设备
硬盘	硬盘是系统中最主要的存储设备
光驱	高容量可移动的光盘驱动器
键盘	键盘是人们与系统通信并控制系统所使用的最主要的 PC 设备
鼠标	虽然如今市场上有许多点设备，但最流行的点设备还是鼠标
显卡	显卡控制了屏幕上显示的信息
显示器	显示计算机运行的结果以及人们向计算机输入的内容
声卡	声卡让计算机具备了多媒体能力
网卡	网卡将计算机通过网络互相连接起来，可以共享资源和集中管理
音箱	与声卡配合使用
调制解调器	通过电话线将计算机与其他计算机或网络连接起来

在这些部件中，有些并不是必需的，而有些部件如果缺少的话，计算机则不能工作。例如，声卡在一个系统中就不是一个必需的部件，但如果要听计算机发出的声音，就应该选声卡。部分部件目前已经淘汰或较少配置了，例如软驱已经由 U 盘替代，光驱在个人计算机中已经很少配置了。

1.2.3 计算机的软件组成

软件是指为运行、维护、管理和应用计算机所编制的所有程序及文档的总和，计算机进行的任何工作都依赖软件的运行。离开软件系统，计算机的硬件系统将变得毫无意义。因此，只有配备了软件系统的计算机才能称为完整的计算机系统。没有安装软件的计算机被称为裸机。

如果说硬件是人的躯体，那么软件就是人的灵魂和思想。没有安装软件的计算机如同植物人一样，是不能使用的。计算机系统的组成如图1-5所示。

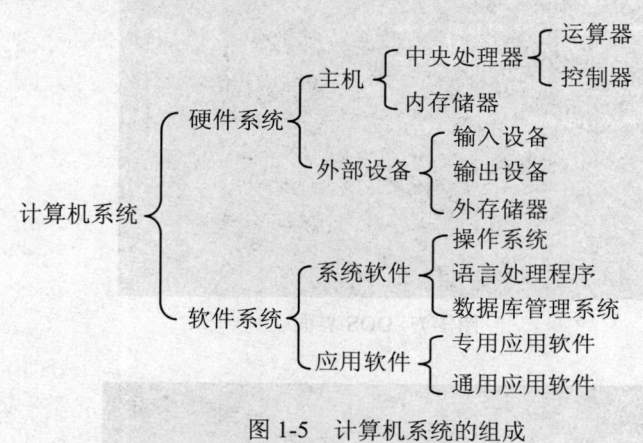

```
            ┌ 硬件系统 ┬ 主机 ┬ 中央处理器 ┬ 运算器
            │         │     │            └ 控制器
            │         │     └ 内存储器
            │         └ 外部设备 ┬ 输入设备
计算机系统 ┤                    ├ 输出设备
            │                    └ 外存储器
            │         ┌ 系统软件 ┬ 操作系统
            │         │         ├ 语言处理程序
            └ 软件系统┤         └ 数据库管理系统
                      └ 应用软件 ┬ 专用应用软件
                                └ 通用应用软件
```

图1-5 计算机系统的组成

计算机软件系统包括系统软件和应用软件两大类。

1. 系统软件

系统软件是管理、监控和维护计算机资源，使硬件、程序和数据协调高效地工作，方便用户使用计算机的软件。其处于硬件和应用软件之间，是用户及其他应用软件和硬件的接口。目前，常见的系统软件主要有操作系统、语言处理与开发环境、数据库管理系统与工具软件等，如图1-6所示。

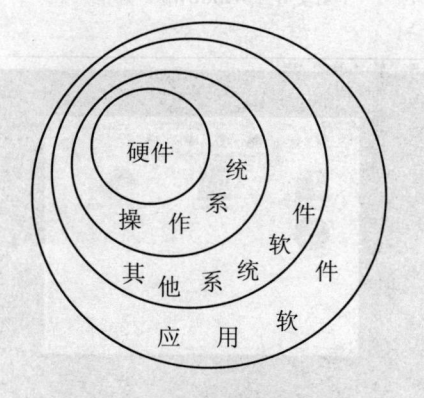

图1-6 计算机软件结构

（1）操作系统。

操作系统（Operating System, OS）是系统软件的核心，负责管理计算机系统的硬件资源、软件资源和数据资源,以控制程序运行,为用户提供方便、有效、友善的服务界面,为其他应用软件提供支持等。计算机只有配置了操作系统后,用户才能操作计算机。操作系统主要有处理机管理、存储管理、文件管理、设备管理和作业管理五大功能。

常用的操作系统有 DOS、Windows、Linux、MacOS、UNIX、AIX、OS/2 及一些专用的嵌入式操作系统,如 ISOS、VXWorks 等。常用操作系统界面如图 1-7 至图 1-10 所示。

图 1-7 DOS 界面

图 1-8 Windows 7 界面

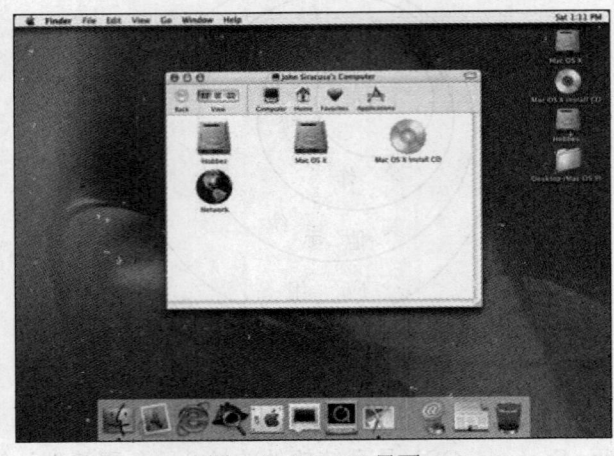

图 1-9 MacOS 界面

图1-10 Linux 界面

（2）语言处理程序。

语言处理程序一般由汇编程序、编译程序、解释程序和相应的操作程序等组成，是为用户设计的编程服务软件，作用是将高级语言源程序翻译成计算机能识别的目标程序。

计算机语言通常分为3类：机器语言、汇编语言和高级语言，目前常见的编程语言有Visual C++、C#、Java、PHP等，如表1-2所示。

表1-2 不同类型的程序设计语言

类型	特点	优点	缺点
机器语言	由二进制数来表示，计算机可直接执行	运行速度最快	程序设计困难，且不通用
汇编语言	用助记符来表示指令代码	运行速度较快	依赖具体机型，通用性较差
高级语言	编写方式符合人们的语言习惯	程序设计简单，且通用性好	运行速度较慢，效率相对较低

（3）数据库管理系统。

数据库就是实现有组织地、动态地存储大量数据，方便多用户访问的计算机软硬件资源组成的系统。数据库和数据管理软件一起构成了数据库管理系统。数据库管理系统（Database Management System，DBMS）是数据库系统中对数据进行管理的软件，它可以完成数据库的定义和建立、数据库的基本操作、数据库的运行控制等功能。目前比较流行的数据库管理系统分为层次数据库、网状数据库和关系数据库3种，有Foxbase、FoxPro、Visual FoxPro、Informix、Oracle等。

2. 应用软件

应用软件是为解决某种实际问题而编制的计算机程序及其相关的文档数据的集合。应用软件专门用于解决某个应用领域中的具体问题，所以是各种各样的，如各种管理软件、工业控制软件、数字信号处理软件、工程设计程序、科学计算程序等。常见的应用程序有Office办公软件、媒体播放软件、图像处理和多媒体编辑软件等。

目前，按照应用软件用途的不同，大致可以将其分为以下几种类型：

（1）图形图像处理软件：针对各种形式的图形、图像进行图像修补、色彩调整、变形等，如Photoshop、CorelDRAW、Fireworks、Illustrator等。

（2）办公软件：进行文字格式设置、编辑，进行简单的数据表格处理，绘制各种数据图表等，如 MS Office、WPS Office、OpenOffice、永中 Office 等。

（3）排版软件：完成复杂的文字和图形的版式编排工作，如 QuarkXPress、InDesign 等。

（4）三维动画软件：目前很多动画片都是利用三维动画软件完成的，这类软件包括 3ds max、Maya 等。

（5）计算机辅助设计软件：完成建筑、模型的计算机效果生成，如 AutoCAD、天正 CAD 等。

（6）计算机安全类软件：监测、监控计算机，并防范或消除病毒、恶意程序等破坏性软件，如诺顿杀毒、瑞星杀毒、江民、金山、瑞星、诺顿（Norton）、卡巴斯基、诺顿防火墙、天网防火墙、瑞星防火墙等。

（7）系统优化软件：Windows 优化大师、超级兔子魔法设置等。

（8）系统还原软件：Norton Ghost、还原精灵、DeepFreeze、影子系统等。

项目实践 1.1　了解计算机硬件组成及连接

1.1.1　主机箱

把 CPU、内存、显示卡、声卡、网卡、硬盘、光驱和电源等硬件设备，通过计算机主板连接，并安装在一个密封的机箱中，称为主机。主机包含了除输入/输出设备以外的所有计算机部件，是一个能够独立工作的系统。

1. 前面板接口

主机前面板上有光驱、前置输入接口（USB 和音频）、电源开关和 Reset（重启）开关等，如图 1-11 所示。

图 1-11　主机前面板

（1）电源开关：按下主机的电源开关，即接通主机电源并开始启动计算机。

（2）光驱：光驱的前面板，可以通过面板上的按钮打开和关闭光驱。

（3）前置接口：使用延长线将主板上的 USB、音频等接口扩展到主机箱的前面板上，方便接入各种相关设备。常见的有前置 USB 接口、前置话筒和耳机接口。

2. 后部接口

主机箱的后部有电源以及显示器、鼠标、键盘、USB、音频输入输出和打印机等设备的各种接口，用来连接各种外部设备，如图 1-12 所示。

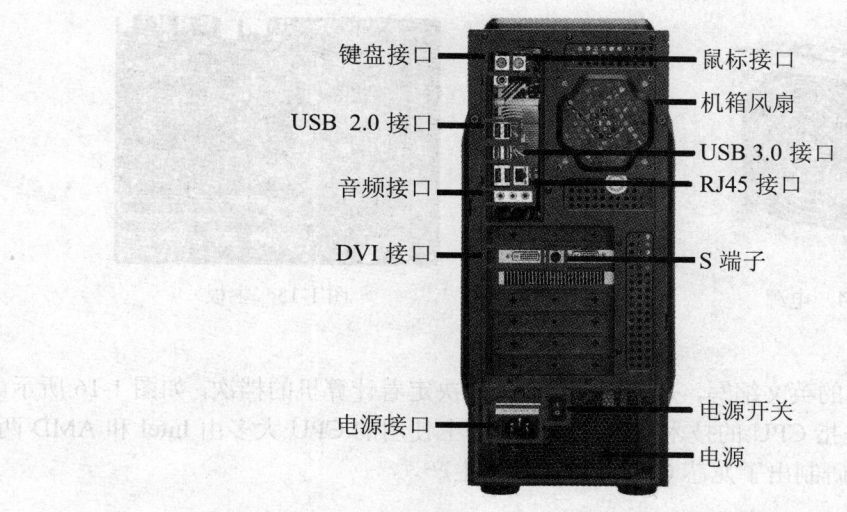

图 1-12 主机后部示意图

3. 内部结构

主机箱内安装有电源、主板、内存、显示卡、声卡、网卡、硬盘和光驱等硬件设备，其中声卡和网卡多集成在主板上，如图 1-13 所示。

图 1-13 计算机内部结构

（1）电源。

计算机电源将 220V 市电转换成计算机硬件设备所需要的一组或多组电压，供各硬件工作使用，如图 1-14 所示。电源功率的大小、电流和电压是否稳定，都直接影响到计算机的性能和使用寿命。

（2）主板。

主板又叫主机板、系统板或母板，是安装在主机箱内最大的 PCB 线路板，如 1-15 所示。主板把各种计算机硬件设备有机地组合在一起，使各硬件能协调工作。

图 1-14　电源 　　　　　　图 1-15　主板

（3）CPU。

CPU 是中央处理器的英文缩写，是计算机的核心，决定着计算机的档次，如图 1-16 所示。常说的 P4、双核等都是指 CPU 的技术指标。目前市场上使用的 CPU 大多由 Intel 和 AMD 两家公司制造，中国已经研制出了龙芯 CPU，并已投入生产。

图 1-16　CPU

（4）CPU 风扇。

CPU 风扇是安装在 CPU 芯片上部，用来辅助 CPU 散热的散热工具，如图 1-17 所示。拥有良好散热性能的 CPU 风扇是计算机系统正常工作的基础。

图 1-17　CPU 风扇

（5）内存。

内存是计算机中最重要的内部存储器之一，如图 1-18 所示。CPU 直接与之沟通，并存储正在使用（执行中）的数据和程序。内存的容量大小、速度也是衡量计算机性能的重要指标之一。

（6）显示卡。

显示卡在计算机中承担输出和显示图形的任务。计算机系统中的显示卡有独立显示卡和集成显示卡之分。独立显示卡如图 1-19 所示。

图 1-18　内存

图 1-19　显示卡

（7）硬盘。

硬盘是计算机系统中最重要的外部存储设备，主要用于存储各种数据、程序等，如图 1-20 所示。

（8）光驱。

光驱是光盘驱动器的简称，主要用于读写 CD、DVD 等光盘中的数据信息，如图 1-21 所示。

图 1-20　硬盘

图 1-21　光驱

1.1.2　外部设备

1. 显示器

显示器是计算机的主要输出设备，用于显示计算机的运行结果。按工作原理分有 CRT（阴极射线管显示器）和 LCD（液晶显示器）两种，如图 1-22 和图 1-23 所示；按显示屏大小分则有 15 英寸、17 英寸、19 英寸、22 英寸等不同规格。

图 1-22　CRT 显示器

图 1-23　LCD 显示器

2. 键盘和鼠标

键盘是最主要的输入设备，通过键盘可以将操作指令、程序和数据输入到计算机中。计算机常用的键盘有 101 键键盘、104 键键盘和多媒体键盘（增加了快捷键的键盘）。

鼠标也是最常用的输入设备之一，根据工作原理可分为机械鼠标和光学鼠标等。

键盘和鼠标与计算机连接的接口有串行接口、PS/2 接口、USB 接口和无线接口等，如图 1-24 和图 1-25 所示。

图 1-24 键盘 　　　　　　　　　图 1-25 鼠标

3. 音箱和耳机

音箱和耳机是将音频信号还原成声音信号的多媒体音频输出设备。主流的音箱有 2.1（两个卫星音箱，一个低音音箱）、4.1 和 5.1 各种不同的类型，如图 1-26 所示。耳机则可以戴在头上，在不影响他人的情况下使用，如图 1-27 所示。

4. 摄像头

摄像头又称为电脑相机、电脑眼等，是一种视频输入设备，常用来进行网络视频信息交流，一般使用 USB 口和计算机相连接，如图 1-28 所示。

图 1-26 音箱 　　　　图 1-27 耳机 　　　　图 1-28 摄像头

5. 其他设备

计算机的其他设备还有很多，常见的输入设备有写字板、扫描仪等，输出设备有打印机、投影仪等，如图 1-29 至图 1-32 所示。

图 1-29 写字板 　　　　　　　　　图 1-30 扫描仪

图 1-31　打印机　　　　　　　　　图 1-32　投影仪

习题一

一、填空题

1．电子计算机从其规模或系统功能，可以分为_____、大型机、_____、小型机和微型机等几类。微型计算机又可以分为台式计算机和_____。

2．台式计算机主要由_____、显示器、_____、_____和音箱几个关键部件组成，主机箱内主要安装有电源、_____、_____、硬盘、_____、显示卡和声卡等硬件设备。

3．美籍匈牙利数学家冯·诺依曼提出了_____和_____的冯·诺依曼结构。冯·诺依曼计算机的硬件系统由运算器、_____、存储器、_____和输出设备 5 部分组成。

4．计算机软件系统包括_____和_____两类，系统软件又包括_____、语言处理程序、_____及中间件等。

二、问答题

1．计算机的主要硬件设备有哪些？简述各自的用途。
2．计算机发展的 5 个时代是什么？各有什么特点？
3．列举你工作和生活中经常用计算机来做哪些方面的工作以及应用最多的软件。
4．结合本地计算机市场的状况说一说计算机维修市场的现况和前景。

项目 2　计算机硬件的选购

职业能力目标：

- 认识计算机主机内部的各种硬件设备
- 熟悉相关硬件的各种参数
- 熟悉相关硬件的选购技巧
- 掌握计算机购机的方法与技巧
- 深入了解计算机硬件设备
- 掌握 ADSL Modem 和无线路由器的安装
- 掌握打印机的安装

学习任务 2.1　认识和选购主机设备

微型计算机主机中最重要的 3 个硬件设备是主板、微处理器（CPU）和内存。

2.1.1　主板

主板，又称主机板（Main Board）、系统板（System Board）或母板（Mother Board），安装在机箱内，是微机最基本也是最重要的部件之一。主板的主要功能是为计算机中的其他部件提供插槽和接口，通过更换这些接口可以对微型计算机的相应子系统进行局部升级，使厂家和用户在配置机型方面有更大的灵活性。计算机中的所有硬件通过主板直接或间接地组成一个工作的平台，通过这个平台用户才能进行计算机的相关操作。总之，主板在整个微机系统中扮演着举足轻重的角色。可以说，主板的类型和档次决定着整个微机系统的类型和档次，主板的性能影响着整个微机系统的性能。

主板一般为矩形电路板，上面安装了组成计算机的主要电路系统，一般有 BIOS 芯片、I/O 控制芯片、键盘和面板控制开关接口、指示灯插接件、扩充插槽、主板及插卡的直流电源供电接插件等元件。

1. 选购原则

主板对计算机的性能影响是很重大的。曾经有人将主板比喻成建筑物的地基，其质量决定了建筑物坚固耐用与否；也有人形象地将主板比作高架桥，其好坏关系着交通的畅通力与流速。主板的选购原则如下：
(1) 工作稳定，兼容性好。
(2) 功能完善，扩充力强。
(3) 使用方便，可以在 BIOS 中对尽量多的参数进行调整。
(4) 厂商有更新及时、内容丰富的网站，维修方便快捷。
(5) 价格相对便宜，即性价比高。

2. 主板产品实物介绍

以技嘉 G1.Sniper A88X（rev.3.0）主板为典型案例来介绍主板的主要参数信息和购买原则与建议，如表 2-1 至表 2-4 和图 2-1 所示。

表 2-1 主板的主要参数信息

参数名称	产品详细参数	购买原则与建议
型号	技嘉 G1.Assassin	建议根据计算机应用需求选择成熟品牌的主板产品
芯片组或北桥芯片	Intel X58	
南桥芯片	Intel ICH10R	
CPU 插槽	LGA 1366	需要确保所购买的 CPU 与 CPU 插槽的规格保持一致
支持 CPU 类型	支持 Core i7 系列处理器	支持 Intel 系列 CPU 类型
主板架构	XL-ATX	需要根据主板的尺寸选择合适的机箱
支持通道模式	三通道	支持三通道，也就是说最多可以将三条相同规格的内存分别插入到每组内存插槽的相同位置以实现三通道快速数据交换
内存插槽	6 DDR3 DIMM	
支持内存类型	DDR3 1066MHz、DDR3 1333MHz、DDR3 1600MHz、DDR3 1800MHz、DDR3 2000MHz、DDR3 2200MHz	需要根据主板支持的内存类型选择合适的内存
最大支持内存容量	24GB	主板最大支持的内存容量，超过这个数值的内存将无法识别与使用

表 2-2 主板的板载芯片参数信息

参数名称	产品详细参数	购买原则与建议
集成显卡核心	无	早期的主板北桥芯片组中集成了显卡核心，现在的主板中显卡核心一般集成于 CPU 中，只有当 CPU 中未集成显卡核心或对图像处理能力有特殊要求时才需要购买独立显卡
板载声卡	板载创新 X-Fi 20K2 音频处理芯片	一般主板都集成了音频处理芯片
板载网卡	板载 Bigfoot Killer 2100 千兆网卡	板载网卡一般是 RJ45 接口的网卡，如果使用有线网络则无需购买网卡

图 2-1 技嘉 G1.Sniper A88X（rev.3.0）主板

表 2-3 主板的扩展参数信息

参数名称	产品详细参数	购买原则与建议
硬盘接口	S-ATA II、S-ATA III	主板中支持的硬盘接口类型
磁盘阵列类型	SATA	主板支持磁盘阵列技术可以使用多个硬盘实现磁盘阵列
磁盘阵列模式	RAID 0、RAID 1、RAID 5、RAID 10、RAID JBOD	
支持显卡标准	PCIE 2.0	主板中支持的独立显卡接口标准
扩展插槽	2×PCI-E X1、4×PCI-E X16	
PCI 插槽	1×PCI	
扩展接口	键盘 PS/2、鼠标 PS/2、E-SATA、USB 2.0、USB 3.0、1×RJ45 网卡接口、音频接口、同轴音频、光纤接口	键盘、鼠标均为 PS/2 接口则可以选购 PS/2 接口类型的键盘、鼠标，而有的主板则是键盘 PS/2，鼠标 USB，则只能购买接口类型为 PS/2 的键盘，接口类型为 USB 的鼠标

表 2-4 主板的其他参数信息

参数名称	产品详细参数	购买原则与建议
电源回路	16 相电路	电源回路的多少表明电源供应的细分程度，电路相数越多则说明供应越稳定
电源接口	24PIN+8PIN	电源接口为 24PIN+8PIN，则购买电源时必须与电源接口保持一致，目前一般的电源接口为 24PIN+4PIN
外形尺寸	345×262mm	需要根据主板的尺寸选择合适的机箱，是主板架构的数字化长度描述

2.1.2 微处理器（CPU）

中央处理器（CPU，Central Processing Unit）又称微处理器，是一块超大规模的集成电路，是一台计算机的运算核心（Core）和控制核心（Control Unit），主要包括运算器（ALU，Arithmetic Logic Unit）和高速缓冲存储器（Cache）及实现它们之间联系的数据（Data）、控制及状态的总线（Bus）。CPU 与内部存储器（Memory）和输入/输出（I/O）设备合称为电子计算机三大核心部件。

目前主流微机的 CPU 按照厂商的不同主要有 Intel 和 AMD 两个阵营，如图 2-2 和图 2-3 所示。

图 2-2　AMD A10-6800K

图 2-3　Intel 酷睿 i7 5960X

1. CPU 产品选购

（1）核数选择。

目前主流的 CPU 有双核、四核、八核等规格，且 AMD 与 Intel 各自的 CPU 性能高低各不同，所以要从纵向的对比中寻找适合自己的 CPU。具体来说，入门双核 CPU、2GB 内存、500GB 或 1TB 硬盘、一千多元的主机在 Windows 7 环境下已经足够使用，单线程 CPU 对于办公、炒股、上网、聊天等用途已经足够了。

由于 AMD 微处理器采取将"核"补拙、将"频"补拙的策略，低端 CPU 已经是四核的配置，800 元的 CPU 已经可以有八核（如 FX-8300），因此采用 AMD CPU 应更多地考虑多核高频率的产品，以弥补架构上的劣势。对于新装机的用户，购买新电脑的需求也是如上情况，完全可以选择双核或以上水平的酷睿或者 AMD 四核以上的产品。

建议一般的用户选择 Core i3 级别的双核四线程 CPU，已经足够平时的电脑应用与娱乐。如果条件允许，使用 i5、i7 也没有问题，除非将来要天天与大型 3D 游戏打交道。现在的游戏线程优化已经上升到四核四线程，对于大型游戏玩家，四核已经是保底的配置。目前，越来越多的软件、游戏已经迈向四线程优化，逻辑双核的产品已经跟不上时代要求了。

（2）防假指南。

1）看编号。

这个方法对 Intel 和 AMD 的处理器同样有效。每一颗正品盒装处理器都有一个唯一的编号,产品包装盒上的条形码和处理器表面都会标明这个编号。这个编号相当于手机的 IMEI 码,如果购买处理器后发现这两个编号是不一样的,可以肯定这个产品是被掉包过的。

2)看包装。

利用包装偷龙转凤主要出现在 Intel 的 CPU 上。Intel 盒装处理器与散包处理器的区别在于三年质保,价格方面相差几十到上百元不等。AMD 盒装也有假货充斥,尤其以闪龙 2500+和 E6 3000+为多。由于工艺制作水平有限,假货在包装盒的印刷制作上还是不可能达到正品包装盒的标准,因此可以从包装盒的印刷等方面入手识别真假。

以 AMD 的包装盒为例,没有拆封过的包装盒贴有一张标贴,如果没有这张标贴肯定是假货,这张标贴也是鉴别包装盒真伪的一个切入点。正品的标贴通过机器刻上了"十"字形的割痕,撕开后这张标贴就会损坏而作废。假的包装盒上面也有这张标贴,同样有这个"十"字形的割痕,需要注意,正品的"十"字形割痕中间没有连在一起,而且割痕的长短深度都非常均匀,而假货的标贴往往是制假者自己用刀片割上去的。如果消费者发现这个"十"字形的割痕长短不一,而且中间连在一起,就可以肯定这是被人动过手脚的。

另外,由于这个方法的鉴别非常简单,一些不法商人就通过在包装盒上贴上新的编号来鱼目混珠。鉴别真假编号也要从印刷上分辨。正规产品的编号条形码采用的是点阵喷码,字迹清晰,而且能够清楚地看到数字由一个个"点"组成。假冒的条形码是印刷的,字迹较模糊且有粘连感,采用的字体也不尽相同。如果发现这个条形码的印刷太差、字迹模糊,则最好不要购买。

3)看风扇。

这个方法主要还是针对 Intel 处理器,打开 CPU 的包装后,可以查看原装风扇正中的防伪标签,正品 Intel 盒包 CPU 防伪标签为立体式防伪,除底层图案有变化外,还会出现立体的"Intel"标志。假的盒包 CPU 防伪标签只有底层图案的变化,没有"Intel"的标志。

2. CPU 产品实物介绍

以 Intel Core i7 3970X 为典型案例来介绍 CPU 的主要参数信息和购买原则与建议,如表 2-5 所示。

表 2-5 CPU 的主要参数信息

参数名称	产品详细参数	购买原则与建议
型号	Intel Core i7 3970X	建议根据计算机应用需求与资金预算情况选择相应型号、价格的 CPU
接口类型	LGA 2011	购买主板时需要确认主板是否支持 LGA 2011 接口类型的 CPU
核心类型	Sandy Bridge-E	
生产工艺	32 纳米	生产工艺越精密,则 CPU 功耗越小,集成度越高,当然相应价格也越高
核心数量	六核	CPU 计算核心的数量,核心数越多,计算能力越强
主频	3.5GHz	
三级缓存	15MB	目前的 CPU 中主要由三级缓存的大小来衡量 CPU 运算的吞吐量,三级缓存越大,单位时间内能处理的数据量越大
显示核心型号	无	该型号 CPU 中没有集成显卡核心,需要购买独立显卡

续表

参数名称	产品详细参数	购买原则与建议
支持通道模式	四通道	四通道表示可以将四个内存插槽的内存合并使用，以加大数据吞吐量
支持内存频率	DDR3 1333MHz DDR3 1600MHz	根据 CPU 所支持的内存频率，对照主板所支持的内存频率购买内存，确保内存频率在支持列表中
工作功率	150W	该型号 CPU 功率较大，则需要在选购电源时购买相对额定功率较大的电源，确认主板各硬件设计的正常电源供应

2.1.3 内存

内存又称主存，是 CPU 能直接寻址的存储空间，由半导体器件制成。内存的特点是存取速率快。内存是计算机中重要的部件之一，计算机中所有程序的运行都是在内存中进行的，内存的性能对计算机的影响非常大。内存（Memory）又称为内存储器，作用是暂时存放 CPU 中的运算数据，以及与硬盘等外存储器交换的数据。只要计算机在运行中，CPU 就会把需要运算的数据调到内存中进行运算，运算完成后，CPU 再将结果传送出来。内存的稳定运行也决定了计算机的稳定运行。内存由内存芯片、电路板、金手指等部分组成。如图 2-4 所示是海盗船复仇者套装。

图 2-4 海盗船复仇者套装

1. 内存选购方法

（1）做工精良。

选择内存最重要的是稳定性和性能。内存的工艺水平直接影响到性能、稳定和超频性能。内存是微机最重要的核心元件，购买时尽量选择大厂生产的内存芯片，常见的内存芯片厂商有三星、现代、镁光、南亚、茂矽等，它们都经过完整的生产工序，品质上更有保障。采用这些顶级大厂内存芯片的内存条，其品质性能比其他杂牌内存芯片的产品要高。

内存电路板的作用是连接内存芯片引脚与主板信号线，其工艺质量直接关系到系统稳定性。目前，主流内存电路板层数一般是 6 层，这类电路板具有良好的电气性能，可以有效屏蔽信号干扰。更优秀的高规格内存往往配备了 8 层 PCB 电路板，可以有更好的效能。

（2）SPD 隐藏信息。

SPD 信息非常重要，能够直观反映内存的性能和体制。它里面存放着内存可以稳定工作的指标信息和产品的生产厂家等信息。由于每个厂商都能对 SPD 进行修改,因而很多杂牌内存厂商会将 SPD 参数进行修改或者直接复制名牌产品的 SPD,这可以上机用软件检测。因此,购买内存后,使用 Everest、CPU-Z 等软件一查即可。需要注意的是,对于大品牌内存来说,SPD 参数非常重要;而对于杂牌内存,SPD 信息不值得完全相信。

(3) 假冒返修产品。

有些内存条使用了不同品牌、型号的内存芯片,一眼就可以看出来。同时,有些内存条也会对内存芯片进行打磨,再加印新的编号参数。仔细观察,可以发现打磨过的芯片比较暗淡无光,有起毛的感觉,而且加印上的字迹模糊、不清晰。这些假冒的内存产品需要引起注意。

此外,还要观察 PCB 电路板是否整洁、有无毛刺等,金手指是否有明显的经过插拔留下的痕迹,如果有,很有可能是返修内存产品(不排除有厂家出厂前经过测试,但比较少数)。需要注意,返修和假冒内存无论多么便宜都不值得购买,因为其安全隐患十分严重。

2. 内存产品实物介绍

以 CMK64GX4M8A2133C13 型号内存为典型案例来介绍内存的主要参数信息和购买原则与建议,如表 2-6 所示。

表 2-6 内存的主要参数信息

参数名称	产品详细参数	购买原则与建议
型号	CMK64GX4M8A2133C13	建议根据计算机应用需求与资金预算情况选择相应型号、价格的内存。相比主板与 CPU 来说,内存选择更为灵活,主要原因是后期计算机使用时,如果速度不能满足运行要求时,可以通过扩展内存容量来提升计算机性能
内存主频	DDR4 2133	
内存总容量	64GB	这款内存产品是一个套装,其中共有 8 条内存,每条内存容量为 8GB,微机中用不上这么多,一般用于服务器或发烧游戏机中。个人计算机内存选购时,以内存容量够用并有部分冗余为原则
内存容量描述	四条套装,8×8GB	
颗粒封装	TSOP II	
内存电压	1.2V	内存电压表明内存使用时的工作电压

学习任务 2.2　认识和选购外部存储设备

2.2.1　硬盘驱动器

硬盘是计算机主要的存储媒介之一,由一个或多个铝制或者玻璃制的碟片组成,碟片外覆盖有铁磁性材料。

硬盘有固态硬盘(SSD,新式硬盘)、机械硬盘(HDD,传统硬盘)、混合硬盘(HHD,一块基于传统机械硬盘诞生的新硬盘)。SSD 采用闪存芯片来存储,HDD 采用磁性盘片来存储，混合硬盘（HHD）是把磁性硬盘和闪存集成到一起的一种硬盘。绝大多数硬盘都是固定硬盘，被永久性地密封固定在硬盘驱动器中。如图2-5所示为希捷3T硬盘。

图 2-5　希捷3T硬盘

1. 硬盘的选购

（1）关注硬盘的容价比（硬盘每GB容量的性价比）。

购买硬盘时，尽量考虑2TB的产品，总价不贵，单GB的性价比最高。此外，1TB的硬盘也是值得入门级用户选择的，虽然每GB的价格为0.39元，但385元的总价不高，足以满足一般用户的需求。

（2）关注硬盘的单碟容量（一张碟片能存放多少数据）。

所谓碟片，是用于存储文字或影音数据的由硬质合金或玻璃盘片制成的硬盘盘片，由于形似日常所用的碟子，故名碟片。硬盘产品内部盘片大小有5.25英寸、3.5英寸、2.5英寸和1.8英寸（后两种常用于笔记本及部分袖珍精密仪器中，台式机中常用Digital Versatile Disc的盘片）。

硬盘最新技术为单碟1TB，市场上容量在1TB～3TB的硬盘已经实现单碟1TB技术，持续读写速度介于150MB/s～220MB/s。在高端的大容量领域，从主流的5碟4TB/7200转硬盘开始升级到4碟4TB/5900转硬盘，并发展出4碟4TB/7200转混合硬盘。

之所以重视硬盘的单碟容量，是因为其值越高，所需要的碟片数量越少，硬盘的磁头数量减少，发热量与稳定性越高。主流产品中，2TB的硬盘还是采用3碟的设计，这些产品往往是商家的库存，由于采用3碟片的设计，重量上比两盘片装的产品明显重一些，并且在读写速度、稳定性与发热量方面比两碟装产品逊色许多。

（3）关注区分二碟装与三碟装的方法。

三碟装产品可以通过识别外观、重量等来区别，例如希捷两碟2TB的硬盘右侧上角有一个较大的深坑（三碟为浅坑）等，这对普通消费者来说辨别的难度相当大，唯一的解决办法是购买生产日期接近的产品，像2013年以后的产品基本上都是两碟装。因此，购买时要重点关注。

2. 硬盘产品实物介绍

以西部数据WD30EFRX硬盘为典型案例来介绍硬盘的主要参数信息和购买原则与建议，如表2-7所示。

表 2-7 硬盘的主要参数信息

参数名称	产品详细参数	购买原则与建议
型号	西部数据 WD30EFRX	目前机械硬盘的产品成熟度较高，各品牌产品各有特色，可根据个人喜好与实现应用要求选择相应品牌
容量	3000GB	硬盘的功能是用于数据存储，可以根据实现应用要求选择合适大小的硬盘，稍微考虑一下硬盘容量的冗余
转速	5400rpm	目前硬盘转速有 5400rpm 和 7200rpm 两个规格，5400rpm 规格的硬盘相对来说稳定性更好、噪音小，而 7200rpm 规格的硬盘读写速度相对快一些
缓存容量	64MB	缓存容量决定了数据读写速度，缓存容量越大越好，当然容量越大价格也相对要高
盘体尺寸	3.5 英寸	目前标准的台式机盘体大小均为 3.5 英寸
接口标准	S-ATA III	硬盘本身的数据接口标准，如果主板提供的接口标准低于 S-ATA III，则以主板的接口标准为准，但相当于降低了数据传输速率
传输标准	SATA 6.0G/s	

2.2.2 光盘驱动器

光盘驱动器（CD-ROM Driver）即光驱，是一种读取光盘信息的设备。由于光盘存储容量大、价格便宜、保存时间长，适宜保存大量的数据，如声音、图像、动画、视频信息、电影等多媒体信息。如图 2-6 所示为先锋 DVR 光驱。

图 2-6 先锋 DVR 光驱

1. 光盘驱动器简介

随着多媒体计算机的盛行，光盘（CD-ROM）的应用越来越普及，大家对多媒体光盘软件的需求越来越大，微型计算机常常配置有光盘驱动器。由于光驱体积较大，随着闪存盘等设备的普及，越来越多的便携式计算机已不再内置光驱，以腾出空间来安装其他硬件。

光驱的最基本技术指标是数据传输率（Data Transfer Rate），即常说的倍速，单倍速（1X）

光驱是指每秒钟光驱的读取速率为 150KB，双倍速（2X）是指每秒读取速率为 300KB。市面上的 CD-ROM 光驱一般都在 48X、50X 以上。高倍速换来了更大的数据传输速度，却使得数据的准确性降低，缩短了光驱的寿命。

2. 光盘驱动器的选购

（1）接口类型。光驱的常见接口有 IDE、EIDE 和 SCSI。如果没有特殊要求，选择价格便宜的 IDE 或 EIDE 接口光驱即可，因为 SCSI 接口的光驱还需要配一块相应的 SCSI 卡。

（2）数据传输率。光驱的数据传输率越高越好，在市面上流行的是 32 倍速光驱和 40 倍速光驱。

（3）数据缓冲区。缓冲区通常为 128KB 或 256KB，一般建议选择缓冲区不少于 128KB 的光驱。

（4）兼容性。由于产地不同，各种光驱的兼容性的差别很大，有些光驱在读取一些质量不太好的光盘时很容易出错，这会给您带来很大的麻烦，所以一定要选择兼容性好的光驱。

（5）价格。正所谓一分钱一分货，价钱高的其性能通常要好一点。SCSI 接口的比 IDE 接口的要贵，因为 SCSI 接口的光驱比 IDE 接口的要快。

3. 光驱产品实物介绍

以先锋 DVR-219CHV 光驱为典型案例来介绍光驱的主要参数信息和购买原则与建议，如表 2-8 所示。

表 2-8 光驱的主要参数信息

参数名称	产品详细参数	购买原则与建议
型号	先锋 DVR-219CHV	目前光驱在实际应用中比较少用，只有当有光盘数据读写要求时才建议选配
安装方式	内置	内置式的光驱必须安装在机箱内部，而外置式光驱则可以移动，即插即用，使用更方便灵活
类型	DVD+/-RW、DVD 刻录机	目前光驱产品分两大类，一类是只读，一类是可读也可写，即刻录机，而这款产品是刻录机
接口类型	SATA	
读取速度	24XDVD±R、12X DVD+R DL、12XDVD-R DL、6XDVD-RW、8XDVD+RW、12X DVD-RAM、32XCD-RW、40XCD-R	产品支持的读写速度标准
缓存容量	2	缓存容量决定了数据读写速度，缓存容量越大越好，当然容量越大价格也相对要高，一般光驱的读写缓存相对于硬盘而言较小
传输标准	SATA 150	

2.2.3 其他存储设备

U 盘，全称 USB 闪存盘，英文名 USB Flash Disk。它是一种使用 USB 接口的无需物理驱动器的微型高容量移动存储产品，通过 USB 接口与计算机连接，实现即插即用。U 盘的称呼最早来源于朗科科技生产的一种新型存储设备，名曰"优盘"，使用 USB 接口进行连接。U 盘连接到计算机的 USB 接口后，U 盘的资料可与计算机进行交换。后来生产的采用类似技术的设备，由于朗科已进行专利注册，不能再称之为"优盘"，改称谐音的"U 盘"。后来，U 盘这个称呼因其简单易记而广为人知，是常用移动存储设备之一。如图 2-7 所示为闪迪 64GB U 盘。

图 2-7 闪迪 64GB U 盘

1. U 盘的品牌及购买

U 盘的数据传送速度一般与数据接口和 U 盘质量有关，U 盘采用 Flash 闪存，只与 USB 接口类型有关，不像硬盘的存储受硬盘转速的影响；原来用于区分速度的 USB 1.1 和 USB 2.0 标准已经统一改为 USB 2.0，即 USB 2.0 Full Speed（对应以前的 USB 1.1）和 USB 2.0 High Speed（对应以前的 USB 2.0）。除此之外，还有 USB 2.0 Nolmal Speed，传输速度较慢，一般在键盘和鼠标上使用。这些标准在一些检测软件中可能会显示成 USB 2.0（FS）和 USB 2.0（HS），购买时要确认是 HS 的接口，如果统一说成 USB 2.0 而没有标明速度，则应当场测试。一般来说，HS 速度可以达到 5MB/s～10MB/s，而 FS 则在 1MB/s 以下，很容易区分。

常用 U 盘品牌有方正、驱逐舰、朗科、silicom 矽谷、OSCOO、LG、SanDisk、金士顿、PNY、爱国者、索尼、明基、纽曼、神州数码、东芝、Siliconer 矽人、权王、权尚、中科巨龙、趋势等。

由于闪存做工比较简单，所以有很多水货或假冒产品。购买时最好在计算机上测试，例如拷贝与其容量大小相当的文件或运行 V3 软件，正品的 U 盘应可运行软件。

MyDiskTest 是一款 U 盘、SD 卡、CF 卡等移动存储产品扩容识别工具，集几项功能于一身，包括扩容检测、坏块扫描、速度测试、坏块屏蔽等。MyDiskTest 可以方便地检测出存储产品是否经过扩充容量，以次充好；还可以检测 Flash 闪存是否有坏块，是否采用黑片，是否不会破坏磁盘原有数据；可测试 U 盘的读取和写入速度，对存储产品进行老化试验等，是挑选 U 盘和存储卡必备的工具。

随着 U 盘的普及，人们越来越重视 U 盘的外观，一款外观有创意的 U 盘往往能够比许多名牌 U 盘更好卖。需要注意，在看重外表的同时，不要忽略 U 盘的性能和性价比。

2. U 盘产品实物介绍

以至尊高速酷豆闪存盘 CZ43 16G 为典型案例来介绍 U 盘的主要参数信息和购买原则与建议，如表 2-9 所示。

表 2-9　U 盘的主要参数信息

参数名称	产品详细参数	购买原则与建议
型号	至尊高速酷豆闪存盘 CZ43 16G	根据个人需要与喜好选择特定外形与容量的成熟产品
容量大小	16GB	容量越大相应价格越高
读取数据传输率	130MB/s	
接口	USB 3.0 接口	目前的接口标准为 USB 2.0 和 USB 3.0，相对而言 USB 3.0 接口的 U 盘读写速度更快，当然价格相对高一些
特别功能	加密	
外形设计	黑色	
规格	19.1×15.9×8.8mm	

学习任务 2.3　认识和选购输入/输出设备

2.3.1　键盘和鼠标

1. 键盘

键盘是最常用也是最主要的输入设备，通过键盘可以将英文字母、数字、标点符号等输入到计算机中，从而向计算机发出命令、输入数据等。随着技术的发展，市场上也出现了独立的具有各种快捷功能的产品单独出售，并带有专用的驱动和设定软件，在兼容机上也能实现个性化的操作。

选购注意事项如下：

（1）键盘的触感。

作为日常接触最多的输入设备，手感毫无疑问是最重要的。手感主要是由按键的力度阻键程度来决定的。判断键盘的手感如何，可从按键弹力是否适中、按键受力是否均匀、键帽是否松动或摇晃、键程是否合适等几个方面进行测试。不同用户对按键的弹力和键程有不同的要求，高质量的键盘在这些方面应该都能符合绝大多数用户的使用习惯，而按键受力均匀和键帽牢固是必须保证的，否则可能导致卡键或让用户感觉疲劳。

（2）键盘的外观。

外观包括键盘的颜色和形状，只要觉得漂亮、喜欢、实用就可以了。

（3）键盘的工艺。

好键盘的表面及棱角处理精致细腻，键帽上的字母和符号通常采用激光刻入，手摸上去有凹凸的感觉。选购时要认真检查键位所印字迹是否是刻上去的而不是直接用油墨印上去的，如果键盘上的字迹是直接用油墨印上去的，用不了多久就会脱落。键盘的角不能是尖锐的。常规键盘具有 CapsLock（字母大小写锁定）、NumLock（数字小键盘锁定）、ScrollLock 三个指示灯。

（4）键盘键位布局。

键盘的键位分布虽然有标准，但是这个标准各个厂商还是可以灵活对待的。一流厂商可以利用自己的经验把键盘的键位排列得更体贴用户。

（5）键盘的噪音。

一款好的键盘必须保证在高速敲击时只产生较小的噪音，不会影响到别人。

（6）键盘的键位冲突问题。

日常生活中，我们有时需要玩游戏，这时可能会出现某些组合键的连续使用，这要求键盘上的这些游戏键不会产生冲突。

（7）键盘的长、宽、高问题。

购买键盘时，需要测量电脑桌可放置键盘的长、宽、高，然后再购买。

2. 鼠标

鼠标是计算机的一种输入设备，分有线和无线两种，也是计算机显示系统纵横坐标定位的指示器，因形似老鼠而得名。"鼠标"的标准称呼应该是"鼠标器"，英文名为 Mouse。鼠标可以使计算机的操作更加简便快捷，以代替键盘繁琐的指令。

鼠标的选购原则如下：

（1）质量可靠。

质量是选择鼠标最重要的指标，无论功能多强大、外形多漂亮，质量不好则一切都不用考虑了。一般名牌大厂的产品质量都比较好，但要注意假冒产品。识别假冒产品的方法很多，主要可以从外包装、鼠标的工艺、序列号、内部电路板、芯片，以及螺钉、按键声音来分辨。

（2）按照需求选择。

如果只是一般的家用，或者只是用于文字处理，选择机械鼠标或半光电鼠标即可；如果是用于上网，选择网鼠可以使你在网上冲浪时感到非常方便；如果经常用一些专门的设计软件，则建议买光电鼠标。

（3）有线接口。

鼠标一般有3种接口：RS232 串口、PS/2 口和 USB 口。采用 USB 接口是目前的主流。

（4）无线接口。

主要为红外线、蓝牙（Bluetooth）鼠标，无线套装比较多，使用方便快捷，但价格高、损耗高（有线鼠标无损耗）。

（5）手感好。

选购鼠标时，手感也很重要。有些鼠标看上去样子难看，歪歪扭扭，其实手感非常好，适合手形，握上去很贴切。

（6）功能。

标准鼠标：一般标准 3/5 键滚轮滑鼠。办公室鼠标软硬件上增加 Office/Web 相关功能或是快速键的滑鼠。

简报鼠标：为增强简报功能开发的特殊用途滑鼠。

游戏鼠标：专为游戏玩家设计，能承受较强烈的操作，解析度范围较大，特殊游戏需求软硬件设计。

3. 键盘、鼠标产品实物介绍

以金河田 KM1300G 为典型案例来介绍键盘和鼠标的主要参数信息和购买原则与建议，如图 2-8 和表 2-10 所示。

图 2-8 金河田 KM1300G 键盘、鼠标套装

表 2-10 键盘、鼠标的主要参数信息

参数名称	产品参数详细	购买原则与建议
型号	金河田 KM1300G	根据主板提供的接口标准选择对应的键盘和鼠标产品
键盘型式	薄膜式	
键盘连接方式	有线	键盘连接方式有无线和有线两种
键盘接口	PS/2	键盘接口目前主要是PS/2，但也有一部分为 USB 接口
鼠标类型	光电鼠标	
鼠标连接方式	有线	
鼠标接口	USB	无论主板提供的鼠标接口是 USB 还是PS/2类型，USB 鼠标都能正常使用，如果购买的是PS/2接口鼠标则必须确认主板是否提供了PS/2接口
最高分辨率	1000 DPI	鼠标分辨率越高则鼠标越灵敏，一般日常应用没有特殊的要求，但游戏玩家则必须考虑最高分辨率因素

2.3.2 显示器

显示器（Display）通常也被称为监视器。显示器属于计算机的 I/O 设备，即输入输出设备。它是一种将一定的电子文件通过特定的传输设备显示到屏幕上再反射到人眼的显示工具。

根据制造材料的不同，可分为阴极射线管显示器（CRT）、等离子显示器 PDP、液晶显示器 LCD 等。如图 2-9 所示为 AOC 刀锋 II i2353Ph LCD 显示器。

1. 选购技术参数

（1）可视面积。

液晶显示器标示的尺寸是实际可视的屏幕范围，例如一个 15.1 英寸的液晶显示器约等于 17 英寸 CRT 屏幕的可视范围。

图 2-9　AOC 刀锋 II i2353Ph LCD 显示器

（2）可视角度。

液晶显示器的可视角度左右对称，上下不一定对称。当背光源的入射光通过偏光板、液晶及取向膜后，输出光具备特定的方向特性，即大多数从屏幕射出的光具备了垂直方向。假如从一个非常斜的角度观看一个全白的画面，可能会看到黑色或是色彩失真。一般来说，上下角度要小于或等于左右角度。如果可视角度为左右 80 度，表示在始于屏幕法线 80 度的位置时可以清晰地看见屏幕图像。由于人的视力范围不同，如果没有站在最佳的可视角度内，所看到的颜色和亮度将会有误差。市面上大部分液晶显示器的可视角度都在 160 度左右。随着技术的发展，有些厂商开发出了各种广视角技术，试图改善液晶显示器的视角特性。

（3）点距。

多数人不知道液晶显示器的点距数值如何得到。一般，14 英寸 LCD 的可视面积为 285.7mm×214.3mm，最大分辨率为 1024×768，点距=可视宽度/水平像素（或者可视高度/垂直像素）。

（4）色彩度。

自然界的任何一种色彩都由红、绿、蓝三种基本色组成。LCD 面板由 1024×768 个像素点组成显像，每个独立的像素色彩由红、绿、蓝（R、G、B）三种基本色控制。大部分厂商生产的液晶显示器，每个基本色（R、G、B）达到 6 位，即 64 种表现度。也有不少厂商使用了所谓的 FRC（Frame Rate Control）技术以仿真的方式表现全彩的画面，即每个基本色（R、G、B）能达到 8 位，即 256 种表现度。

（5）对比值。

对比值的定义是最大亮度值（全白）除以最小亮度值（全黑）的比值。CRT 显示器的对比值通常可达 500:1，因而容易在 CRT 显示器上呈现真正全黑的画面，但是 LCD 就不容易了。由冷阴极射线管构成的背光源很难实现快速开关动作，因而背光源始终处于点亮状态。为得到全黑画面，液晶模块必须完全把由背光源来的光完全阻挡，但在物理特性上会有一些漏光发生，因而这些组件无法完全达到要求。一般来说，人眼可以接受的对比值约为 250:1。

（6）亮度值。

液晶显示器的最大亮度由冷阴极射线管（背光源）决定，亮度值一般在 200～250cd/m^2 之间。液晶显示器的亮度略低，会觉得屏幕发暗。市面上液晶显示器的亮度普遍为 250cd/m^2，超过 24 英寸的显示器则要稍高，但也基本维持在 300～400 cd/m^2 之间，虽然技术上可以达到更高亮度，但不代表亮度值越高越好，太高亮度的显示器有可能使观看者的眼睛受伤。

（7）响应时间。

响应时间是指液晶显示器各像素点对输入信号反应的速度，该值越小越好。如果响应时间太长，有可能使液晶显示器在显示动态图像时有尾影拖曳的感觉。一般液晶显示器的响应时间在5～10ms之间，一线品牌产品普遍达到5ms以下的响应时间，基本避免了尾影拖曳的问题。

2. 显示器产品实物介绍

以AOC刀锋Ⅱi2353Ph显示器为典型案例来介绍显示器的主要参数信息和购买原则与建议，如表2-11所示。

表2-11 显示器的主要参数信息

参数名称	产品详细参数	购买原则与建议
型号	AOC 刀锋Ⅱ i2353Ph	目前市场上的产品均为液晶显示器，且各品牌产品都比较成熟，产品差异并不明显，主要性能差异表现为颜色显示效果，选购时可以对照各品牌、型号的显示效果进行选择
尺寸	23英寸	显示器尺寸主流为23英寸，也有尺寸更大的，但相对来说尺寸越大价格越高
屏幕比例	16:9	宽屏显示器的屏幕比例为16:9
接口类型	15针 D-Sub（VGA），音频输入，HDMI×2接口	目前显示器接口标准有VGA、DVI和HDMI三种，购买显示器时一定要保证与主板或显卡保持一致
面板类型	E-IPS	
点距	0.266mm	
亮度	250cd/m2	
典型对比度	1000:1	
动态对比度	5000万:1	
分辨率	1920×1080	最大分辨率表示显示器能正常显示与工作时的分辨率大小，最大分辨率越大，显示效果越好，相应的价格也略高
黑白响应速度	6ms	
水平可视角度	178度	
垂直可视角度	178度	
面板最大色彩	16.7M	
背光类型	WLED	
耗电功率	35W	

2.3.3 显示卡

显示卡（Video Card、Graphics Card）的全称为显示接口卡，又称显示适配器，简称显卡，是计算机最基本、最重要的配件之一。显卡作为主机里的一个重要组成部分，是进行数模信号转换的设备，承担输出显示图形的任务。显卡安装在主板上，负责将数字信号转换成模拟信号让显示器显示出来，此外显卡还具有图像处理能力，可协助CPU工作，提高整体运行速度。

对于从事专业图形设计的人来说，显卡非常重要。显卡图形芯片供应商主要包括 AMD（超微半导体）和 Nvidia（英伟达）。科学计算中，显卡称为显示加速卡。如图 2-10 所示为七彩虹 iGame750 烈焰战神 U-Twin-1GD5。

图 2-10　七彩虹 iGame750 烈焰战神 U-Twin-1GD5

以 iGame970 烈焰战神 X-4GD5 显示卡为典型案例来介绍显示卡的主要参数信息和购买原则与建议，如表 2-12 所示。

表 2-12　显示卡的主要参数信息

参数名称	产品详细参数	购买原则与建议
型号	iGame970 烈焰战神 X-4GD5	
芯片厂商	Nvidia	
芯片型号	Nvidia GeForce GTX 970	
制作工艺	28nm	
输出接口	1×DVI-D 接口、1×HDMI 接口、3×Display Port 接口	
显存容量	4096MB	显存容量是指显卡处理图像时的存储容量大小。同等条件下显存容量越大，处理能力越强
显存类型	GDDR 5	显存类型目前主要有 GDDR3、GDDR4 和 GDDR5 三种，GDDR5 为最好，相对来说显存处理能力越强
显存位宽	256 位	显存位宽是指显存单位时间内同时处理的二进制数据位数，数值越大数据传输速度越快
显存封装	MicroBGA/FBGA	
核心频率	1051-1165MHz	
显存频率	7010MHz	
流处理器单元（SP）	1664 个	
3D API	支持 DirectX 11.1	
RAMDAC 频率	400MHz	
支持最大分辨率	2560×1600	显卡支持的最大分辨率，而真正显示时取决于显示器支持的最大分辨率

2.3.4 打印机

打印机（Printer）是计算机的输出设备之一，用于将计算机的处理结果打印在相关介质上。衡量打印机好坏的指标有 3 项：打印分辨率、打印速度和噪声。打印机的种类很多，按打印元件对纸是否有击打动作，分击打式打印机和非击打式打印机；按打印字符结构，分全形字打印机和点阵字符打印机；按一行字在纸上形成的方式，分串式打印机和行式打印机；按所采用的技术，分柱形、球形、喷墨式、热敏式、激光式、静电式、磁式、发光二极管式等打印机。

（1）分辨率。

分辨率是衡量打印机质量的一项重要技术指标。打印机分辨率一般指最大分辨率，分辨率越大，打印质量越好。由于分辨率对输出质量有重要影响，因而打印机通常是以分辨率的高低来衡量其档次。计算单位是 DPI（Dot Per Inch），含义是每英寸内打印的点数。例如，一台打印机的分辨率是 600DPI，表示其打印输出每英寸 600 个点。DPI 值越高，打印输出的效果越精细，越逼真，当然输出时间越长，售价越贵。

一般针式打印机的分辨率为 180DPI，高的达 360DPI；喷墨打印机为 720DPI，稍高的为 1440DPI，已有分辨率高达 2880DPI 的产品；激光打印机为 300DPI、600DPI，高的为 1200DPI，甚至 2400DPI。按理说，分辨率应该为单位长（宽）度内能实现的可分辨的点（线条）数。若某打印机在 1mm 宽度内能打印 10 条可分辨的线条，而不是漆黑一片，则可称该打印机的分辨率为 10 线/mm，相当于 254DPI。

（2）打印幅面。

打印幅面是衡量打印机输出页面大小的指标。

针式打印机中一般给出行宽，用一行中能打印多少字符（字符/行或列/行）表示。常用的打印机有 80 列和 132/136 列两种。

激光打印机常用单页纸的规格表示，按打印幅面可以将打印机分为 A3、A4、A5 等。打印机的打印幅面越大，打印的范围越大。

喷墨打印机也常用单页纸的规格表示。通常喷墨打印机的打印幅面为 A3 或 A4 大小。有的喷墨打印机也使用行宽表示打印幅面。

（3）首页输出时间。

这是激光打印机特有的术语，即执行打印命令后多长时间可以输出打印的第一页内容。一般的激光打印机在 15 秒内可以完成首页的输出工作，测试的基准为 300DPI 的打印分辨率、A4 打印幅面、5%的打印覆盖率、黑白打印。

（4）介质类型。

介质类型是打印机所能打印的介质类型。

激光打印机可以处理的介质为普通打印纸、信封、投影胶片、明信片等。

喷墨打印机可以处理的介质为普通纸、喷墨纸、光面照片纸、专业照片纸、高光照相胶片、光面卡片纸、T 恤转印介质、信封、透明胶片、条幅纸等。

针式打印机可以处理的介质为普通打印纸、信封、蜡纸等。

（5）纸张厚度。

纸张厚度是指可以打印纸张的最大厚度，单位为 mm。

（6）装纸容量。

装纸容量是指一次可装入的单页纸张数。这里的容量是指打印机所能提供的标准纸张输入容量，包括多用途纸盒和标准输入纸盒的总容量。

（7）字符种类。

字符种类是指打印机可输出打印哪几种字符（包括汉字），这些字符可采用哪几种字体输出打印。

（8）输入数据缓冲区。

为了提高打印机的速度，应要求输入数据缓冲区足够大。24 针打印机的缓冲区一般在（2～40）KB 左右，也有大至 128KB 的；喷墨打印机在（10～64）KB 之间；激光打印机在（1～8）MB 之间，有的可扩大到 66MB。

（9）打印方式。

图形打印方式：计算机送给打印机的是汉字的点阵编码信息，是用点阵编码打印的方式。这种方式打印汉字时，每个汉字需要 72 个字节（24×24 点阵），因而打印速度慢。

文本打印方式：从计算机送往打印机的是国家标准的内码，打印机再从汉字库中取出点阵信息进行打印。每个汉字内码只占用两个字节，打印速度快。

高速打印方式：用于草体（即 Draft）结构打印，打印质量低。

高密打印方式：用于书写体结构打印，打印速度低，打印质量高。

（10）网络功能。

网络功能是指激光打印机是否支持局域网内共享使用。网络性能主要包括激光打印机在网络打印时的处理速度、在网络上的安装操作方便程度、对其他网络设备的兼容情况，以及网络管理控制功能等。应尽量挑选能很好地和各种设备兼容使用、支持各种网络操作系统的激光打印机作为网络打印机。

2.3.5 扫描仪

扫描仪（Scanner）利用光电技术和数字处理技术，以扫描方式将图形或图像信息转换为数字信号，捕获图像并将其转换成计算机可以显示、编辑、存储和输出的形式。照片、文本页面、图纸、美术图画、照相底片、菲林软片，甚至是纺织品、标牌面板、印制板样品等三维对象都可作为扫描对象，提取并将原始的线条、图形、文字、照片、平面实物转换成可以编辑的形式加入文件中。扫描仪属于计算机辅助设计（CAD）的输入系统。

扫描仪能将图片、文稿、照片、胶片、图纸等图形文件输入计算机，与打印机和调制解调器配合具有复印和传真功能。由于普及型扫描仪的价格已降至千元以下，使扫描仪逐步成为办公、工程设计、艺术设计以及家庭用户不可缺少的计算机设备。选购扫描仪主要关注以下几个方面：

（1）品牌。

（2）性能参数。

一般用户购买扫描仪时需要考虑的技术指标如下：

1）扫描幅面。扫描幅面通常有 A4、A4 加长、A3、A1、A0 等规格。大幅面扫描仪的价格很高，一般家庭和办公用户建议选用 A4 幅面的扫描仪。

2）分辨率。光学分辨率是选购扫描仪最重要的参数。扫描仪有两种分辨率：最大分辨率和光学分辨率。其中，直接关系到使用的是光学分辨率。扫描仪分辨率的单位严格定义是 ppi（常常被误称为 dpi）。ppi 是指每英寸的像素数，一般用横向分辨率判定扫描仪的精度，纵向分辨率可通过扫描仪的步进电机来控制，横向分辨率完全由扫描仪的 CCD 精度决定。起初，主流光学分辨率为 300ppi，1999 年后大概为 600ppi，2000 年以后逐步过渡到 1200ppi，现在主流光学分辨率已经达到 2400ppi。普通用户购买 2400ppi 光学分辨率的扫描仪就足以应付了。一般办公用户建议选购分辨率为 600×1200（水平分辨率×垂直分辨率）的扫描仪。水平分辨率由扫描仪光学系统真实分辨率决定，垂直分辨率由扫描仪传动机构的精密程度决定，选购时主要考察水平分辨率。

3）色彩位数。色彩位数反映对扫描图像色彩的区分能力。色彩位数越高的扫描仪，扫描图像色彩越丰富。色彩位数用二进制位数表示。例如 1 位的图像，每个像素点可以携带 1 位二进制信息，只能产生黑或白两种色彩；8 位的图像可以给每个像素点 8 位的二进制信息，可以产生 256 种色彩。常见扫描仪的色彩位数有 24 位、30 位、36 位和 42 位等。建议选购 30 位色彩或 36 位色彩的扫描仪。24 位的扫描仪已成为淘汰产品，建议不要购买。

4）感光元件。感光元件是扫描仪的眼睛，扫描质量与扫描仪采用的感光元件密切相关，普通扫描仪采用的感光元件有 CCD（Charge Coupled Device）和 CIS（Contact Image Sensor）。CCD 感光元件的扫描仪技术成熟，配合由光源、几个反射镜和光学镜头组成的成像系统，在传感器表面进行成像，有一定的景深，能扫描凹凸不平的实物。CIS 是广泛应用于传真机的感光元件，其极限分辨率为 600ppi 左右，较 CCD 技术存在一定的差距，仅用于低档平板扫描仪中。

（3）配套软件。

扫描仪的功能需要通过相应的软件来实现，除驱动程序和扫描操作界面以外，几乎每一款扫描仪都会随机赠送一些图像编辑软件、OCR 文字识别软件等。不同扫描仪配套提供的软件性能、操作方法不一，对不熟悉图形处理的用户来说，建议选择配套提供软件操作简单、使用方便的扫描仪。

（4）接口。

接口指扫描仪与计算机的连接方式，常见的有 SCSI 接口、EPP 接口和 USB 接口。

SCSI 接口扫描仪通过 SCSI 接口卡与计算机相连，数据传输速度快，缺点是安装较为复杂、需要占用一个扩展插槽和有限的计算机资源（中断号和地址）。如果你经常扫描大量的图形文档，则应选择 SISC 接口扫描仪，可节约不少时间。

EPP 接口（打印机并口）用电缆即可连接扫描仪、打印机和计算机，安装简便。能连接笔记本电脑，但其数据传输速度略慢于 SCSI 接口扫描仪，对扫描速度要求不高、扫描量不大、不经常使用扫描仪的用户，建议选购 EPP 接口扫描仪。

USB 接口扫描仪速度快，支持即插即用，与计算机的连接非常方便，但要求你的计算机支持 USB 接口，有条件的用户建议选购 USB。

2.3.6 摄像头

摄像头（Camera 或 Webcam）又称为电脑相机、电脑眼、电子眼等，是一种视频输入设备，广泛地运用于视频会议、远程医疗、实时监控等方面。普通人也可以彼此通过摄像头在网络上进行有影像、有声音的交谈和沟通。另外，人们还可以将其用于当前各种流行的数码影像和影音处理。

摄像头的组成包括镜头、主控芯片和感光芯片。

1. 镜头

镜头的组成是透镜结构，由几片透镜组成，一般为塑胶透镜或玻璃透镜。通常摄像头用的镜头构造有1P、2P、1G1P、1G2P、2G2P、4G等。透镜越多，成本越高，玻璃透镜比塑胶的贵。因此，一个品质好的摄像头应该是采用玻璃镜头，成像效果相对比塑胶镜头好。市场上的大多数摄像头产品为了降低成本，一般会采用塑胶镜头或半塑胶半玻璃镜头（即1P、2P、1G1P、1G2P等）。

2. 感光芯片

感光芯片是数码摄像头的重要组成部分，根据元件不同分为以下两种：

（1）CCD（Charge Coupled Device，电荷耦合元件）：一般是用于摄影摄像方面的高端技术元件，应用技术成熟，成像效果较好，价格相对较贵。

（2）CMOS（Complementary Metal-Oxide Semiconductor，金属氧化物半导体元件）：应用于较低影像品质的产品中，相对于CCD来说，CMOS价格低，功耗小。

CCD的优点是灵敏度高、噪音小、信噪比大，缺点是生产工艺复杂、成本高、功耗高。CMOS的优点是集成度高、功耗低（不到CCD的1/3）、成本低，缺点是噪音比较大、灵敏度较低。较早期的CMOS对光源的要求比较高，在采用CMOS为感光元器件的产品中，通过采用影像光源自动增益补强技术，自动亮度、白平衡控制技术，色饱和度、对比度、边缘增强以及伽马矫正等先进的影像控制技术，可以接近CCD摄像头的效果。

在相同像素下CCD的成像往往通透性、明锐度都很好，色彩还原、曝光可以保证基本准确。而CMOS的产品往往通透性一般，对实物的色彩还原能力偏弱，曝光也都不太好。

高端摄像头（如Logitech、Creative）的产品基本采用CCD感光元器件，主流产品基本是CCD和CMOS平分秋色，总的来说还是CCD的效果好一些，CCD元件的尺寸多为1/3英寸或1/4英寸，在相同的分辨率下，宜选择元件尺寸较大的。用户可以根据自己的喜好来选购。

使用摄像头尤其是采用CMOS芯片的产品时，应该更注重技巧。

首先，不要在逆光环境下使用（这点CCD同），尤其不要直接指向太阳。

其次，环境光线不要太弱，否则直接影响成像质量。克服这种困难有两种办法：一是加强周围亮度；二是选择要求最小照明度小的产品，有些摄像头已经可以达到5lux。

最后，要注意合理使用镜头变焦，通过正确的调整，摄像头也同样可以拥有拍摄芯片的功能。市场销售的数码摄像头中，基本是CCD和CMOS平分秋色。受市场情况及市场发展等情况的限制，摄像头采用CCD图像传感器的厂商为数不多，主要原因是采用CCD图像传感器成本高。

3. 主控芯片（DSP）

DSP的选择主要根据摄像头成本、市场接受程度来确定。由于设计、生产DSP的技术已经逐渐成熟，各厂商在各项技术指标上相差不是很大，只是有些DSP在细微的环节及驱动程序上需要进一步改进。

4. 像素

像素即传感器像素，是衡量摄像头的重要指标之一。实际应用中，摄像头的像素越高，拍摄的图像品质越好，但并不是像素越高越好。对于同一画面，像素越高产品的解析图像能力越强，但记录的数据量也会大得多，对存储设备的要求比较高。因此，选择时宜采用当前的主流产品。另外，由于 CMOS 成像效果在高像素上并不理想，市场上主流的高像素摄像头仍然是 CCD 摄像头。需要注意，有些分辨率的标识是指这些产品利用软件所能达到的插值分辨率，虽然也能适当提高图像的精度，但和硬件分辨率相比还是有一定的差距。

5. 捕获速度

视频捕获能力是用户最关心的功能之一，许多厂商声称具有最大 30 帧/秒的视频捕获能力，但实际使用时并不尽人意。摄像头的视频捕获是通过软件来实现的，因而对计算机的要求非常高，即 CPU 的处理能力要足够快，而且对画面的要求不同，捕获能力也不相同。目前，摄像头捕获画面的最大分辨率为 640×480，在这种分辨率下没有任何数字摄像头能达到 30 帧/秒的捕获效果，因而画面会产生跳动现象。比较现实的是在 320×240 分辨率下依靠硬件与软件的结合才有可能达到标准速率的捕获指标。因此，完全的视频捕获速度只是一种理论指标。用户应根据实际需要选择合适的产品，以达到预期的效果。

除此之外，购买时需要考虑的因素包括：附带软件，摄像头外型，镜头的灵敏性，是否内置麦克风等。

学习任务 2.4　认识和选购机箱和电源

2.4.1　机箱

机箱的主要作用是放置、固定主板和各种配件，起到承托和保护作用。此外，机箱具有屏蔽电磁辐射的重要作用。机箱一般包括外壳、支架、面板上的各种开关、指示灯等。外壳用钢板和塑料结合制成，硬度高，主要起保护机箱内部元件的作用。支架主要用于固定主板、电源和各种驱动器。如图 2-11 所示为金河田源代码 7209（15 版）机箱。

图 2-11　金河田源代码 7209（15 版）机箱

1. 机箱的选购

选择机箱时，外观是首要因素，对于服务器机箱，实用性排在更加重要的地位，一般主要从以下几个方面考虑：

（1）散热性。

4U 或塔式服务器使用的 CPU 至少为两个或更多，加上内部多采用 SCSI 磁盘阵列的形式，因而使得服务器内部发热量很大，所以良好的散热性是服务器机箱的必备条件。散热性能主要表现在 3 个方面：一是风扇的数量和位置，二是散热通道的合理性，三是机箱材料的选材。一般来说，品牌服务器机箱可以很好地做到这一点，采用大口径的风扇直接针对 CPU、内存及磁盘进行散热，形成从前方吸风到后方排风（塔式为下进上出，前进后出）的良好散热通道，形成良好的热循环系统，及时带走机箱内的大量热量，保证服务器的稳定运行。采用导热能力较强的优质铝合金或钢材料制作的机箱外壳也可以有效地改善散热环境。

4U 或塔式服务器一般处在骨干网络上，常年 24 小时运行，其冗余性设计也非常值得关注。一是散热系统的冗余性，一般必须配备专门的冗余风扇，当个别风扇因为故障停转时，冗余风扇立刻接替工作；二是电源的冗余性，当主电源因为故障失效或电压不稳时，冗余电源可以接替工作，继续为系统供电；三是存储介质的冗余性，要求机箱有较多的热插拔硬盘位，可以方便地对服务器进行热维护。

（2）设计精良。

设计精良的服务器机箱可提供方便的 LED 显示灯，以便维护者及时了解机器情况。此外，前置 USB 口之类的小设计也可极大地方便使用者。还有的机箱提供前置冗余电源的设计，使得电源维护更为便利。

（3）用料足。

用料是产品的最直观表现方式。以超微机箱为例，同样是 4U 或塔式机箱，超微的产品重量上甚至可达到杂牌产品的三到四倍。在机柜中间线缆密布、设备繁多的情况下，机箱的用料直接涉及主机屏蔽其他设备电磁干扰的能力。因此，服务器机箱的好坏直接牵涉到系统的稳定性。一些知名服务器主板大厂也会生产专业的服务器机箱，以保证最终服务器产品的稳定性。

2. 机箱产品实物介绍

以金河田游戏联盟狂战士机箱为典型案例来介绍机箱的主要参数信息和购买原则与建议，如表 2-13 所示。

表 2-13　机箱的主要参数信息

参数名称	产品详细参数	购买原则与建议
型号	金河田游戏联盟狂战士	机箱用于安装相应的计算机硬件设备，对于稳固性有要求，应选择不易变形的产品，不建议为省钱而购买稳固性不好的产品，同时根据个人喜好选择特定外形的机箱产品
机箱样式	立式 ATX	
机箱类型	传统型	
兼容主板	ATX 主板、MICRO ATX 主板	机箱的结构标准兼容主板尺寸标准。选择时应根据主板的尺寸标准来选定机箱，确保各计算机硬件设备有足够的散热空间

续表

参数名称	产品参数详细	购买原则与建议
机箱仓位	2 个 5.25 英寸光驱位 4 个 3.5 英寸硬盘位	
扩展插槽	7 个	
机箱材质	SGCC	
前置接口描述	1×USB 2.0 接口 1×USB 3.0 接口 1×耳机接口 1×麦克风接口	机箱前置面板所支持的各接口类型与数量
机箱风扇	无	机箱风扇只有部分机箱产品自带，但全部机箱产品都预留了机箱风扇位置，若没有自带机箱风扇，可以根据系统散热要求自主安装机箱风扇
内部散热描述	多个风扇位，立体全方位散热	
免工具设计	否	目前市面上大部分机箱产品拆卸时均要使用螺丝刀，部分产品为免工具设计，免工具设计产品相应价格略高，但使用方便
电源位置	上置式	电源位置有上置式和下置式两种，根据机箱设计而放置于不同位置，对实际使用没有影响
机箱尺寸	456×187×437mm	

2.4.2 电源

微机电源是专门为机箱内部配件供电的设备，目前大多数是开关型电源，如图 2-12 所示。

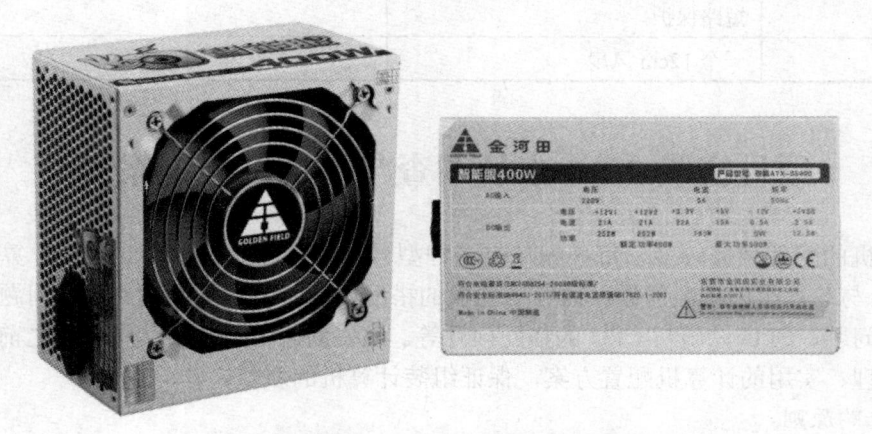

图 2-12　金河田智能眼电源（400W）ATX-S5000

以金河田智能眼 400W 电源为典型案例来介绍机箱内电源的主要参数信息和购买原则与建议，如表 2-14 所示。

表 2-14　电源的主要参数信息

参数名称	产品详细参数	购买原则与建议
型号	金河田智能眼 400W 电源	电源产品因品牌不同价格差异明显，电源产品的质量直接影响计算机的稳定性和使用寿命，建议购买大品牌的产品
电源标准	ATX	
额定功率	400W	额定功率越大表明电源供电能力越强，根据全部计算机设备的功耗情况选择合适的产品，而不是一味追求越大越高。额定功率越大，供电时电压越稳定，但价格则越高
最大功率	500W	
适用 CPU 范围	适用 Intel 和 AMD 全系列 CPU	
认证规范	3C 认证	
主板电源接口	20+4Pin 电源接口	目前主板一般采用 24Pin 电源接口
CPU 供电接口	4+4Pin	CPU 专门供电接口
供电接口（大 4Pin）	2 个	
SATA 接口	4 个	
6Pin 显卡电源接口	2 个	
+3.3V 电流	22A	
+5V 电流	15A	
+12V1 电流	21A	
+12V2 电流	21A	
PFC 类型	被动式 PFC	
保护功能	过压保护、过载保护、温度保护、短路保护	
风扇描述	一个 12cm 风扇	

项目实践 2.1　市场调查与系统配置方案设计

计算机的配件种类较多，每种配件有多种型号、规格和品牌，因此组装计算机时需要注意：CPU 与芯片组的搭配问题、内存与主板的搭配问题、显卡与主板的搭配问题、电源与主板的搭配问题、CPU 风扇与 CPU 的搭配问题等。这些问题需要在组装计算机之前考虑，以便制定出合理、实用的计算机配置方案，保证组装计算机的质量。

1. 选购原则

（1）CPU 与芯片组的搭配。

微处理器主要分 AMD 和 Intel 两大派系，分别对应不同的芯片组，不是任何一款主板都能随便使用 AMD 公司和 Intel 公司的 CPU。芯片组与 CPU 的对应关系如表 2-15 所示。

表 2-15 芯片组与 CPU 的对应关系

处理器厂商	接口类型	对应主流处理器	主流芯片组
Intel	LGA 1150	Core i3-4160	Intel B85
Intel	LGA 1155	E3-1230 V2	Intel B75
Intel	LGA 2011	i7 3970X	Intel X99
Intel	LGA 1366	i7 980X	Intel X58
AMD	FM2	A10-5800K	AMD A68H
AMD	FM2+	A10-7850K	AMD A88X
AMD	AM3	羿龙 II X4 955	AMD SB950
AMD	AM3+	FX-8350	AMD SB710

（2）内存与主板的搭配。

内存插座集成在主板上，且内存条与插槽之间有一一对应关系，购买内存和主板时需要考虑内存和主板的搭配。目前的内存主要分 DDR3 和 DDR4 两种规格，两者使用不同的工作电压和插口特性。另外，DDR3 和 DDR4 的内存有不同的工作频率规格，如 DDR3 1333、DDR4 1600 等。主板支持的内存规格由芯片组决定。主板芯片组中包含极为重要的内存控制器。购买内存时，要在主板芯片组支持的内存规格之内，否则主板无法支持，从而导致所购内存不能使用。

需要注意，大部分主板都采用双通道内存控制器，在主板上有两组内存插槽。如果要安装双通道内存，需要在两组内存插槽中分别安装一条内存，以实现双通道技术，且必须保证两条内存的规格一致，最好是相同品牌和规格。

（3）显卡与主板的搭配。

目前显卡的主流产品采用 PCI-E 接口，相应主板上也有配套的 PCI-E 插槽。由于计算机中通常只安装一块显卡，所以主板也只设计了 PCI-E 插槽。选购显卡时，先要参考主板中的显卡接口来确定选购显卡的接口类型，确定显卡的接口类型后，还要考虑主板显卡接口的技术规范。

目前的微型计算机主板大多都集成了显示处理芯片，对于简单办公与家庭娱乐应用，一般无需另购独立显卡，只有对显示有特殊要求时才需要购买独立显卡。

（4）电源与主板的搭配。

目前的主板电源接口普遍采用 24Pin 电源接口和 4Pin 电源接口，购买电源时要先了解主板的电源接口。为保证供电稳定，主板中 CPU 位置有一个 4Pin 12V 的 CPU 供电接口。

（5）CPU 风扇与 CPU 的搭配。

CPU 工作时，一旦风扇不能保证其表面温度低于最大承受度，则 CPU 就有被烧毁的危险，即使现在的 CPU 带有自我保护策略（温度过高时降频使用），也无法保证绝对的安全。而且，不同 CPU 的表面温度承受能力不同。选购 CPU 风扇时，可以参考这些数据并对照风扇厂商的技术参数来进行搭配。

目前的 CPU 主要包括 AMD 公司和 Intel 公司的产品，各种型号 CPU 的功率各不相同，发热量也不相同，功率大的发热量大，功率小的发热量小。发热量大的 CPU 所搭配的风扇降温能力要强于发热量小的 CPU。如果 CPU 风扇与 CPU 不配套，则可能会导致 CPU 过热，影响使用寿命，甚至烧坏。如果是原装 CPU，标配的 CPU 风扇就能满足散热要求；如果是散装 CPU，或者将 CPU 超频使用，则需要考虑 CPU 风扇搭配问题。

相对而言，AMD 的处理器发热量较高。现在采用先进的封装技术能保证热量迅速从 CPU 内核传导到表面，无须过于担心 CPU 散热问题。

2. 常用系统配置方案

几种常用系统配置方案如表 2-16 至表 2-19 所示。

表 2-16　家庭网络娱乐方案

配件名称	品牌型号	数量	备注
CPU	AMD 速龙 X4 760K	1	
主板	华硕 A88XM-A	1	
内存	金士顿 DDR3 1333 4G	1	
机械硬盘	西部数据 1TB SATA3 64M 单碟/蓝盘	1	
显卡			
机箱	金河田启源	1	
电源	金河田劲霸 ATX-S3008	1	
显示器	AOC I2269VW	1	
键鼠套装	金河田 KM010	1	
光驱		1	

表 2-17　日常办公应用方案

配件名称	品牌型号	数量	备注
CPU	Intel Core i3-4160	1	
主板	技嘉 GA-B85M-HD3	1	
内存	金士顿 DDR3 1600 8G 骇客神条套装	1	
机械硬盘	希捷 Barracuda 1TB 64M SATA3 单碟	1	
显卡			
机箱	金河田升华零辐射版	1	
电源	金河田智能眼 400W	1	
显示器	AOC I2369V	1	
键鼠套装	金河田 Q1	1	
光驱	先锋 DVR-219CHV	1	

表 2-18　基本图形图像处理方案

配件名称	品牌型号	数量	备注
CPU	Intel 酷睿 i5 4590	1	
主板	技嘉 GA-Z97-HD3	1	
内存	金士顿 DDR3 1600 8G 单条	1	

续表

配件名称	品牌型号	数量	备注
机械硬盘	希捷 Barracuda 2TB 64M SATA3	1	
显卡	Nvidia GeForce GT 630	1	
机箱	金河田升华零辐射版	1	
电源	金河田智能眼 400W	1	
显示器	AOC I2369V	1	
键鼠套装	金河田 Q1	1	
光驱	先锋 DVR-219CHV	1	

表 2-19 游戏方案

配件名称	品牌型号	数量	备注
CPU	AMD FX-8300	1	
主板	技嘉 GA-970A-DS3P	1	
内存	芝奇 RipjawsX DDR3 1600	1	
机械硬盘	希捷 Barracuda 3TB 64M	1	
显卡	AMD RADEON R7 260X	1	
机箱	金河田 8197B	1	
电源	金河田智能芯 4000	1	
显示器	三星 S24D360HL	1	
键鼠套装	金河田战键枭龙	1	
光驱	先锋 DVR-219CHV	1	

以上计算机 DIY 配置方案仅供参考，读者可以根据个人的喜好与认识自主进行个人计算机组装。同时，国内几个比较大的计算机硬件交流平台也提供了在线自助装机服务。

太平洋电脑网 DIY 硬件频道可以实现在线模拟装机、模拟攒机、自助装机，详细网址为 http://mydiy.pconline.com.cn；ZOL 中关村在线也提供了模拟攒机、在线攒机服务，详细网址为 http://zj.zol.com.cn。

学习任务 2.5 选购计算机其他设备

2.5.1 网卡

计算机与网络的连接通过网络接口卡（Network Interface Card，NIC）实现。网络接口卡又称通信适配器或网络适配器（Network Adapter），简称网卡。

网卡是工作在数据链路层的网络组件，是局域网中连接计算机和传输介质的接口，不仅能实现与局域网传输介质之间的物理连接和电信号匹配，还涉及帧的发送与接收、帧的封装与拆封、介质访问控制、数据的编码与解码、数据缓存的功能等。

是否正确选用、连接和设置网卡，往往是能否正确连通网络的前提和必要条件。一般来说，选购网卡时需要考虑以下因素：

（1）网络类型。

根据网络类型选择相对应的网卡，如以太网、令牌环网、FDDI 网等。

（2）传输速率。

根据服务器或工作站的带宽需求并结合物理传输介质能提供的最大传输速率选择网卡的传输速率。以以太网为例，可选择的速率有 10Mb/s、10/100Mb/s、1000Mb/s，甚至 10Gb/s 等。注意，不是速率越高越合适。

（3）总线类型。

常见总线插槽类型有 ISA、EISA、VESA、PCI 和 PCMCIA 等。服务器上通常使用 PCI 或 EISA 总线的智能型网卡，工作站可以用 PCI 或 ISA 总线的普通网卡，笔记本电脑采用 PCMCIA 总线的网卡或并行接口的便携式网卡。目前的微机已基本不支持 ISA 连接，购买网卡时应当选购 PCI 网卡。

（4）网卡支持的电缆接口。

网卡必须有一个接口与其他网络设备连接。不同网络接口适用于不同的网络类型，常见接口主要有以太网的 RJ-45 接口，细同轴电缆的 BNC 接口，粗同轴电缆的 AUI 接口、FDDI 接口、ATM 接口等。有的网卡为了适用于更广泛的应用环境，提供了两种或多种类型的电缆接口，例如同时提供 RJ-45 接口、BNC 接口或 AUI 接口。

1）RJ-45 接口：应用于以双绞线为传输介质的以太网中，接口类似于常见的电话接口 RJ-11。但是，RJ-45 是 8 芯线，电话线的接口是 4 芯线，通常只接 2 芯线（ISDN 的电话线接 4 芯线）。网卡还自带两个状态指示灯，通过这两个指示灯的颜色可初步判断网卡的工作状态。

2）BNC 接口：应用于以细同轴电缆为传输介质的以太网或令牌网，比较少见。

3）AUI 接口：应用于以粗同轴电缆为传输介质的以太网或令牌网中，很少见。

4）FDDI 接口：应用于 FDDI（光纤分布数据接口）网络中，网络具有 100Mb/s 的带宽，但使用的传输介质是光纤，因而网卡的接口是光纤接口。随着快速以太网的出现，它的速度优越性不复存在，但其采用昂贵的光纤作为传输介质的缺点并没有改变，非常少见。

5）ATM 接口：应用于 ATM（异步传输模式）光纤（或双绞线）网络中，能提供物理的传输速度达 155Mb/s。

（5）价格与品牌。

不同速率、不同品牌的网卡价格差别较大。

2.5.2　ADSL Modem 和无线路由器

1. ADSL Modem

ADSL Modem 是为 ADSL（非对称用户数字环路）提供调制数据和解调数据的机器，最高支持 8Mb/s（下行）和 1Mb/s（上行）的速率，抗干扰能力强，适合普通家庭用户使用。该产品耗电量与一台一级能效的电冰箱相仿，发热量较大。某些型号的产品还带有路由功能。有一个 RJ-11 电话线孔和一个或多个 RJ-45 网线孔，某些型号的产品带有无线功能。

Modem 其实是 Modulator（调制器）与 Demodulator（解调器）的简称，中文名称为调制解调器。根据 Modem 的谐音，人们亲昵地称之为"猫"。它是在发送端通过调制将数字信号转换为模拟信号，在接收端通过解调再将模拟信号转换为数字信号的一种装置。

计算机内的信息是由"0"和"1"组成的数字信号，而在电话线上传递的却只能是模拟电信号，当两台计算机要通过电话线进行数据传输时，需要先由 Modem 把数字信号转换为相应的模拟信号（"调制"），经过调制的信号通过电话载波传送到另一台计算机前，由接收方的 Modem 把模拟信号还原为计算机能识别的数字信号（"解调"）。通过"调制"与"解调"的数模转换过程，实现了两台计算机之间的远程通信。

2．无线路由器

无线路由器是应用于上网、带有无线覆盖功能的路由器。无线路由器可以看做一个转发器，将家中接入的宽带网络信号通过天线转发给附近的无线网络设备（笔记本电脑、支持 WiFi 的手机，以及带有 WIFI 功能的设备）。

市场上流行的无线路由器一般都支持专线 XDSL/Cable、动态 XDSL 和 PPTP 四种接入方式，还具有其他一些网络管理功能，如 DHCP 服务、NAT 防火墙、MAC 地址过滤等。

市场上流行的无线路由器一般只能支持 15～20 个以内的设备同时在线使用。现在已经有部分无线路由器的信号范围达到了 3000 米。

3．选购原则

（1）使用方便。

购买路由器时，要注意阅读说明书或咨询清楚是否提供 Web 界面管理。许多路由器维护界面已经是全中文的，界面更加人性化，让操作变得更简单。

（2）LAN 端口数量。

LAN 端口即局域网端口，能够满足需求即可，过多的局域网端口会增加不必要的开支。

（3）WAN 端口数量。

WAN 端口即宽带网端口，是用来与 Internet 连接的广域网接口。家庭宽带网络通过 WAN 端口接入小区宽带 LAN 接口或 ADSL Modem 等。一般家庭宽带用户对网络要求不是很高，路由器的 WAN 端口有一个即可。

4．参考标准

（1）无线路由器的接口配置。市场上常见的无线路由器产品为 4 个 LAN 接口加上一个 WAN 接口的配置。如果需要更多的 LAN 接口和 WAN 接口，则需要更换产品。

（2）无线路由器的无线速率。无线路由器的速率可以从数十兆到数百兆不等。一般来说，速率越快的无线路由器性能越好，但费用会相应增加。家用无线路由器的速率在 300 兆左右即可满足用户需求。如果速率要求过高，而无线网卡速率跟不上，则两者无法匹配。

（3）无线路由器的有线速率。绝大多数的设备可以集成千兆的网卡，而宽带路由器的交换机芯片只能支持上百兆带宽。因此，若在同一个路由器的局域网中传送大数据，则影响速率的是路由器本身的速率。

（4）无线信号的质量。无线路由器的无线信号质量是衡量性能的重要指标，信号质量好，则不会产生大幅衰减、经常性中断、信号连接不稳定的现象。这可以从无线路由器的天线数目上来判断。

（5）无线路由器的 USB 需求。市场上带有 USB 接口的无线路由器都支持 3G 网络，高端的路由器产品还可以支持离线下载。如果需要选购这类路由器，可以将 3G 无线上网卡连入到无线路由器的 USB 接口，并测试是否能用。如果 USB 接口需要连接硬盘，还要对 USB 接口的供电大小做出判断。

项目实践 2.2　安装打印机

以 HP LaserJet 1020 打印机为例，进行安装打印机的实践。

1. 工具/原料

打印机一部，计算机一台，打印线一条，纸一张。

2. 本地打印机的安装

（1）把随机配送光盘放进光驱，如果没有光驱，可以直接把文件复制到 U 盘，再将 U 盘插到该计算机上。

（2）如果由光盘启动，系统自动运行安装引导界面，如图 2-13 所示；如果复制文件，则需要找到 launcher.exe 文件，双击运行。

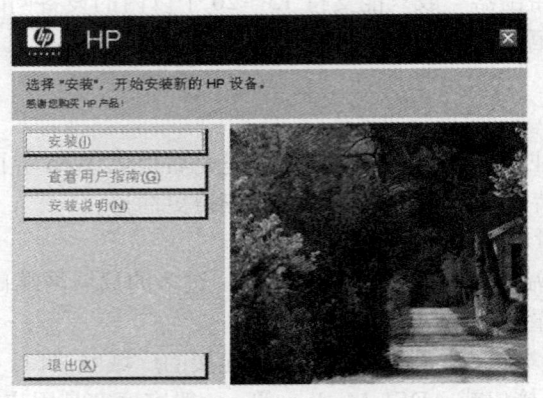

图 2-13　安装界面

（3）系统提示是安装一台打印机还是修复本机程序，如果是新的打印机，则选择"添加另一台打印机"单选项；如果是修复程序，则选择"修复"单选项，如图 2-14 所示。

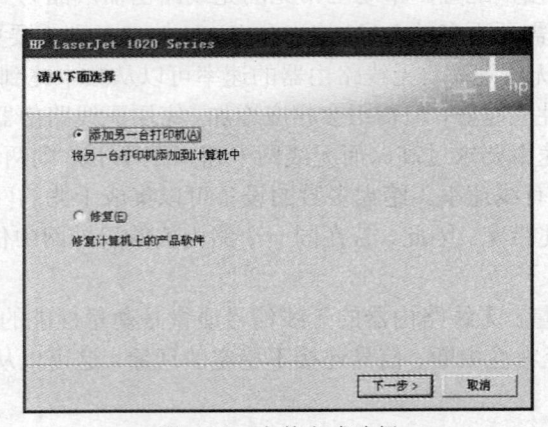

图 2-14　安装方式选择

项目 2　计算机硬件的选购

（4）系统提示将打印机插上电源并连接到计算机，如图 2-15 所示。

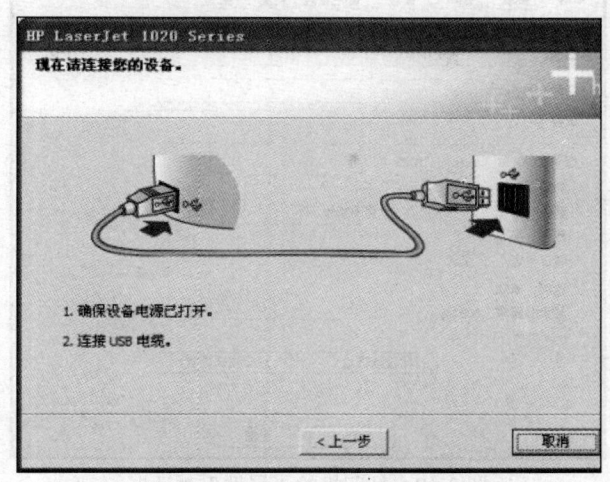

图 2-15　确认将打印机连接到计算机

（5）打开打印机的电源开关，系统在本机安装驱动程序，如图 2-16 所示。

图 2-16　驱动程序安装进度

（6）安装完毕，提示安装完成，如图 2-17 所示。

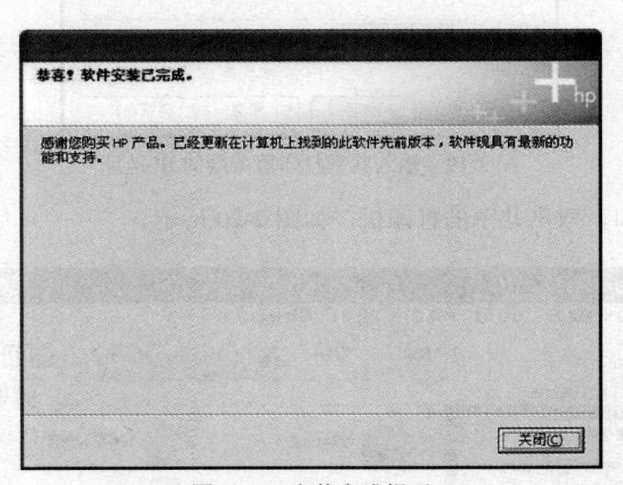

图 2-17　安装完成提示

（7）打开打印机的"属性"对话框，单击"打印测试页"按钮，能打出来表示打印机安装成功，如图 2-18 所示。

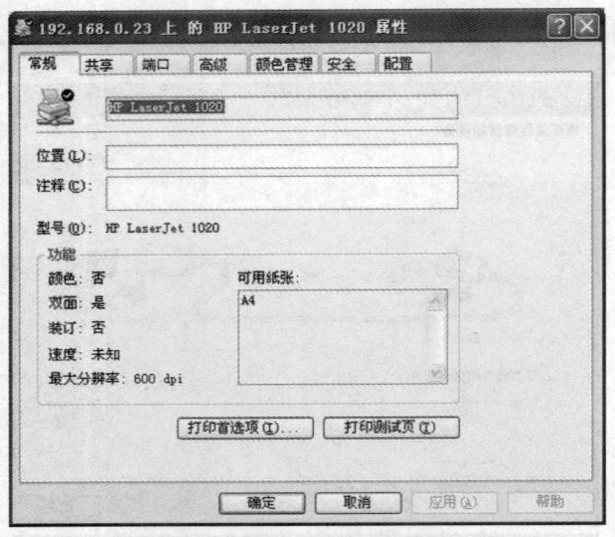

图 2-18 打印机的"属性"对话框

3. 网络打印机的安装

相对于本地打印机，网络打印机安装比较简单，无需驱动光盘，也不需要连接打印机，只要计算机能连上共享打印机即可。

（1）方法一。

1）单击"开始"→"运行"命令，在弹出的对话框中输入共享打印服务端的 IP 地址，单击"确定"按钮，如图 2-19 所示。

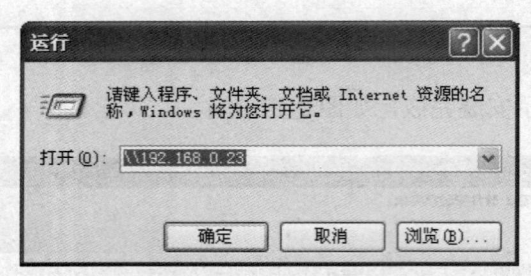

图 2-19 输入共享打印服务端的 IP 地址

2）弹出共享窗口，双击共享的打印机，如图 2-20 所示。

图 2-20 共享的打印机

项目2　计算机硬件的选购

3）弹出"连接到打印机"对话框，如图2-21所示，单击"是"按钮，完成网络打印机的安装。

图2-21　"连接到打印机"对话框

（2）方法二。

1）打开控制面板，双击"打印机和传真"，在"打印机任务"栏中单击"添加打印机"，如图2-22所示。

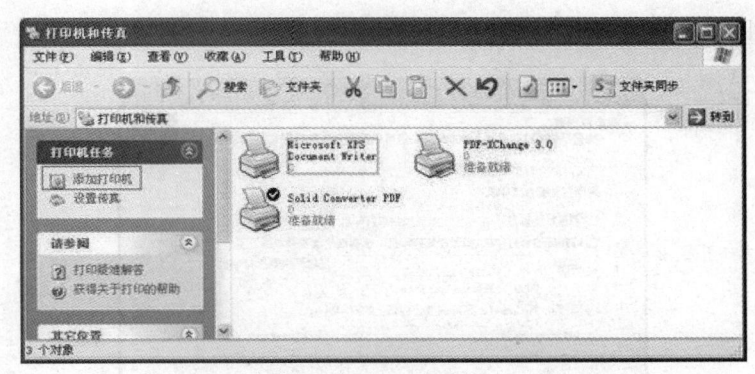

图2-22　添加打印机

2）进入"添加打印机向导"界面，如图2-23所示，单击"下一步"按钮。

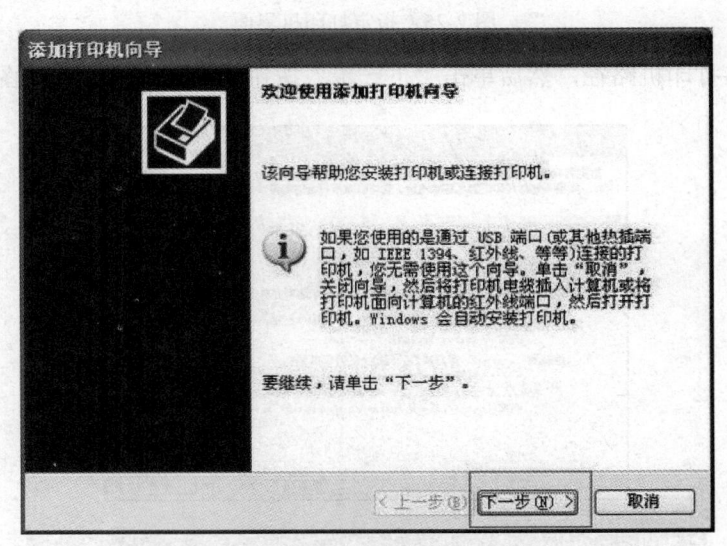

图2-23　"添加打印机向导"界面

3）提示要安装的打印机选项，选择"网络打印机或连接到其他计算机的打印机"单选项后单击"下一步"按钮，如图2-24所示。

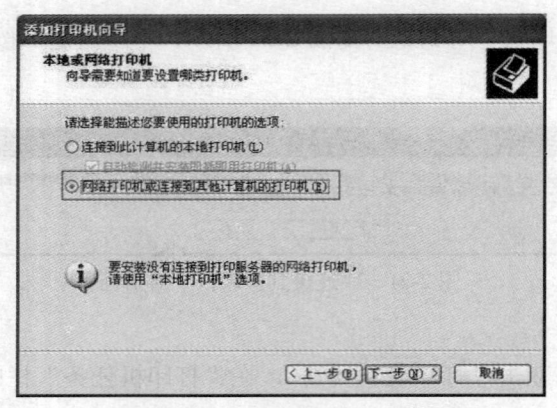

图 2-24 选择网络打印机

4) 指定打印机，如图 2-25 所示。

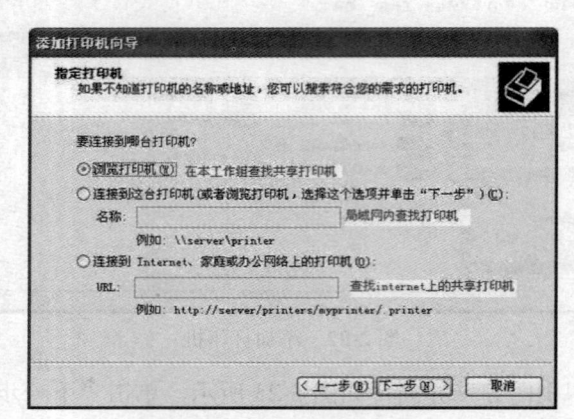

图 2-25 指定打印机界面

5) 输入网络打印机路径，然后单击"下一步"按钮，弹出提示框，如图 2-26 所示。

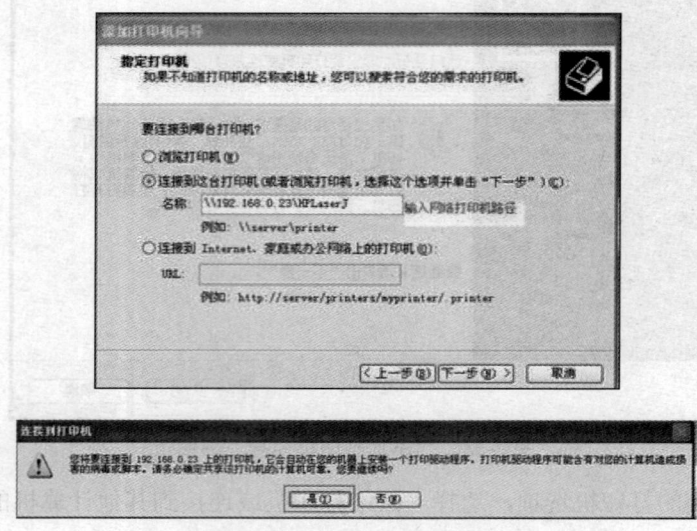

图 2-26 安装打印机提示

6）单击"是"按钮，系统从共享打印机服务端下载驱动程序并安装到本地计算机。安装完毕，提示是否设置成默认打印机，如图 2-27 所示。

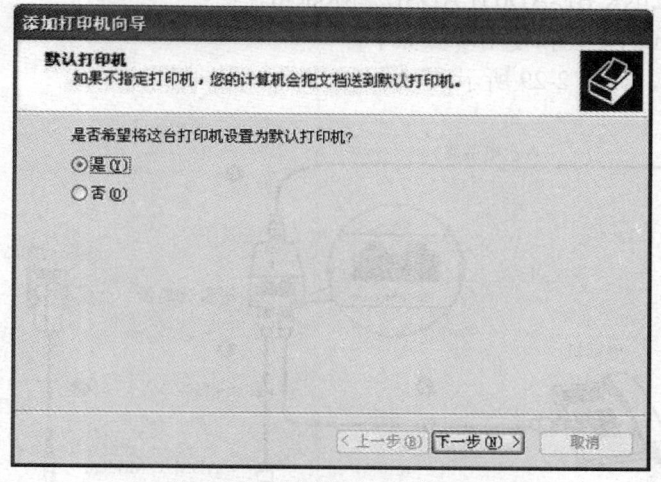

图 2-27 设置默认打印机界面

7）单击"下一步"按钮，弹出"正在完成添加打印机向导"界面，如图 2-28 所示，单击"完成"按钮完成网络打印机的安装。

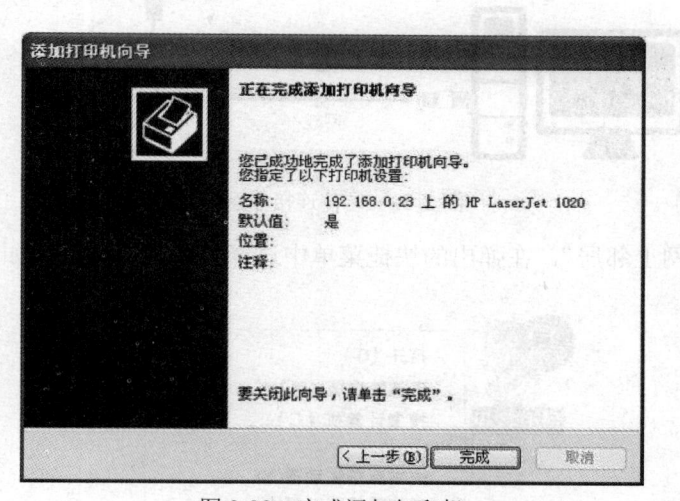

图 2-28 完成添加打印机

注意：本地打印机驱动程序安装前，打印机不要先连接微型计算机，有些计算机会自动安装驱动程序，但这些驱动程序和原装驱动一般都不兼容。因此，一般在驱动安装成功以后或安装提示连接打印机时，再把打印机连接到计算机上。网络打印机安装前，要确保本机能与网络打印机连通。

项目实践 2.3　安装 ADSL Modem

ADSL Modem 是 ADSL 终端，符合 ADSL、ADSL2、ADSL2+标准，具有一个以太网 RJ-45

接口，最高下行速率可达 24Mb/s，最高上行速率为 1Mb/s，采用 8000V 防雷增强型设计，能适应多雷击区域。

工具/原料：B-LINK BL-AD031 ADSL2+Modem。

ADSL2+Modem 的安装和使用步骤如下：

（1）硬件连接，如图 2-29 所示。

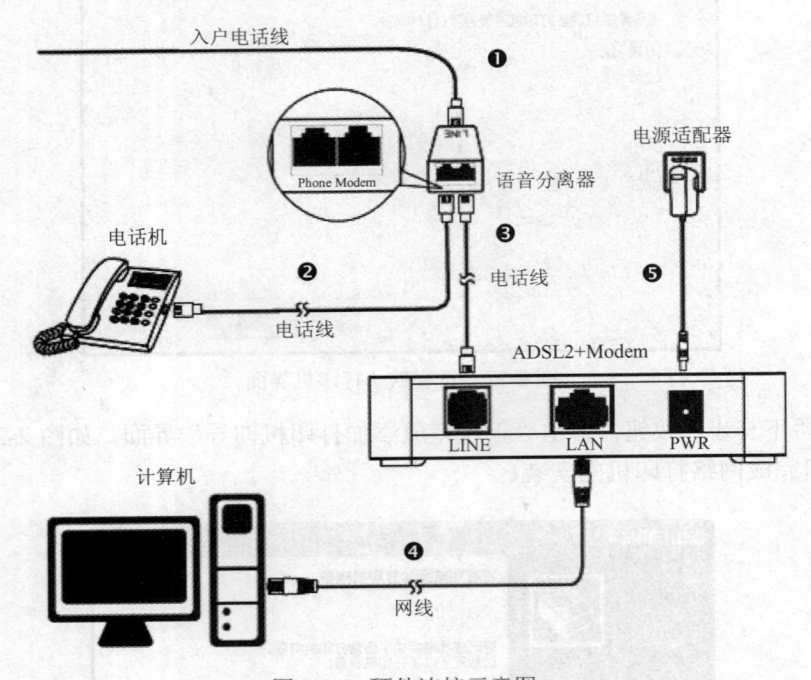

图 2-29 硬件连接示意图

（2）右击"网上邻居"，在弹出的快捷菜单中选择"属性"选项，如图 2-30 所示。

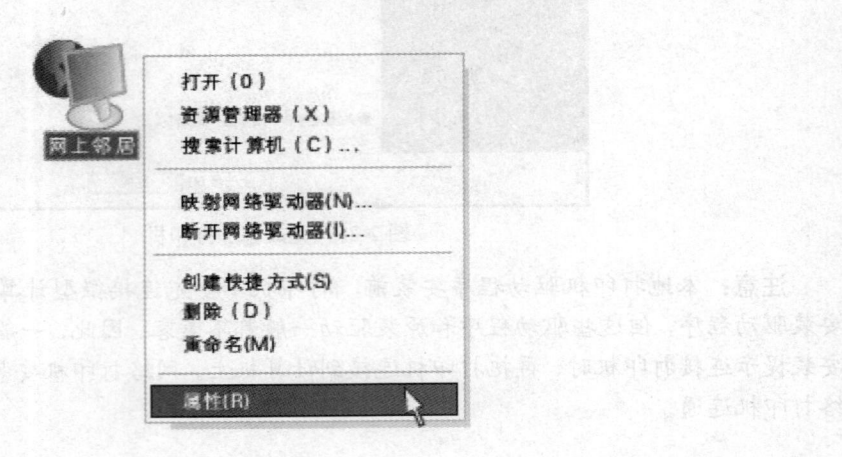

图 2-30 查看网上邻居属性

（3）在"网络任务"栏中单击"创建新的连接"（如图 2-31 所示），进入"新建连接向导"界面，如图 2-32 所示。

图 2-31 创建一个新的连接

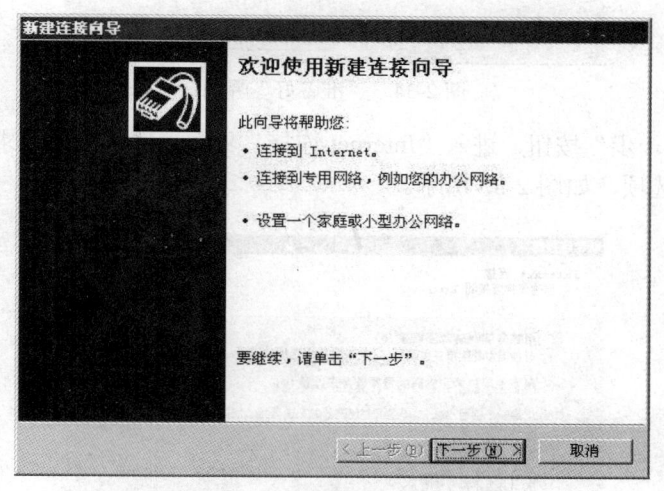

图 2-32 "新建连接向导"界面

（4）单击"下一步"按钮，进入"网络连接类型"界面，选择"连接到 Internet"单选项，如图 2-33 所示。

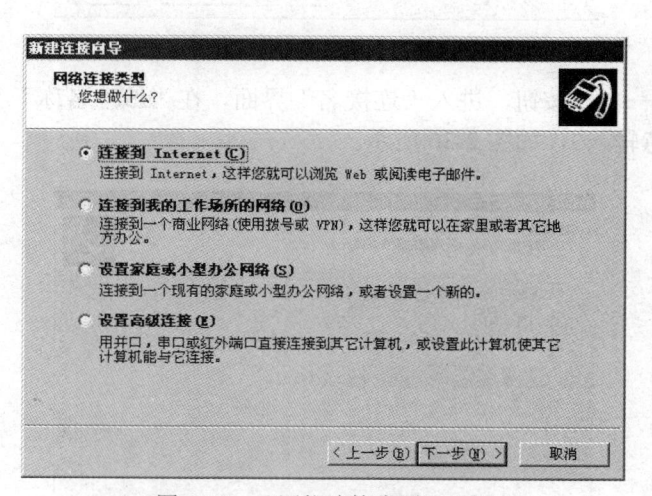

图 2-33 "网络连接类型"界面

（5）单击"下一步"按钮，进入"准备好"界面，选择"手动设置我的连接"单选项，如图 2-34 所示。

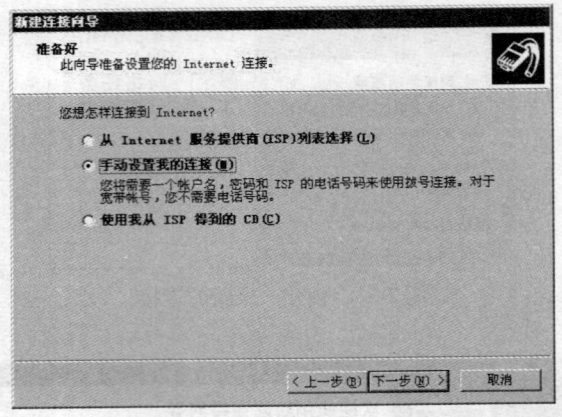

图 2-34 "准备好"界面

(6)单击"下一步"按钮,进入"Internet 连接"界面,选择"用要求用户名和密码的宽带连接来连接"单选项,如图 2-35 所示。

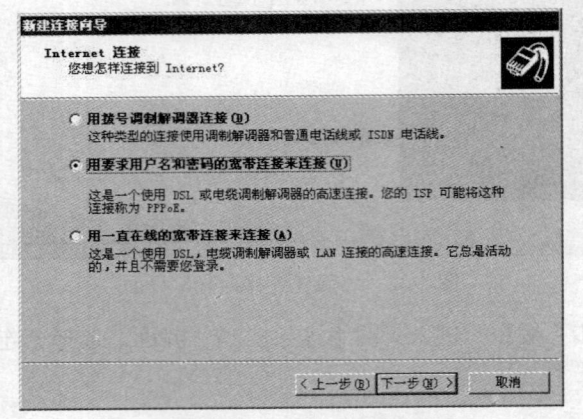

图 2-35 "Internet 连接"界面

(7)单击"下一步"按钮,进入"连接名"界面,在"ISP 名称"文本框中输入该拨号连接的名称(可随意输入),如图 2-36 所示。

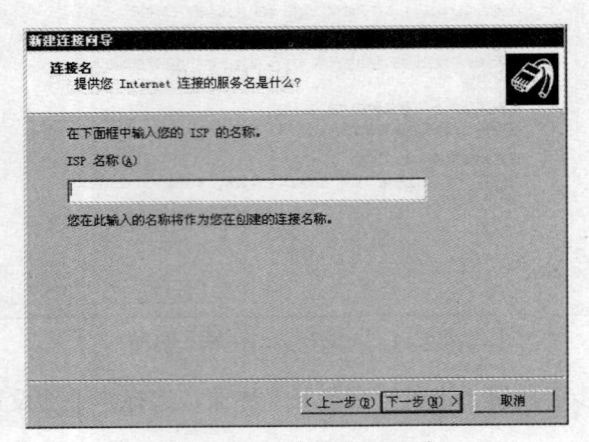

图 2-36 "连接名"界面

项目2　计算机硬件的选购

(8) 单击"下一步"按钮，进入"Inernet 账户信息"界面，如图 2-37 所示。

图 2-37　"Inernet 账户信息"界面

(9) 输入用户名和密码，单击"下一步"按钮，进入"正在完成新建连接向导"界面，单击"完成"按钮，如图 2-38 所示。

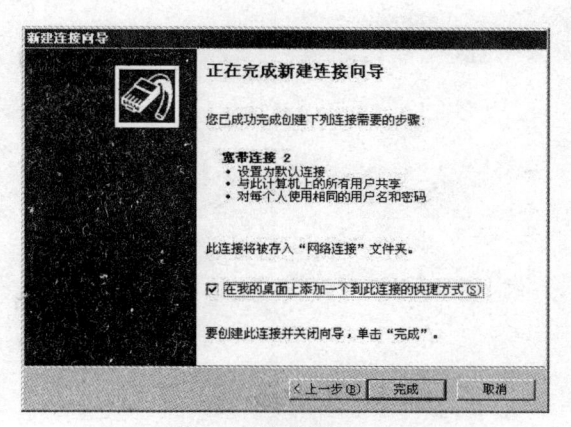

图 2-38　连接到 Internet

(10) 双击刚创建的拨号连接，单击"连接"按钮，即可连接到互联网，如图 2-39 所示。

图 2-39　连接网络

习题二

1. 计算机中 CPU 的主要参数有哪些？简述各参数的含义。
2. 计算机选购的原则是什么？有哪些需要注意的问题？
3. 对照台式机组装的原则完成办公笔记本的选购。
4. 利用网络平台设计几种基础计算机组装方案并模拟组装。

项目 3　组装计算机

职业能力目标：

- 了解组装计算机的工具和注意事项
- 熟练掌握组装计算机的流程
- 熟练掌握组装计算机的各项操作
- 能够熟练地安装和拆卸各种类型的计算机
- 认识 BIOS 的功能
- 熟练掌握设置 BIOS 的基本操作
- 能够轻松设置各种类型的 BIOS

学习任务 3.1　组装计算机前的准备

3.1.1　组装所需工具

在组装计算机之前，进行适当的准备十分必要，这样能确保组装过程的顺利进行，并在一定程度上提高组装的效率与质量。组装计算机时需要用到一些工具来完成硬件的安装和检测，常用到的工具如下：

（1）螺丝刀：是计算机组装与维护过程中使用最频繁的工具，其主要功能是安装或拆卸各计算机部件之间的固定螺丝。由于计算机机箱内空间狭小，因此应选用带磁性的螺丝刀，这样可降低安装的难度，磁性的强度以能吸住螺丝且不脱离为宜。常用的螺丝刀是十字接头的，如图 3-1 所示。

（2）尖嘴钳：用来拆卸一些半固定的计算机部件，如机箱中的主板支撑架和挡板等，如图 3-2 所示。

（3）镊子：由于计算机机箱内空间较小，在安装各种硬件后，一旦需要对其进行调整，或者有东西掉入其中，就需要使用镊子进行操作，如图 3-3 所示。

（4）吹气球：用于清洁机箱内部硬件之间不易清除的灰尘，如图 3-4 所示。

（5）小毛刷：用于清洁硬件表面的灰尘，如图 3-5 所示。

（6）毛巾：用于擦除计算机显示器和机箱表面的灰尘，如图 3-6 所示。

图 3-1　十字螺丝刀　　　　　　　图 3-2　尖嘴钳

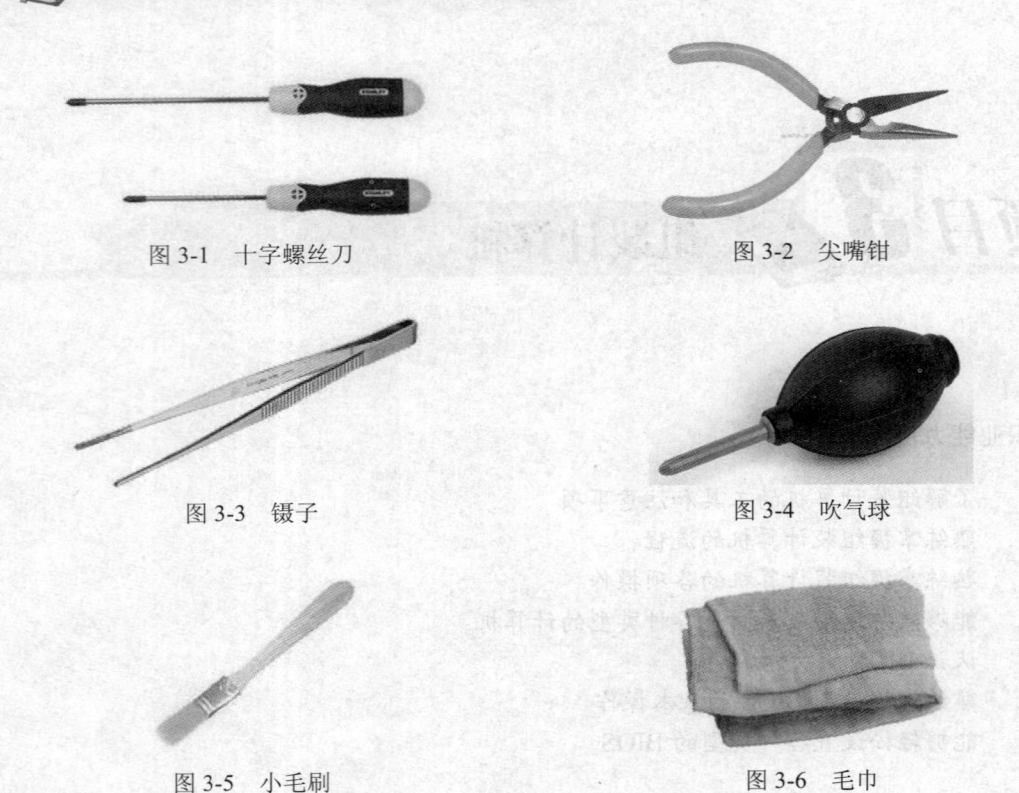

图 3-3　镊子　　　　　　　　　　图 3-4　吹气球

图 3-5　小毛刷　　　　　　　　　图 3-6　毛巾

（7）万用表：用于检查计算机部件的电压是否正常和数据线的通断等电气线路问题，分为指针式和数字式两种，指针式万用表测量的精度高，但普通用户使用起来比较复杂；数字式万用表测试结果显示全面直观，对各种数据的读取迅速，适合普通用户使用，如图 3-7 所示。

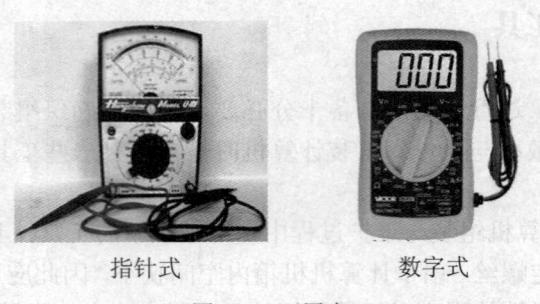

指针式　　　　　　　　　　数字式

图 3-7　万用表

3.1.2　组装的操作规程和注意事项

组装之前应该梳理组装的流程，做到胸有成竹，一鼓作气将整个操作完成。虽然组装计算机的流程并不固定，但通常可按以下操作规程进行：

（1）安装电源。
（2）安装 CPU 和散热风扇。
（3）安装内存。

（4）安装主板。
（5）安装显卡。
（6）安装声卡和网卡。
（7）安装硬盘。
（8）安装光驱。
（9）连接主板电源线。
（10）连接硬盘数据线和电源线。
（11）连接光驱数据线和电源线。
（12）连接内部控制线和信号线。
（13）连接显示器。
（14）连接键盘和鼠标。
（15）连接音响。
（16）连接主机电源。

在开始组装计算机之前，需要对一些注意事项有所了解，包括以下几点：

（1）组装计算机需要有一个洁净的环境，最好是一个干净整洁的平台，并且要有良好的供电系统并远离电场和磁场。

（2）通过洗手或触摸接地金属物体的方式释放身上所带的静电，防止静电对计算机硬件造成损害。由于在组装计算机的过程中，手和各部件不断地摩擦，也会产生静电，因此应多次释放静电。

（3）在拧各种螺丝时不能拧得太紧，拧紧后应往反方向拧半圈。

（4）各种硬件要轻拿轻放，特别是硬盘。

（5）插板卡时一定要对准插槽均衡向下用力，并且要插紧；拔板卡时不能左右晃动，要均衡用力地垂直拔，更不能盲目用力，以免损坏板卡。

（6）安装主板、显卡和声卡等部件时应安装平稳，并将其固定牢靠。

学习任务 3.2　计算机硬件组装

计算机硬件组装并没有一个固定的步骤，通常由个人习惯和硬件类型决定，这里按照专业装机人员最常用的组装步骤进行操作。

3.2.1　安装电源

1. 认识电源

（1）双手拿起电源，观察电源的外形，如图 3-8 所示。

（2）观看电源产品标签并记录电源的品牌、型号、输入电压、各种不同颜色线缆的输出电压及额定输出功率。

（3）仔细观察电源后面板的 3 针电源插座以及前面板各种引出线电源插头的外形和数量，包括 24 针（部分电源是 20 针）的主板电源插头、4 针（有些是 8 针）的 CPU 电源插头、4 针的 IDE 设备电源插头、4 针的软驱电源插头和 15 针的 SATA 硬盘电源插头。

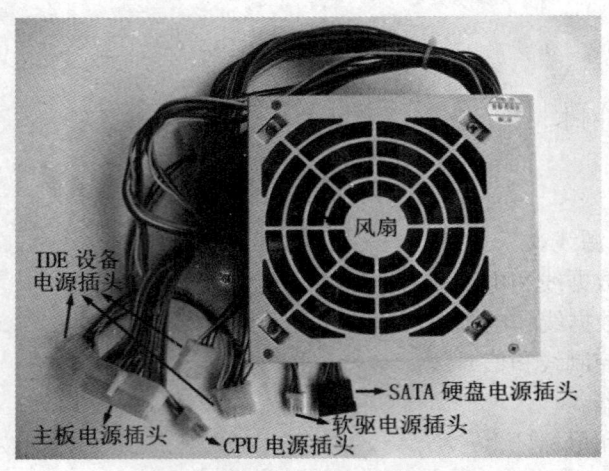

图 3-8　电源外观

（4）观察电源和面板螺丝孔的数量和位置、电源螺丝的形状。

2. 安装电源

（1）将机箱侧放在桌面上，查看机箱内固定电源的位置。

（2）将电源后面板朝向机箱后侧，引出线朝里且向下放入机箱内，如图 3-9 所示，左右上下微移使电源后面板的 4 个螺丝孔与机箱螺丝孔对齐。

（3）拧紧电源后面板的 4 颗螺丝，竖立机箱，效果如图 3-10 所示。

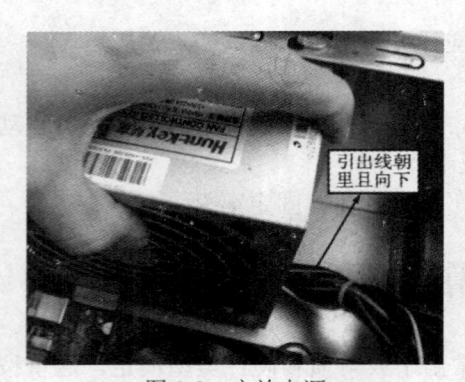

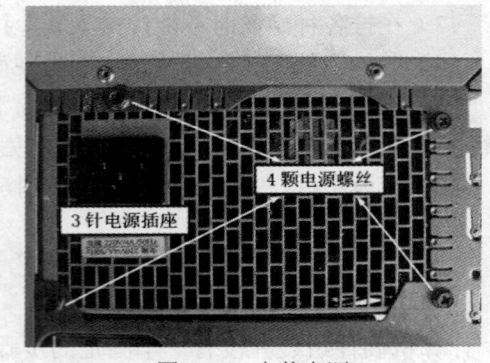

图 3-9　安放电源　　　　　图 3-10　安装电源

3.2.2　安装微处理器与散热器

1. 认识 CPU

（1）用手轻轻捏住 CPU 两边，拿起 CPU 观察其正面和背面，正面如图 3-11 所示，背面如图 3-12 所示，CPU 外观有两处半圆缺口，正面一角有一个三角形标识。

注意：LGA 775 接口的 CPU，背面采用了触点式设计，不再采用针脚，观察 CPU 时注意手不要触摸 CPU 背面的触点。

（2）观察 CPU 正面的编号，记录该 CPU 的基本参数，包括主频、二级缓存容量、前端总线频率、sSpec Number（或 Product Order Code）、产地等信息。

项目 3　组装计算机

图 3-11　CPU 正面 　　　　　　　　　　图 3-12　CPU 背面

2. 安装 CPU

（1）将主板平放在桌面上，平放时最好用较软的物品垫底（如泡沫或书本等），找到主板上的 CPU 插座，观察其结构和形状，同时留意 CPU 插座周边有 4 个用于安装 CPU 风扇的插孔。

（2）用手向下微压 CPU 插座上的压杆，同时稍微用力往外拉压杆，使其脱离卡扣，再将压杆拉起，如图 3-13 所示。

（3）把固定 CPU 的扣盖与压杆反方向推起，如图 3-14 所示，打开 LGA 775 CPU 插座，观察 CPU 插座底座的形状，留意底座有一三角形缺口的边角及两处凸起的卡位。

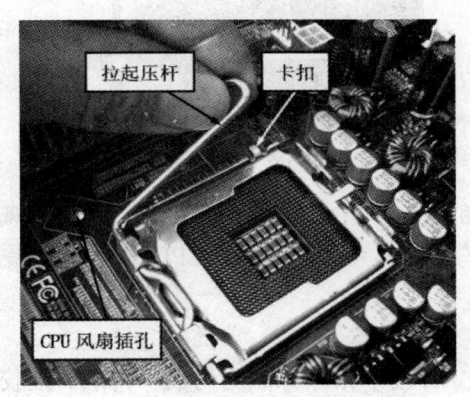

图 3-13　拉起 CPU 插座的压杆 　　　　　　图 3-14　推起 CPU 插座的扣盖

注意：LGA 775 CPU 插座采用弹力触片，极易歪斜，实训时严禁用手指触摸插座内的弹力触片。

（4）用手轻轻捏起 CPU，正面朝上将 CPU 有三角形标识的边角对准 CPU 插座上三角形缺口的边角，然后将 CPU 慢慢地向下平放，同时注意 CPU 的两处缺口要卡进插座的两处卡位，这时 CPU 的安放才算到位，如图 3-15 所示。

注意：这一步是关键，除了将三角形标识和卡位认准方向外，操作时还应该轻拿轻放。

（5）盖好扣盖，压下压杆，扣紧 CPU，如图 3-16 所示。

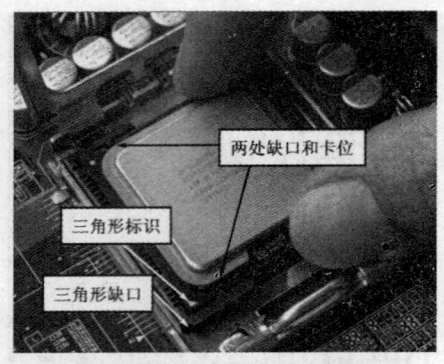

图 3-15　安放 CPU　　　　　　　　　　　　图 3-16　扣紧 CPU

3. 认识 CPU 风扇

观察 CPU 风扇外形，CPU 风扇正面和背面俯视图如图 3-17 和图 3-18 所示。CPU 风扇由风扇、散热片和底座组成，底座安放于主板背面，用于拧紧风扇 4 个边角的螺丝使风扇能夹紧主板，散热片紧贴 CPU，有利于 CPU 散热，风扇通过电源插头由主板供电。

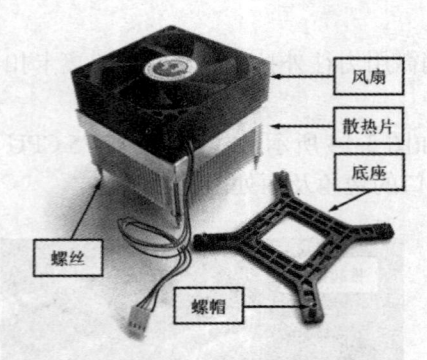

图 3-17　CPU 风扇正面　　　　　　　　　　图 3-18　CPU 风扇背面

注意：CPU 风扇电源插头有三针插头和四针插头两种，Intel 9 系列的主板在 CPU 风扇的供电方面做了一些更改，主板和 CPU 风扇都使用了四针接口，目的是使 CPU 风扇能根据 CPU 的温度实现自动调速。

4. 安装 CPU 风扇

（1）在 CPU 表面中间位置涂上少许导热硅胶，并用手指涂抹成均匀的一薄层。硅胶不宜太多，不要涂抹到 CPU 边缘处，以防溢出而造成短路。

（2）拿起主板，将风扇底座安放在主板 CPU 插座的背面，使风扇底座的 4 个螺帽穿过主板 CPU 插座的 4 个风扇插孔，然后将主板平放在桌面上。

（3）将 CPU 风扇的 4 个边角螺丝对准风扇底座的 4 个螺帽插孔，如图 3-19 所示，然后用螺丝刀拧紧 CPU 风扇 4 个边角的螺丝，固定好 CPU 风扇。拧螺丝时螺丝不要一次拧紧，应将 4 颗螺丝安装到位后再将每颗螺丝拧紧。

（4）找到主板上标有"CPU_FAN"字样的电源接口（一般在 CPU 插座旁边），用拇指和食指抓住 CPU 风扇电源的白色插头，将插头插入该接口，插入时应辨清方向，CPU 风扇插头的凹处要对准电源接口的凸处才能插入，反方向无法插入，如图 3-20 所示。

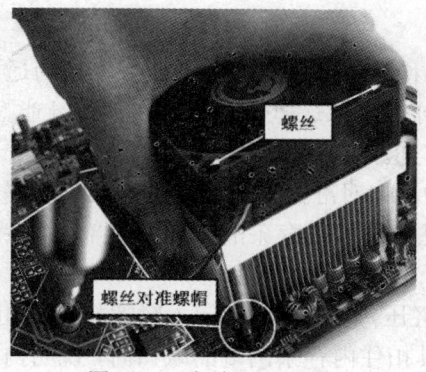

图 3-19　安放 CPU 风扇　　　　　　　　图 3-20　安装 CPU 风扇电源插头

注意：在 CPU 安装完毕后，对于老式主板来说，还必须进行跳线或 DIP 开关的设置，设置 CPU 的外频、倍频和工作电压，具体方法请查阅主板说明书或查看主板上的印刷表格；新式主板 CPU 的工作参数都由主板自动检测设置，操作者也可通过 BIOS 程序进行设置。

3.2.3　安装内存条

1. 认识内存条

（1）用手轻轻捏起内存条，注意手指不要触摸内存条引脚的触点，观察内存条的外形，如图 3-21 所示。引脚处有一用于安装内存条时定位方向的缺口，两侧有半圆形的卡位缺口。

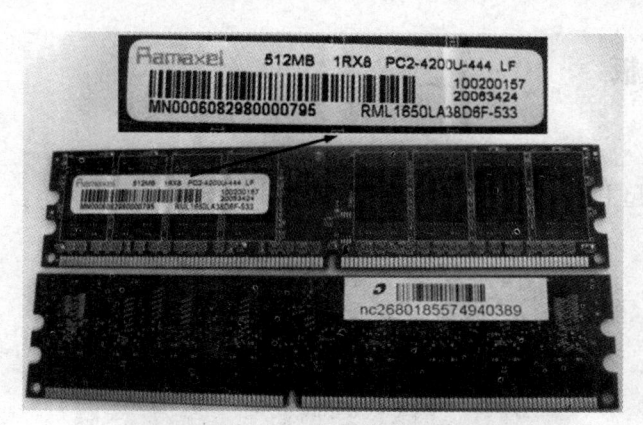

图 3-21　内存条外观

注意：DDR 内存单面金手指针脚数量为 92 个（双面 184 个），缺口左边为 52 个针脚，缺口右边为 40 个针脚；DDR2 内存单面金手指针脚数量为 120 个（双面 240 个），缺口左边为 64 个针脚，缺口右边为 56 个针脚，电压为 1.8V；DDR3 内存单面金手指针脚数量也是 120 个（双面 240 个），缺口左边为 72 个针脚，缺口右边为 48 个针脚，电压为 1.5V。

（2）观察内存条上的产品标签，记录该内存条的基本参数，包括内存条品牌、类型、容量和内存主频。

2. 安装内存条

（1）找到主板上的内存插槽，观察其形状，内存插槽中间处有一用于定位内存条方向的凸起，两端各有一白色扣紧内存条的扣具。

注意：主板上一般有 2 条或 4 条内存插槽，插槽采用不同的颜色来区分不同的通道，将两条规格相同的内存条插入到相同颜色的插槽中即可打开双通道功能，提高系统性能。

（2）将待插入内存条的插槽两端的扣具按下打开。

（3）用手指轻轻捏起内存条，将内存条引脚的缺口对准内存插槽的凸起，然后慢慢地平行放入内存插槽中。注意缺口没对准的情况下是无法安放好内存条的，此时应将内存条调换一下方向。

（4）用两拇指按住内存两边的顶端，垂直向下轻压，同时两食指向上轻拨扣具，如图 3-22 所示，当内存条引脚完全插入插槽并且插槽两端扣具扣住内存条两端的缺口时，说明内存条安装已到位。

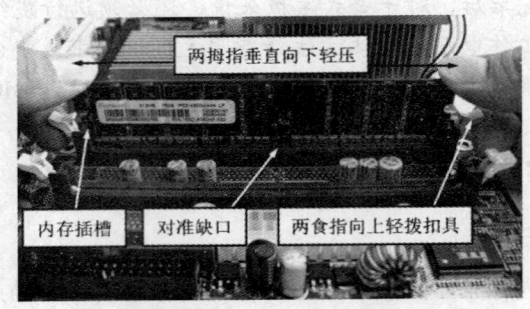

图 3-22　安装内存条

3.2.4　安装主板

1. 认识主板

（1）用双手拿起主板，观察主板的外形，如图 3-23 所示。

图 3-23　主板正面

（2）仔细观察主板南北桥、电源插座、显卡插槽、PCI 插槽、硬盘接口、光驱接口、光驱音频接口、网卡芯片、主板 BIOS 及电池、蜂鸣器、前置面板开关指示灯接口及 USB 接口和音频接口、后置面板各类接口等部件的形状和位置。

（3）观察主板上用于固定主板的螺丝孔及主板螺丝，本例主板共有 8 个螺丝孔，要用 8 颗主板螺丝固定主板。

注意：如果有主板说明书，应详细翻阅说明书的相关内容，边查阅边对照实物，以更好地认识主板上的各部件。

2. 认识机箱

（1）观察机箱前面板，记录前面板的开关、指示灯、接口的名称和数量、光驱和硬盘的安装位置。

（2）观察机箱后面板，记录后面板的电源、后接口挡板、机箱风扇、板卡后挡板的位置和形状。

（3）用螺丝刀拧下机箱左侧板的两颗螺丝，比较机箱螺丝和主板螺丝外观的区别。

（4）将机箱平放在桌面上，拆下机箱左侧板，观察其内部结构，如图 3-24 所示。仔细观察主板、电源、光驱、硬盘、板卡后挡板、后接口挡板的位置和形状，观察前面板引线的数量和名称。

图 3-24　机箱内部结构

3. 安装主板

（1）双手拿起主板，正面朝上将主板有后接口的一端朝向机箱后面板，使主板平放入机箱底部，左右微移将主板 8 个螺丝孔对准机箱垫脚螺帽的相应位置，如图 3-25 所示。

图 3-25　对准主板各螺丝孔位置

（2）检查主板各后接口是否装入机箱后接口挡板、位置是否到位，如图 3-26 所示，这时主板才算安放到位。

图 3-26　观察主板各后接口是否到位

（3）用螺丝刀拧紧主板的 8 颗螺丝，固定好主板。与拧 CPU 风扇螺丝时相似，拧主板螺丝时每颗螺丝都不要一次就拧紧，应将全部螺丝安装到位后再将每颗螺丝拧紧。

注意：部分机箱没有安装自带固定主板的垫脚螺帽，安装主板时应先将主板放入机箱，度量好安装垫脚螺帽的位置和数量后拿出主板，安装垫脚螺帽后才能安装主板，如图 3-27 所示为安装主板垫脚螺帽的示意图。

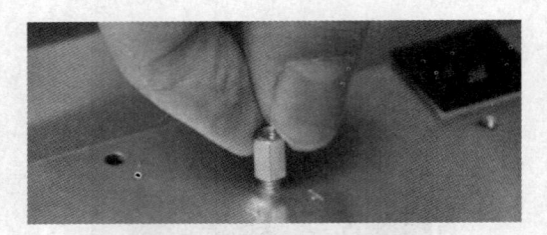

图 3-27　安装主板垫脚螺帽

3.2.5　显卡及其他扩展卡的安装

以 PCI-Eepress 显卡为例。

1. 认识显卡

（1）双手拿起显卡，观察其外形，如图 3-28 所示。

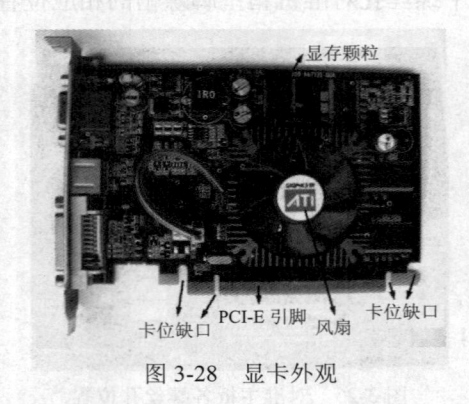

图 3-28　显卡外观

（2）仔细观察显卡后挡板输出接口的形状和数量，包括 VGA 接口、TV-OUT 接口和 DVI-I 接口，如图 3-29 所示。

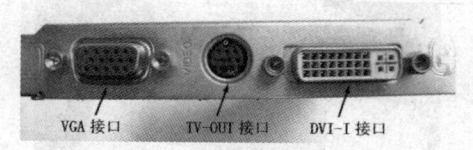

图 3-29　显卡输出接口

（3）仔细观察显卡风扇的形状（显卡芯片一般在风扇下方）、显存颗粒的位置和数量、PCI-Express 引脚的形状和安装卡位缺口，查看显卡的标签，记录显卡的型号和显存容量。

（4）观察显卡后挡板的螺丝孔和显卡螺丝的形状。

2. 安装显卡

（1）将机箱侧放在桌面上，找到主板上的 PCI-E 插槽，观察其形状，取下机箱后面板相应位置的挡板。

（2）用手轻握显卡两端，对准主板上的显卡插槽，将显卡垂直放在插槽上，放入显卡时应将显卡带输出接口的挡板对准机箱后面板空出的槽口，并将显卡 PCI-E 引脚的缺口对准插槽的定位凸起。

（3）用双手拇指垂直向下轻压显卡，听到"啪"的一声即表示显卡已安装到位，此时显卡引脚全部插入插槽，插槽末端扣具会自动扣住显卡引脚末端的卡位缺口，如图 3-30 所示。

（4）拧紧螺丝固定显卡，安装显卡后机箱后面板如图 3-31 所示。

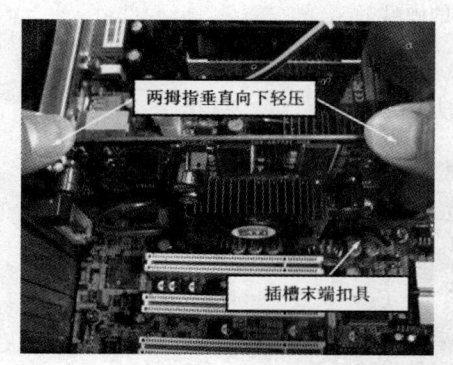

图 3-30　安装显卡　　　　　　图 3-31　机箱后面板

3.2.6　安装硬盘与光驱

1. 认识硬盘

（1）双手拿起硬盘，观察其外形，如图 3-32 所示，查看硬盘产品标签并记录硬盘的品牌、型号和容量。

（2）仔细观察硬盘 SATA 数据接口、SATA 电源接口、传统 IDE 电源接口和功能跳线的位置与外形。

注意：IDE 硬盘需要设置主/从设备跳线，而 SATA 硬盘无须进行主/从设备设置。

图 3-32 硬盘外观

（3）观察硬盘两侧螺丝孔的数量和位置、硬盘螺丝的形状。

2. 安装硬盘

（1）将硬盘放入固定的托架上，放入时应注意硬盘标签方向朝上，接口向后，并前后移动对准硬盘与托架的螺丝孔。

（2）拧紧硬盘两侧的紧固螺丝，每侧各拧两颗螺丝，效果如图 3-33 所示。

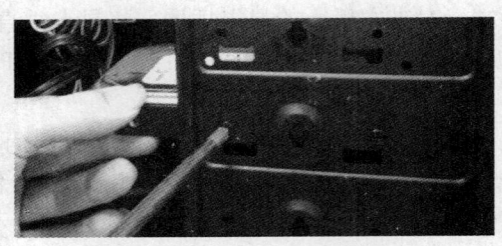

图 3-33 固定好的硬盘

3. 认识光驱

（1）双手拿起光驱，观察其外观，如图 3-34 所示。

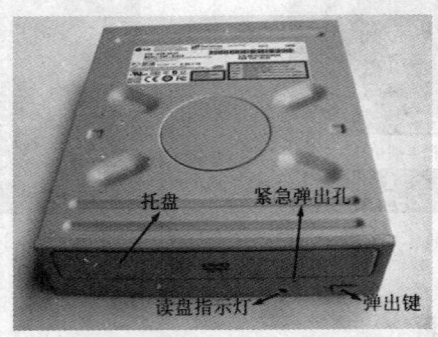

图 3-34 光驱外观

（2）仔细观察光驱前面板上托盘、弹出键、读盘指示灯和紧急弹出孔的位置及外形。

注意：紧急弹出孔是在光驱没有通电的情况下用来弹出光驱托盘的，方法是用一根弄直的回形针插入弹出孔并用力向里按压，这时托盘会稍微弹出一点，然后用手轻轻拉出托盘。

（3）仔细观察光驱后面板接口的位置和外形，包括数据接口、电源接口、音频接口和功能跳线。

（4）查看光驱产品标签和上盖板后接口处的文字标识，记录光驱的品牌、类型和功能跳

项目 3　组装计算机

线的设置方法，如果是刻录机还应记录其兼容的格式及各种格式下的读写速度。

（5）观察光驱两侧螺丝孔的数量和位置、光驱螺丝的形状。

4. 安装光驱

（1）将机箱竖立放在桌面上，观察机箱顶部的 5 英寸驱动器支架的外形，了解光驱的安装位置。

（2）由于机箱 5 英寸驱动器支架外部安装有塑料挡板，所以在安装光驱前应将其拆除，从机箱内部将该挡板用力推出即可，如图 3-35 所示。

（3）将光驱由机箱外向内平行推入支架，使其螺丝孔与支架上的孔一一对应，并与挡板平面对齐，在机箱的两侧分别用螺丝钉固定光驱，完成光驱的安装，如图 3-36 所示。

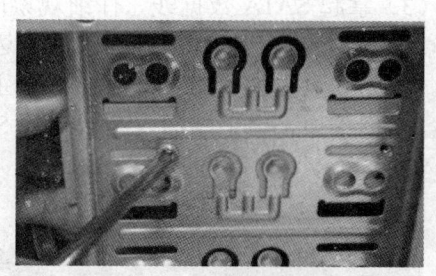

图 3-35　拆除挡板　　　　图 3-36　放入并固定光驱

至此，完成了整个机箱内部硬件的安装操作。

3.2.7　机箱内部线缆的连接

安装了机箱内部的硬件后，需要连接机箱内的各种连线，包括电源线、数据线、光驱的音频线和机箱前面板的各类连线。

1. 连接主板电源线

（1）拿起 20 针主板电源线插头，仔细观察插头的形状，插头有一个卡扣，用于定位插入方向并固紧插头。找到主板上的 20 针主板电源插座，用手抓住主板电源插头的白色塑料，对准插座辨清方向后垂直插入，插入到位后插头的卡扣将扣住插座的凸起卡位，如图 3-37 所示，注意反方向是无法插入的。

（2）找到 4 针的主板辅助电源线，对准主板上的辅助电源接口插入，如图 3-38 所示。

图 3-37　连接主板电源线　　　　图 3-38　连接辅助电源线

注意：通常主板的电源线有两个：一个是 20 针主电源，主要是为主板及主板上的各种设备供电；另一个是 4 针的辅助电源，为 CPU 提供强大的电流支持。现在的主板供电设计都比较完善，即使不连接辅助电源，系统也可以稳定运行。

2. 连接硬盘数据线和电源线

（1）观察固定在托架上的硬盘后接口，SATA 电源接口靠里面，SATA 数据接口靠外面，连线时可以先接电源线，再接数据线。

（2）拿起 5 线 15 针的 SATA 电源线插头，仔细观察插头的形状，插头的一边是凸边，另一边有一槽口，用于定位插入方向。找到硬盘上的 SATA 电源接口，将 SATA 电源插头插入，如图 3-39 所示，反方向无法插入。

（3）拿起 SATA 数据线，仔细观察两端插头的形状，有金属卡扣的 L 型插头连接硬盘，扁平端的插头连接主板，两种插头的一边都有一凸边，另一边都有一槽口，用于定位插入的方向。找到硬盘上的 SATA 数据接口和主板上的 SATA1 接口，将 SATA 数据线的 L 型端插入硬盘数据接口，扁平端插入主板上的 SATA1 接口，如图 3-39 和图 3-40 所示，反方向是无法插入的。

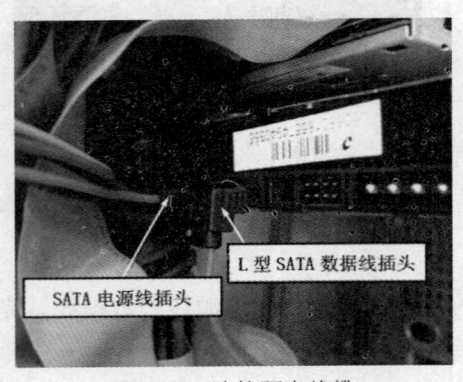

图 3-39　连接硬盘线缆　　　　　图 3-40　连接主板 SATA 数据线

注意：如果是 IDE 接口的硬盘，其数据线和 SATA 硬盘的数据线不同，但也需要同时将其插入硬盘与主板的 IDE 接口中。IDE 接口的硬盘需要使用电源中的 D 型电源线插头进行连接。

3. 连接光驱数据线和电源线

光驱数据线和电源线的连接方法与硬盘的完全相同，这里不再赘述。

4. 连接内部控制线和信号线

只有正常地连接机箱前面板的各类连线，前面板的指示灯、开关和插头才能正常使用。不同的机箱、不同的主板，其连接方法不尽相同，这个步骤最难掌握，也最容易出错，应重点学习掌握。

（1）从机箱信号线中找到机箱喇叭信号线插头，它是一个 4 芯插头，但实际上只有两根线，将该插头和主板上的 SPEAKER 接口相连，如图 3-41 所示。

（2）找到机箱的电源开关控制线插头，该插头是一个两芯插头，和主板上的 POWER SW 或 PWR SW 接口相连，如图 3-42 所示。

项目3　组装计算机

图 3-41　连接 SPEAKER 信号线

图 3-42　连接电源开关控制线

注意： 主板上包含这些信号线和控制线的接口，并且有文字标识，用户也可通过主板说明书查看对应的位置。H.D.D LED 信号线连接硬盘信号灯，RESET SW 控制线连接重启动按钮，POWER LED 信号线连接主机电源灯，SPEAKER 信号线连接主机喇叭，POWER SW 控制线连接开机按钮，USB 控制线和 AUDIO 控制线分别连接机箱前面板中的 USB 接口和音频接口。

（3）找到硬盘工作状态指示灯信号线插头，它是两芯插头，一根线为红色，另一根线为白色，将该插头和主板上的 H.D.D LED 接口相连，如图 3-43 所示。其中白色线为负极，红色线为正极，如果接反信号灯就不亮。

（4）找到机箱上的重启动控制线插头，将其和主板上的 RESET SW 接口相连，如图 3-44 所示。

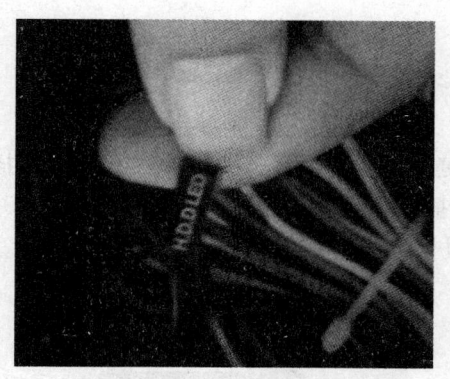

图 3-43　连接硬盘指示灯信号线

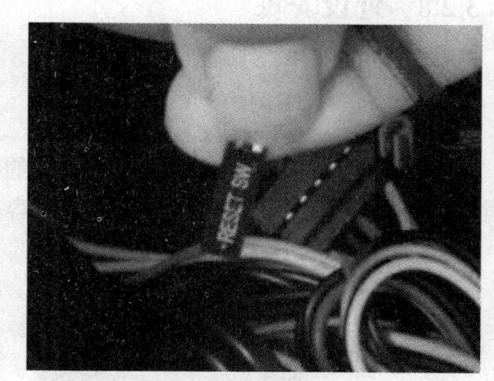

图 3-44　连接重启动控制线

（5）主机开关电源工作状态指示灯信号线是 3 芯插头，将其和主板上的 POWER LED 接口相连，如图 3-45 所示。

（6）在机箱的前面板连接线中找到前置 USB 连线的插头，将其插入主板相应的接口上，如图 3-46 所示。

（7）在机箱的前面板连接线中找到音频连线的插头，将其插入主板相应的接口上，如图 3-47 所示。

（8）将机箱内部的信号线放在一起，用扎带捆绑起来，将光驱和硬盘的数据线和电源线理顺后用扎带捆绑起来固定，并将所有电源线捆扎起来，如图 3-48 所示。

图 3-45　连接电源指示灯信号线　　　　图 3-46　连接前置 USB 线

图 3-47　连接前置音频线　　　　图 3-48　捆扎线缆

3.2.8　外设安装

组装完计算机后，还需要连接显示器等外部设备。

1. 连接键盘和鼠标

（1）将键盘的 PS/2 插头插入后面板的 PS/2 键盘接口（紫色），如图 3-49 所示，插入时应对准插头插针和接口接孔的方向，否则容易弄歪插针。

（2）将鼠标的 PS/2 插头插入后面板的 PS/2 鼠标接口（绿色），如图 3-50 所示。

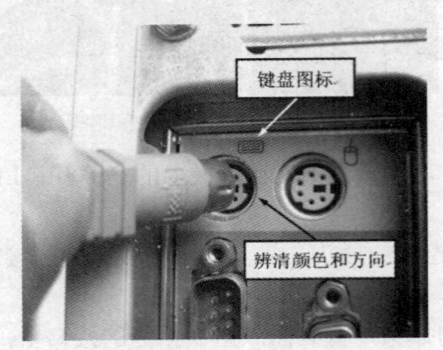

图 3-49　连接键盘　　　　图 3-50　连接鼠标

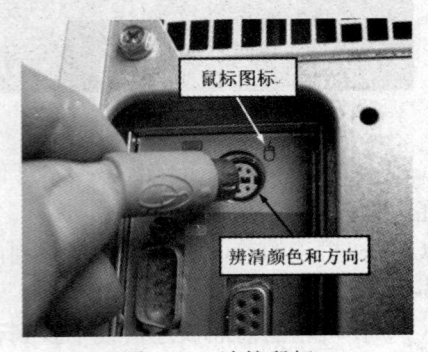

注意：如果使用 USB 接口的鼠标或键盘，需要将其 USB 插头连接到机箱后主板外部接口的 USB 接口上；如果使用无线鼠标或键盘，则需要将无线信号收发器插入机箱后主板外部接

项目 3　组装计算机

口的 USB 接口上；另外由于无线键盘和无线鼠标都要使用电池为其供电，所以在组装计算机时需要为无线键盘和无线鼠标安装好电池。

2．连接显示器

（1）先将显示器包装箱中配置的电源线一头插入显示器电源接口中，并将显示器的数据线插入显示器的 VGA 接口中，然后拧紧插头上的两颗固定螺丝，如图 3-51 所示。

（2）将显示器数据线另一头的 VGA 接头插入显卡的 VGA 接口中，然后拧紧插头上的两颗固定螺丝，如图 3-52 所示。

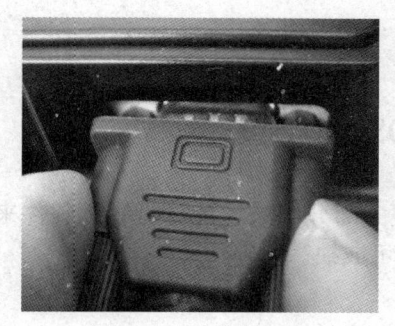

图 3-51　连接显示器　　　　　　　　　图 3-52　连接显卡

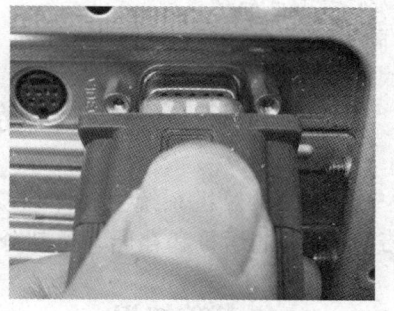

注意：显示器的数据线和电源线属于原装配件，在包装盒中会配发。显示器的数据线有 VGA、DVI 和 HDMI 三种，连接显示器时根据显卡的接口类型选择使用其中一种即可。

3．安装侧面板并连接主机电源线

（1）将拆除的两个侧面板装上，然后用螺丝固定，如图 3-53 所示。

（2）检查前面安装的各种连线，确认连线无误后将主机电源连接到主机后的电源接口，如图 3-54 所示。将电源插头插入电源插线板中，完成计算机整机的组装操作。

图 3-53　用螺丝固定　　　　　　　　　图 3-54　连接电源线

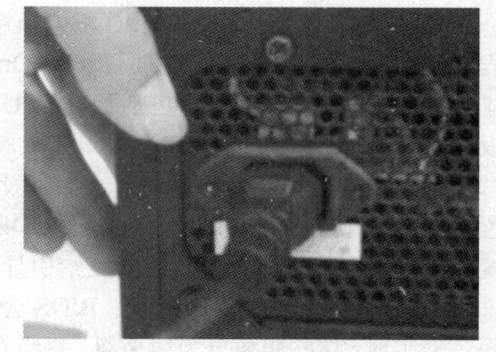

3.2.9　加电测试与整理

1．加电测试

正常开机时，计算机的表现如下：

（1）主机和显示器绿色电源指示灯发亮。

(2) 自检键盘时键盘的三盏指示灯闪烁一次。

(3) 如果是激光鼠标，开机后鼠标上的激光二极管发亮。

(4) 屏幕出现开机正常画面，第一个画面一般为品牌机或主板厂商的 LOGO；第二个画面一般显示系统 BIOS 的厂家、日期和版本号信息；第三个画面一般显示系统中安装的各种标准硬件设备、使用的资源和一些相关工作参数；每个画面停留的时间很短，需要按 Pause 键暂停才可以看清楚。

(5) 从硬盘启动操作系统的过程中，红色的硬盘指示灯不断地闪烁。

2. 无法正常启动

排除方法请参考项目 5。

学习任务 3.3　BIOS 的设置

一个完整的计算机系统由硬件系统和软件系统两大部分组成，计算机通过软件来驱动硬件系统进行数据的运算和存储，两部分相互依存，不可或缺。

3.3.1　BIOS 基础知识

BIOS（Basic Input and Output System，基本输入/输出系统）是被固化在只读存储器（Read Only Memory，ROM）中的程序，因此又被称为 ROM BIOS 或 BIOS ROM。它保存着计算机最重要的基本输入输出的程序、系统设置信息、开机后的自检程序和系统自启动程序，主要功能是为计算机提供最底层的、最直接的硬件设置和控制。

1. BIOS 的基本功能

BIOS 的功能主要包括自检及初始化程序、硬件中断处理和程序服务请求。

(1) 自检及初始化程序。计算机电源接通后，系统将有一个对内部各个设备进行检查的过程，这是由一个通常称为 POST（Power On Self Test，上电自检）的程序来完成，这也是 BIOS 程序的一个功能。完整的自检包括了对 CPU、640KB 基本内存、1MB 以上的扩展内存、ROM、主板、CMOS 存储器、串并口、显卡、软硬盘子系统及键盘的测试。在自检过程中若发现问题，系统将给出提示信息或鸣笛警告。如果没有任何问题，完成自检后 BIOS 将按照系统 CMOS 设置中的启动顺序搜寻软硬盘驱动器及 CDROM、网络服务器等有效的启动驱动器，读入操作系统引导记录，然后将系统控制权交给引导记录，由引导记录完成系统的启动。

(2) 硬件中断处理。开机时，BIOS 会告诉 CPU 各硬件设备的中断号，通过调用中断服务程序来实现，这些服务分为很多组，每组有一个专门的中断。例如视频服务，中断号为 10H；屏幕打印，中断号为 05H；磁盘及串行口服务，中断号为 14H 等。每一组又根据具体功能细分为不同的服务号。应用程序需要使用哪些外设、进行什么操作只需要在程序中用相应的指令说明即可，无需直接控制。

(3) 程序服务请求。主要是为应用程序和操作系统服务，这些服务主要与输入/输出设备有关，例如读磁盘、文件输出到打印机等。为了完成这些操作，BIOS 必须直接与计算机的 I/O 设备打交道，它通过端口发出命令，向各种外部设备传送数据并从它们那里接收数据，使程序能够脱离具体的硬件操作，而硬件中断处理则分别处理 PC 机硬件的需求，因此这两部分分别为软件和硬件服务，组合到一起，使计算机系统正常运行。

2. BIOS 的类型

通常 BIOS 的类型是按照品牌进行划分的，主要有以下两种：

（1）AMI BIOS。它是 AMI 公司生产的 BIOS，最早开发于 20 世纪 80 年代中期，占据了早期台式机的市场，286 和 386 大多采用该 BIOS，它具有即插即用、绿色节能和 PCI 总线管理等优点。如图 3-55 所示为一块 AMI BIOS 芯片和 AMI BIOS 开机自检画面。

图 3-55 AMI BIOS

（2）Phoenix-Award BIOS。目前新配置的计算机大多使用 Phoenix-Award BIOS，其功能和界面与 Award BIOS 基本相同，只是标识的名称代表了不同的生产厂家，因此可以将 Phoenix-Award BIOS 当作是新版本的 Award BIOS。如图 3-56 所示为一块 Phoenix-Award BIOS 芯片和 Phoenix-Award BIOS 开机自检画面。

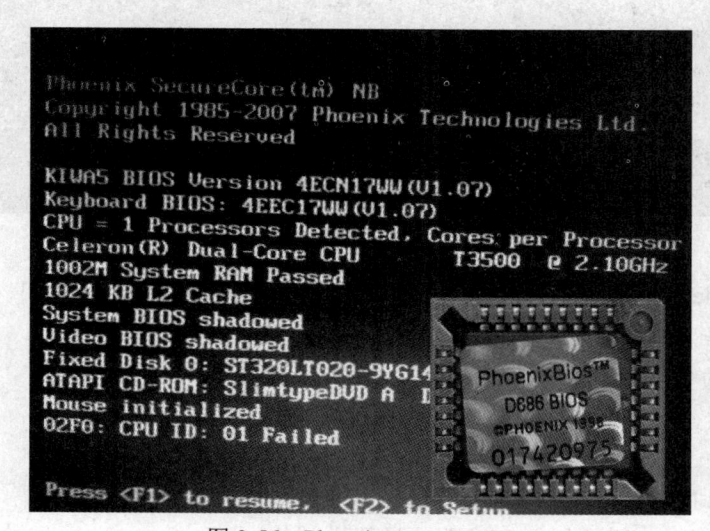

图 3-56 Phoenix-Award BIOS

3. BIOS 和 CMOS 的关系

BIOS 是主板上的一块 EPROM 或 EEPROM 芯片，里面装有系统的重要信息和设置系统参数的设置程序（BIOS Setup 程序）；CMOS 是主板上的一块可读写的 RAM 芯片，里面装的是关于系统配置的具体参数，其内容可通过设置程序进行读写。CMOS RAM 芯片靠后备电池供电，即使系统掉电后信息也不会丢失。

BIOS 与 CMOS 既相关又不同：BIOS 中的系统设置程序是完成 CMOS 参数设置的手段；CMOS RAM 既是 BIOS 设定系统参数的存放场所，又是 BIOS 设定系统参数的结果。因此，完整的说法应该是"通过 BIOS 设置程序对 CMOS 参数进行设置"。由于 BIOS 和 CMOS 都跟系统设置密切相关，所以在实际使用过程中造成了 BIOS 设置和 CMOS 设置的说法，其实指的都是同一回事，但 BIOS 与 CMOS 却是两个完全不同的概念，千万不可混淆。

3.3.2 BIOS 的设置

1. 进入 BIOS 设置程序

启动计算机，在开机画面处根据屏幕提示按下 Delete 键，进入 BIOS 设置主界面，如图 3-57 所示。按键要及时，否则只能重启动计算机后再次尝试进入。

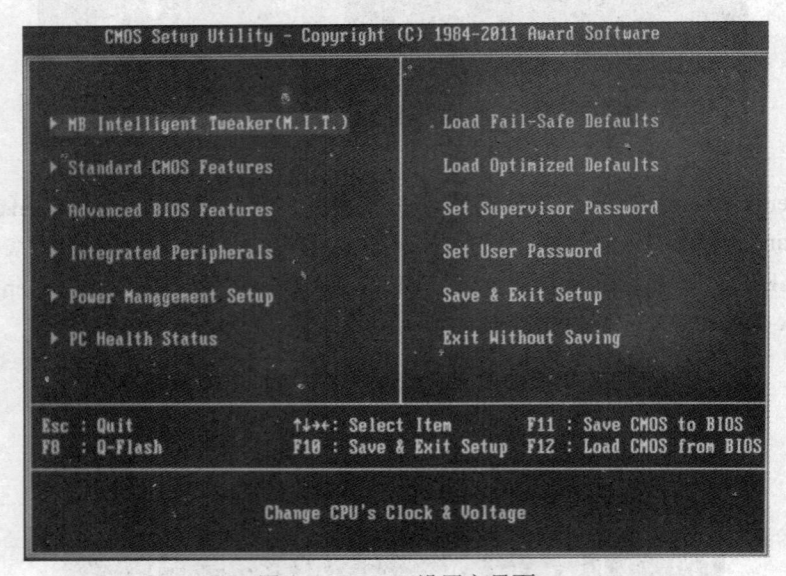

图 3-57　BIOS 设置主界面

注意：除 Delete 键外，不同厂商进入 BIOS 设置程序的按键不尽相同，如 F1、F2、F10 和 Esc 等，请根据开机画面的屏幕提示操作。

2. BIOS 中的各种操作

进入 BIOS 设置主界面后，可按以下快捷键来进行操作：

- ←、→、↑和↓键：用于在各设置选项间切换和移动。
- +或 Page Up 键：用于切换选项设置递增值。
- -或 Page Down 键：用于切换选项设置递减值。
- Enter 键：确认执行和显示选项的所有设置值并进入选项子菜单。
- F1 键或 Alt+H 组合键：弹出帮助（Help）窗口并显示说明所有功能键。

- F5 键：用于载入选项修改前的设置值。
- F6 键：用于载入选项的默认值。
- F7 键：用于载入选项的最优化默认值。
- F8 键：是否进入 BIOS 刷写工具（Y/N），Y 表示需要刷新 BIOS，N 表示不需要不刷新。
- F10 键：用于保存并退出 BIOS 设置。
- F11 键：把 CMOS 数据保存到 BIOS 中。
- F12 键：从 BIOS 加载 CMOS。
- Esc 键：回到前一级画面或主画面，或从主画面中结束设置程序。按此键也可不保存设置直接要求退出 BIOS 程序。

3. MB Intelligent Tweaker（M.I.T）（主板 BIOS 里独有的 M.I.T 超频选项）

这项功能主要包括 M.I.T 的现状、高级频率设置、高级内存设置、高级电压设置、杂项设置，其设置界面如图 3-58 所示，建议用户不要去设置。

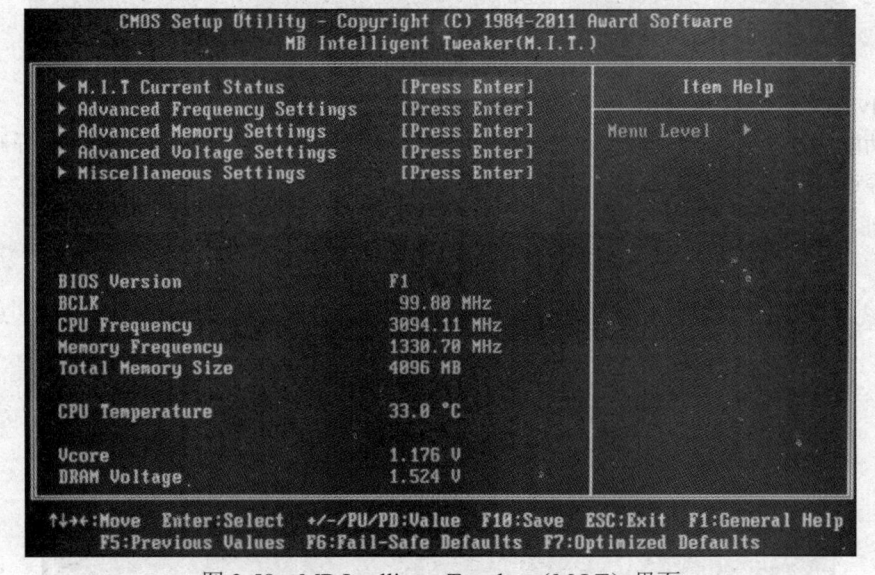

图 3-58 MB Intelligent Tweaker（M.I.T）界面

4. Standard CMOS Features（标准 CMOS 特性设置）

这项功能主要包括对日期和时间、硬盘和光驱以及启动检查等选项的设置，其设置界面如图 3-59 所示。

- Data 和 Time：主要用于设置日期和时间，BIOS 中的日期和时间即为系统所使用的日期和时间，如果设置的值与实际的值有所偏差，可以通过 BIOS 设置对其进行调整。
- 光驱和硬盘：在其中显示硬盘和光驱的参数、硬盘自动检测功能、存取模式以及相关参数的检测方式等，另外还可以查看硬盘的容量大小。
- Halt On：用于设置启动检查，当计算机在启动过程中遇到错误时可暂停启动，从而避免在有问题的环境下运行系统。在 BIOS 中可对需要检查的内容进行设置。当前图中选项为检查键盘，一般在启动时需要按 F1 键才能继续启动。

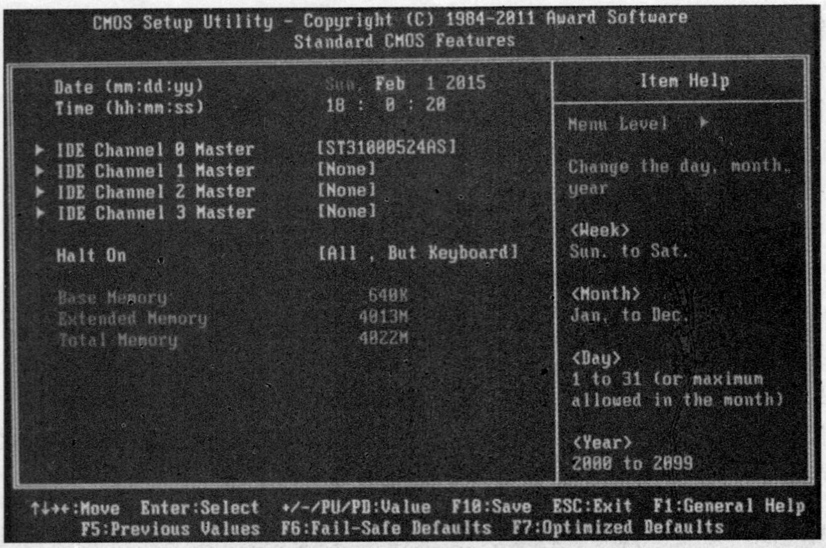

图 3-59　Standard CMOS Features 界面

5. Advanced BIOS Features（高级 BIOS 特性设置）

这项功能主要包括硬盘引导优先级、快速加电自检、EFI 设置选项、磁盘引导顺序和密码检查方式等选项的设置，其设置界面如图 3-60 所示。

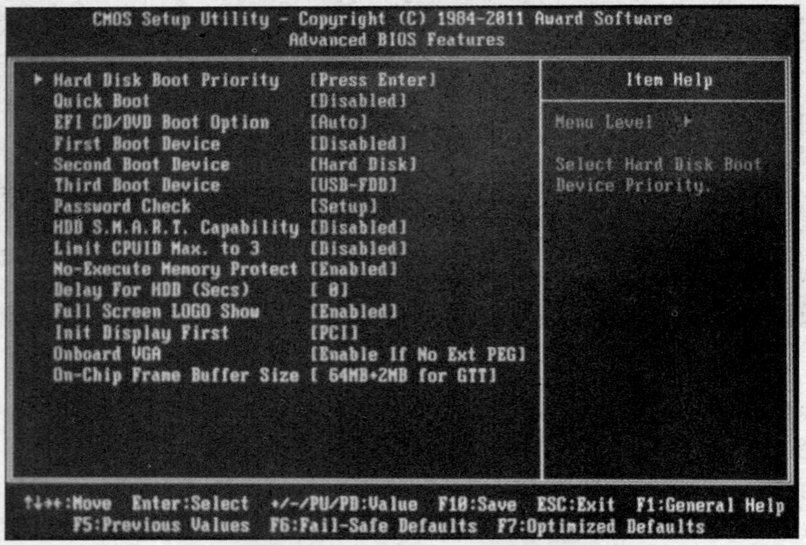

图 3-60　Advanced BIOS Features 界面

- Hard Disk Boot Priority：设置硬盘引导优先级，特别是 U 盘启动设置。
- Quick Boot：快速加电自检设置，将其值设置为 Enabled，表示打开快速引导功能，加快系统引导速度。
- 磁盘引导顺序：通过 BIOS 中的相应设置可决定系统在开机时先检测哪个设备并进行启动，包括第一、第二、第三启动的磁盘设置和是否启动其他磁盘，常用的可选择设备有 CDROM、Hard Disk 和 USB-HDD 等。

- Password Check：如果用户为自己的计算机设置了开机密码，则可通过设置该选项决定在什么时候需要输入密码，其中包括 Setup 和 System 两个选项，Setup 表示进入 BIOS 时需要输入密码，System 表示开机后就要输入密码。

6. Integrated Peripherals（外部设备设置）

这项功能主要包括硬盘接口模式、USB 控制器、内置网卡等选项的设置，其设置界面如图 3-61 所示。

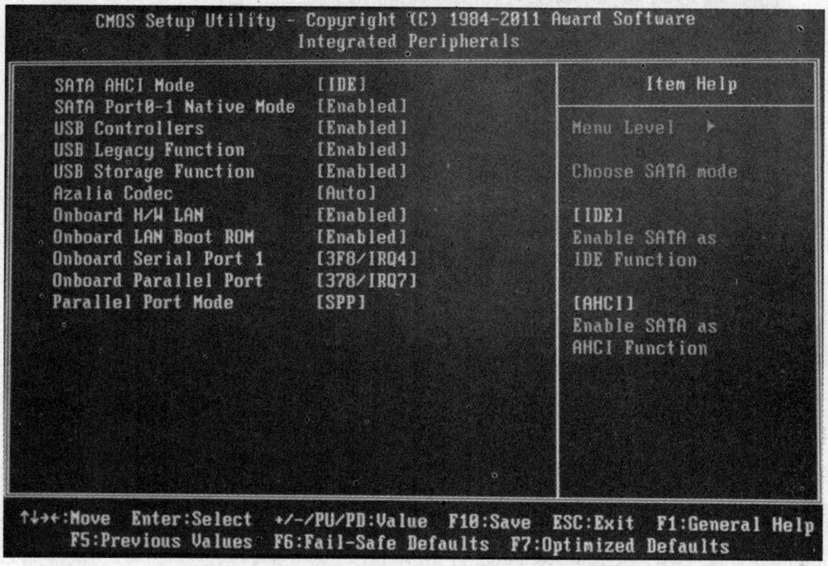

图 3-61 Integrated Peripherals 界面

- SATA AHCI Mode：可以设置 IDE 模式或 AHCI 模式，IDE 模式可以通过映射通吃 SATA 硬盘，由于无须加载驱动程序，它的兼容性能超强，适用于 Windows XP 和 Windows 7/8 系统；AHCI 模式支持 SATA 硬盘，它的优势在于它能够将 NCQ 技术充分发挥作用，或者说 AHCI 是现有的 SATA 硬盘主控接口中，除了复杂的磁盘阵列（RAID）模式之外，最能发挥 SATA 硬盘性能的。Windows 7/8 系统完美支持 AHCI 模式，对 Windows XP 兼容性不佳。
- USB Controller：用于设置是否开启 USB 控制器，最好将其设置为 Enabled。
- Onboard H/W LAN：设置内存网卡是否启动，Enabled 是启动。

7. Power Management Setup（电源管理设置）

该项主要配置计算机的电源管理功能，有效降低系统的耗电量。计算机可以根据设置的条件自动进入不同阶段的省电模式，其设置界面如图 3-62 所示。

- ACPI Suspend Type：S0 正常，无休眠；S1 CPU 停止工作，唤醒时间为 0 秒；S2 CPU 关闭，唤醒时间为 0.1 秒；S3 除了内存外的所有部件都停止工作，唤醒时间为 0.5 秒（睡眠状态）；S4 内存信息写入硬盘，所有部件停止工作，唤醒时间为 30 秒（休眠状态）；S5 关机。
- Soft-Off by PWR-BTTN：用于设置当按下主机电源开关后计算机所执行的操作，包括待机和关机两种，判断依据为按住电源开关持续的时间。

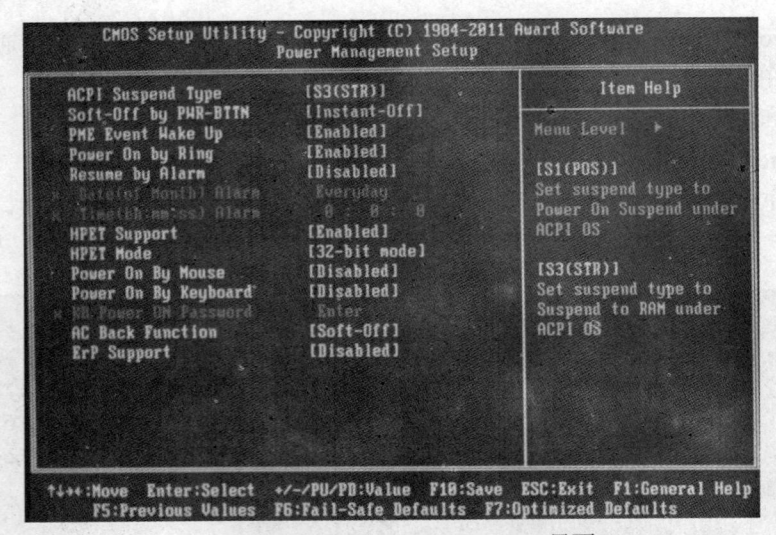

图 3-62　Power Management Setup 界面

- Power On by Ring：用于设置是否采用 Modem 唤醒。
- Resume by Alarm：用于设置系统是否采用定时开机。
- AC Back Function：用户设置掉电重启后系统的状态，其中 Soft-Off 是一直关闭，Full-On 是一直开启，Memory 是恢复掉电前的状态。

8. PC Health Status（计算机健康状态）

该项主要配置计算机机箱（开启）状态监测和报警、CPU 的警戒温度、CPU 风扇失效警告和风扇智能控速等选项的设置，其设置界面如图 3-63 所示。

图 3-63　PC Health Status 界面

- Reset Case Open Status：用于设置计算机机箱（开启）状态监测和报警。
- CPU Warning Temperature：用于设置 CPU 的警戒温度。
- CPU FAN Fail Warning：用于设置 CPU 风扇失效警告。
- CPU Smart FAN Control：用于设置风扇智能控速。

9. Load Fail-Safe Defaults（载入最安全默认值）

最安全默认值是 BIOS 为用户提供的保守设置，以牺牲一定的性能为代价最大限度地保证计算机中硬件的稳定性。用户在 BIOS 主界面中选择 Load Fail-Safe Defaults 选项将其载入，如图 3-64 所示。

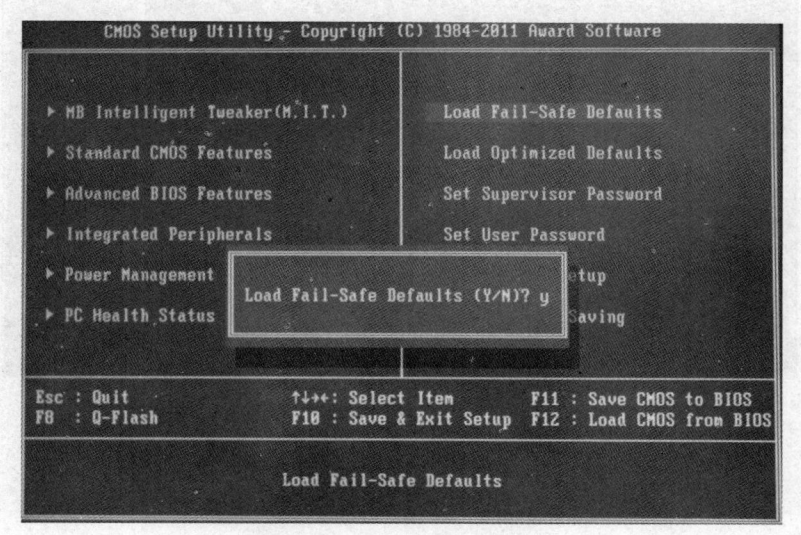

图 3-64　载入最安全默认值

10. Load Optimized Defaults（载入最优化默认值）

最优化默认值是将各项参数更改为针对该主板的最优化方案。用户可在 BIOS 主界面中选择 Load Optimized Defaults 选项将其载入，如图 3-65 所示。

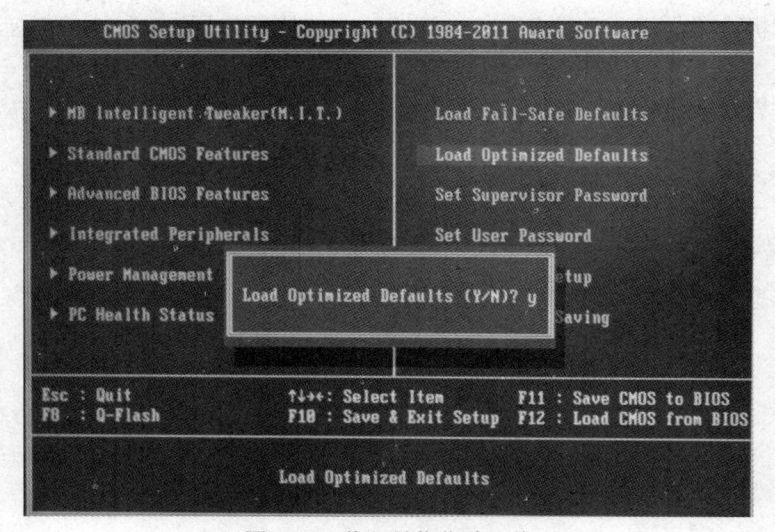

图 3-65　载入最优化默认值

11. 退出 BIOS

在 BIOS 主界面中若选择 Save & Exit Setup 选项则可保存更改并退出 BIOS 系统，若选择 Exit Without Saving 选项则不保存更改并退出 BIOS 系统，如图 3-66 所示。

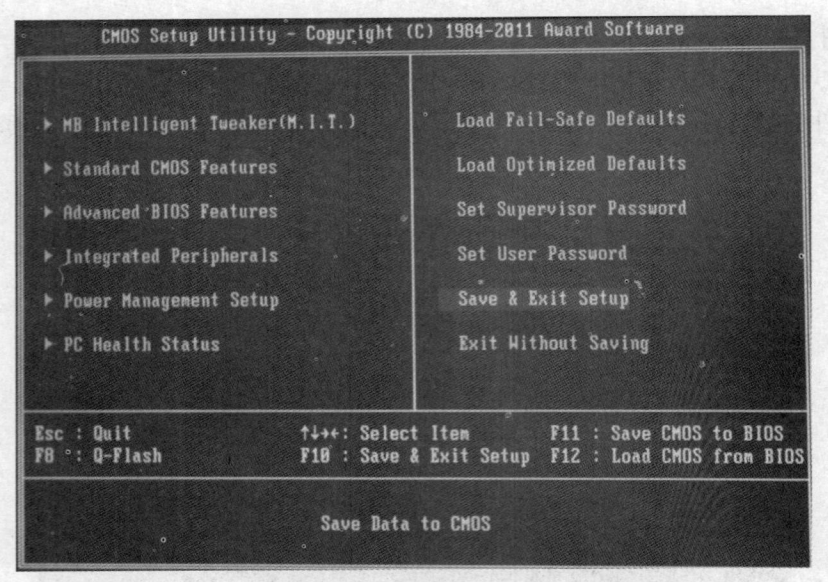

图 3-66　退出 BIOS

习题三

1．计算机由哪几个部分组成？各部分的功能是什么？
2．你组装计算机的过程顺利吗？出现了哪些问题？是如何解决的？
3．遇到光驱或者硬盘找不到，应该如何处理？
4．你做过 BIOS 参数的优化设置吗？具体做过哪些优化设置？
5．在计算机中设置 BIOS 的 Set User Password，然后使用 Supervisor Password 尝试将其取消。
6．如何设置从 U 盘启动？

项目 4　构建软件系统

职业能力目标:

- 了解操作系统基础知识
- 了解计算机的硬盘分区和格式化
- 了解 Windows 7 的安装
- 了解设备驱动程序的安装
- 掌握应用程序的安装
- 掌握 Noton Ghost 硬盘克隆
- 掌握系统性能测试与优化
- 掌握多操作系统的安装和多重启动

学习任务 4.1　操作系统基础知识

4.1.1　操作系统概述

操作系统（Operating System，OS）是用于控制计算机硬件和软件资源、合理组织计算机工作流程、方便用户高效地使用计算机的一组程序集合。它是计算机的核心控制软件，是所有计算机都必须配置的基本系统软件。

目前微机上常见的操作系统有 DOS、OS/2、UNIX、XENIX、Linux、Windows、Netware 等。

4.1.2　常用 DOS 命令的使用

DOS 命令是 DOS 操作系统的命令，是一种面向磁盘的操作命令，主要包括目录操作类命令、磁盘操作类命令、文件操作类命令和其他命令。

1. 常用命令

（1）查看目录内容命令：dir。
（2）指定可执行文件搜索目录命令：path。
（3）创建目录命令：md。

（4）打开指定目录命令：cd。
（5）删除当前指定的子目录命令：rd。
（6）改变当前盘符命令：c:。
（7）文件复制命令：copy。
（8）显示文本文件内容命令：type。
（9）更改文件名命令：ren。
（10）删除文件命令：del。
（11）清除屏幕命令：cls。

2. 特殊命令

重复上一次输入的命令可以使用 F3 键来完成，同时 DOS 下存在一个 doskey 的命令记录器，在命令行上执行 doskey 后可以实现以下功能：

（1）向上箭头↑和向下箭头↓：回看上一次执行的命令。
（2）Ctrl+C 组合键或 Break 键：中断操作。
（3）鼠标操作"标记"：用来选中文本。
（4）鼠标操作"粘贴"：用来把剪贴板内容粘贴到提示符下。
（5）F7 键：查看及执行用过的命令。
（6）/?：指定命令帮助。
（7）>和>>：文件重定向。

参数：命令+>+写入路径\文件名。

实例：

　　echo 百度欢迎你 >d:\1.txt　　;写入文本到指定文件（如果文件存在则替换）

　　netstat -an >>d:\1.txt　　;在文件的尾部写入文本

3. 通配符的概念

通配符*和?，*表示一个字符串，?只代表一个字符。

注意：通配符只能通配文件名或扩展名，不能全都表示。

例如，我们要查找以字母 y 开头的所有文件，可以输入命令：dir y*.*；如果要查找所有扩展名为 exe 的文件，可以输入命令：dir *.exe。?只代表一个字符，例如要查找第二个字母为 s 的所有文件，可以输入命令：DIR ?s*.*。

学习任务 4.2　硬盘分区和格式化

新硬盘必须经过分区与格式化后才能使用，已使用的硬盘有时也会由于原分区不合理而需要重新分区。硬盘分区与格式化的方法有很多，本任务学习常用的两种。

4.2.1　分区软件 FDISK 的使用

FDISK 是微软公司推出的一款简易的硬盘分区程序，由于使用方便、功能强大而得到广泛的应用。这里以一个 100GB 的硬盘作为分区对象，利用 FDISK 将其划分为 50GB（主分区，即 C 盘）、30GB（逻辑分区 1，即 D 盘）和 20GB（逻辑分区 2，即 E 盘）三个分区。

项目4　构建软件系统

由于是新硬盘，还不能从硬盘启动计算机进入 Windows，因此先要准备好一张启动光盘或者一个启动 U 盘。进入 BIOS 设置界面，设置 First Boot Device 为 CDROM 或 USB-HDD 即可。

启动计算机后，在 DOS 提示符下输入 FDISK 并按回车键，进入 FDISK 程序主界面，如图 4-1 所示。FDISK 程序在启动时将检测硬盘容量，如果发现大于 528MB，就会询问是否使用大容量硬盘支持模式，默认是 Y。由于这里使用的硬盘为 100GB，所以直接按回车键确认，出现 FDISK Options 界面，如图 4-2 所示。

图 4-1　启动大容量硬盘支持模式

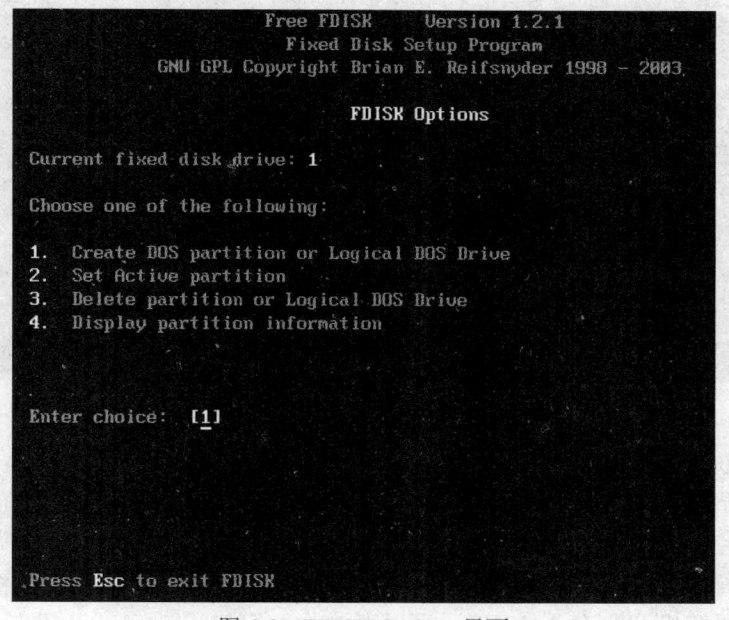

图 4-2　FDISK Options 界面

屏幕最上方的一行文字是程序的版权说明，中间高亮度的 1、2、3、4 表示可供操作的 4 个选项，下面给出这 4 个选项的意义。

- Create DOS partition or Logical DOS Drive：创建 DOS 分区或 DOS 逻辑分区。
- Set Active partition：设置活动分区。

- Delete partition or logical DOS Drive：删除 DOS 分区或 DOS 逻辑分区。
- Display partition information：显示分区信息。

在 Enter choice：中输入所要操作的数字，按回车键即可转到相应的操作中去。当然，退出 FDISK 程序的功能键为 Esc 键。

DOS 分区分为"主 DOS 分区（Primary DOS Partition）"和"扩展 DOS 分区（Extended DOS Partition）"，扩展 DOS 分区又可划分为几个"逻辑 DOS 分区（Logical DOS Driver）"。主 DOS 分区是"C 驱动器"，而逻辑 DOS 分区是"D 驱动器"、"E 驱动器"等，每一个逻辑 DOS 分区为一个驱动器。

1. 建立分区

从 FDISK Options 界面中选择 1，即可进入建立分区界面，如图 4-3 所示。建立分区时有 3 个操作，依次是：

- 建立主 DOS 分区（Create Primary DOS Partition）。
- 建立扩展 DOS 分区（Create Extended DOS Partition）。
- 建立逻辑 DOS 分区（Create Logical DOS Drive（s） in the Extended DOS Partition）。

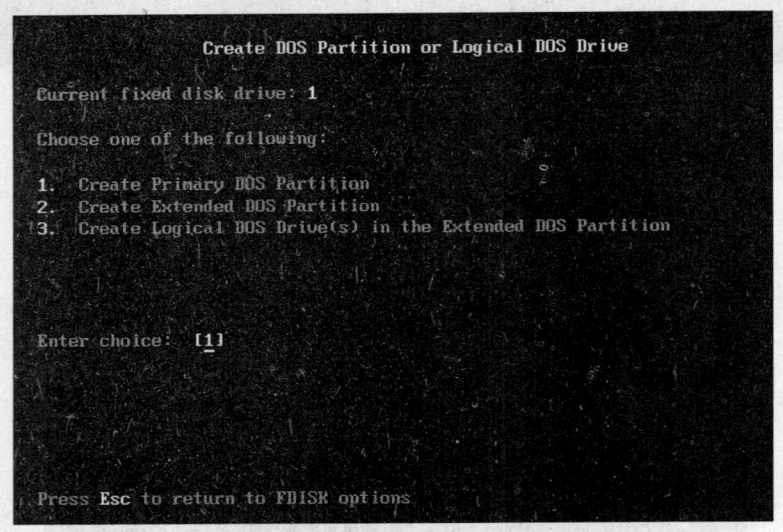

图 4-3 建立分区界面

（1）创建主分区。

在建立分区界面中输入 1，然后按回车键，屏幕出现如图 4-4 所示的画面。FDISK 询问是否将最大的可用空间作为主 DOS 分区，默认选项是 Y，如果按回车键，整个硬盘都将作为 C 盘。当然不能这样做，输入 N 并按回车键，出现如图 4-5 所示的画面。程序提示硬盘的大小是 102407MB，要把 C 盘划分为 50GB，可以直接输入 50%或者 51203MB（102407MB×50%≈51203MB），输入完成后按回车键继续。

这样，主 DOS 分区已经被建立，如图 4-6 所示，同时 FDISK 给出了 DOS 分区的部分信息：字母号是 C，也就是 C 驱动器；分区类型为 PRI DOS，即主 DOS 分区；分区大小为 51207MB；占整个硬盘空间的 50%等。

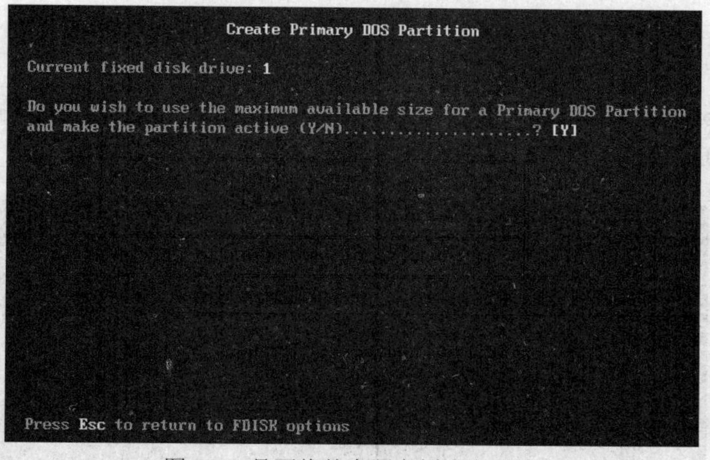

图 4-4　是否将整个硬盘划分为 C 盘

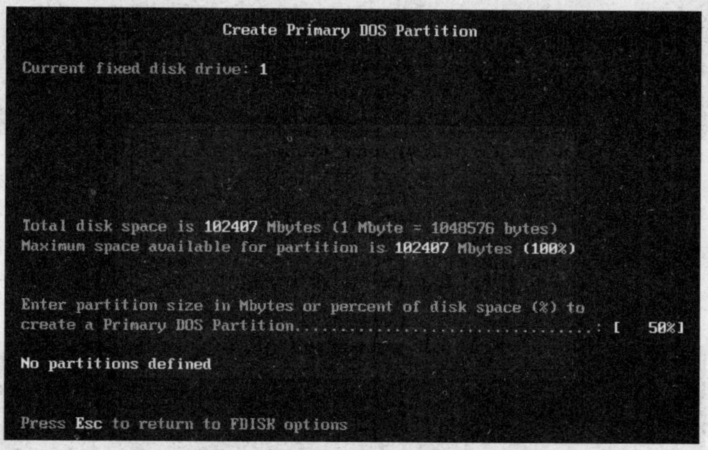

图 4-5　创建主分区选项

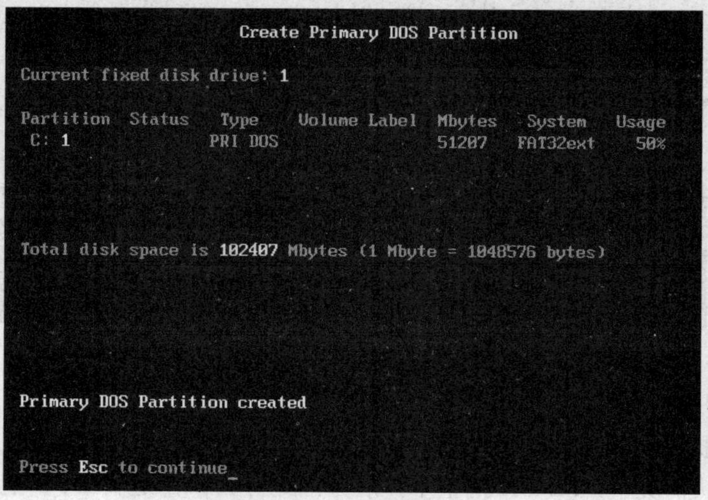

图 4-6　主 DOS 分区建立

按 Esc 键返回到 FDISK Options 界面（如图 4-2 所示）。

（2）创建扩展分区。

在 FDISK Options 界面中输入 1 并按回车键，进入到建立分区界面，输入 2 并按回车键，进入"创建逻辑 DOS 分区"界面，如图 4-7 所示。

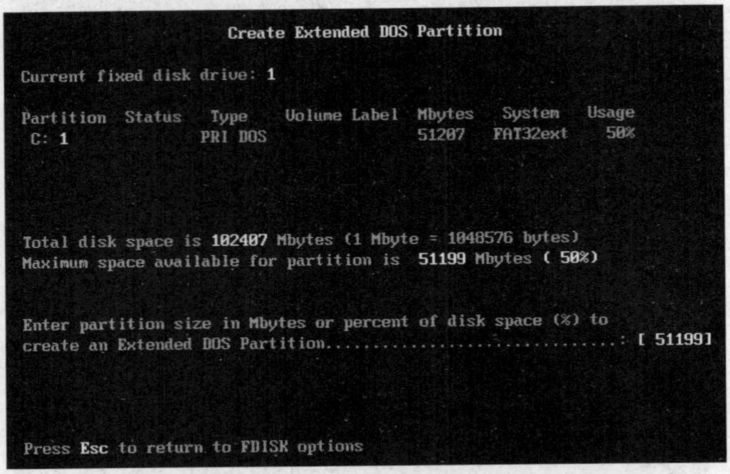

图 4-7 创建逻辑 DOS 分区

由于主 DOS 分区已经划分好，剩余的硬盘都会划分到扩展分区，直接按回车键，扩展分区即创建好，如图 4-8 所示。但是要注意，和主 DOS 分区的驱动器字母为 C 不同的是，扩展分区没有字母代号，因为它还要划分逻辑 DOS 驱动器。按 Esc 键继续。

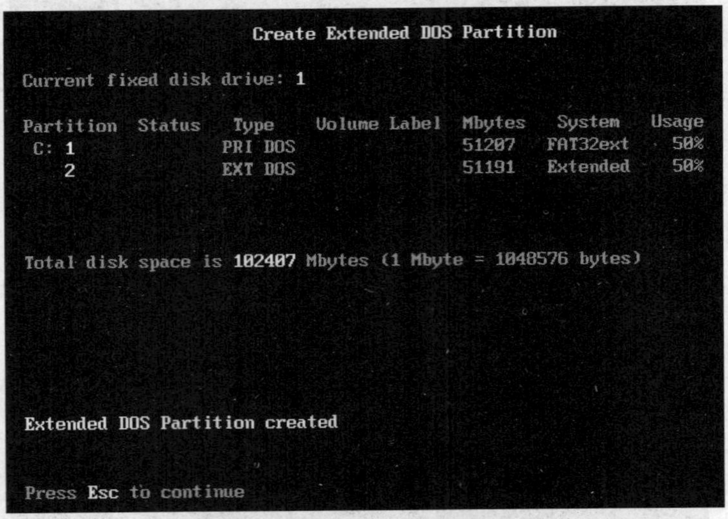

图 4-8 扩展分区创建成功

（3）创建逻辑分区。

FDISK 程序提示"没有逻辑驱动器被定义"，如图 4-9 所示，对此不用理会，因为现在正在做这件事。默认情况下，FDISK 把整个扩展分区划分为一个逻辑 DOS 驱动器。这里要把它划分为 30714MB 和 20476MB 两个逻辑驱动器，因此输入 60%（注意这里的百分数是对于扩

项目4 构建软件系统

展分区而言的,并不是相对于整个硬盘容量),然后按回车键。

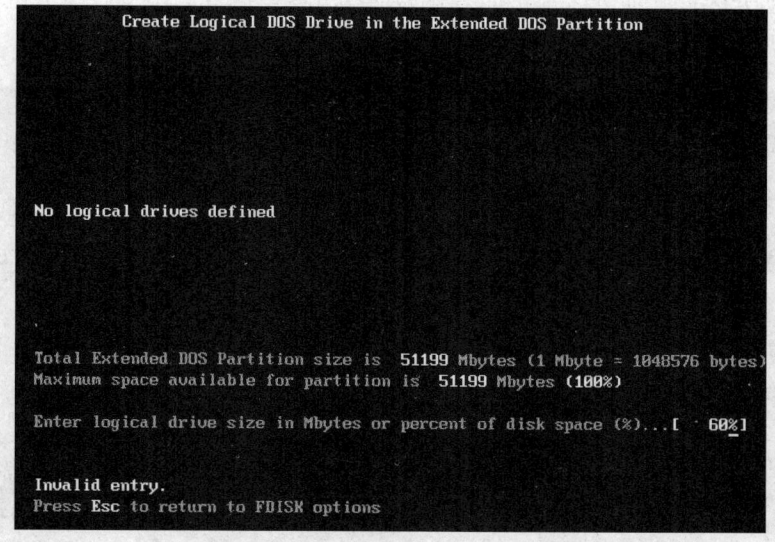

图 4-9 确定逻辑驱动器 D 的容量

逻辑驱动器 D 已经建立好,如图 4-10 所示。按回车键,将剩余的空间全部划分给逻辑驱动器 E。

图 4-10 确定逻辑驱动器 E 的容量

FDISK 程序提示扩展分区所有的可用空间都分配给了逻辑驱动器,按 Esc 键返回到主菜单。

(4)设置活动分区。

在 FDISK Options 界面中,FDISK 程序已提醒应该将某个分区设置为活动分区(Active Partition),否则硬盘将不能启动。当把硬盘划分为一个以上的分区时,计算机需要知道应该从哪个分区启动计算机。也就是说,必须要把其中的一个分区设置为活动分区,计算机才能从该分区启动。输入 2 并按回车键，设置活动分区。不过，在 DOS 分区里面，只有主 DOS 分区才能被设置为活动分区，其他分区都不能设置为活动分区，因此只能选择 1 分区，即主 DOS 分区，如图 4-11 所示。

图 4-11 设置活动分区

输入 1，然后按回车键，主 DOS 分区（1 分区）被设置成活动分区，如图 4-12 所示。

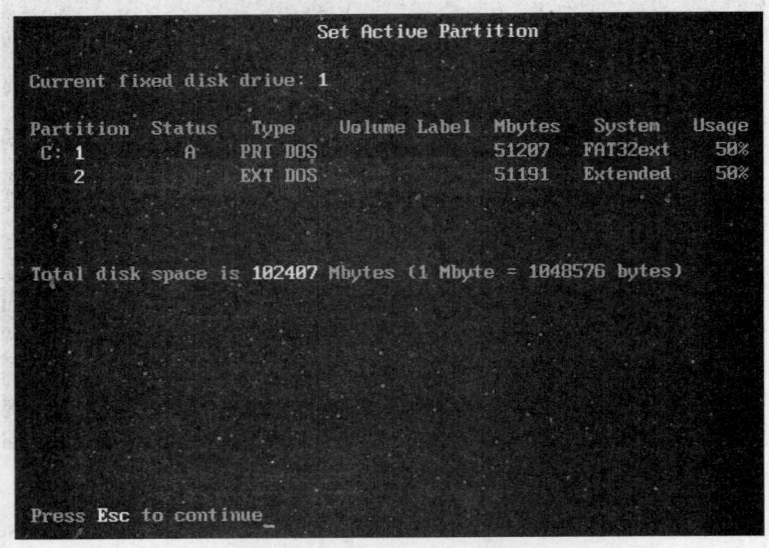

图 4-12 活动分区设置好

注意：上面的 Status 项中，1 分区的值是 A，表示是活动分区。按 Esc 键返回 FDISK Options 界面，这时将会看到刚才的警告信息已经消失了。这样就完成了整个硬盘的分区工作。

用 FDISK 创建分区的操作顺序：建立主分区→建立扩展分区→在扩展分区中建立逻辑分区→设置活动分区。完成后，重启动计算机才能使创建的分区生效。

2. 删除分区

如果硬盘原来已分过或者用户对原来的分区不满意时，利用 FDISK 可以将原来的分区删除，然后再像对待新硬盘一样创建分区。

删除分区的方法很简单，在 FDISK Options 界面中选择第 3 项，即"删除主 DOS 分区或逻辑 DOS 驱动器"。从界面中可以看出分区删除一共有 4 个选项：删除主 DOS 分区、删除扩展 DOS 分区、删除扩展分区中的逻辑 DOS 驱动器和删除 Non-DOS 分区，如图 4-13 所示。选择相应的选项即可完成相应的操作。

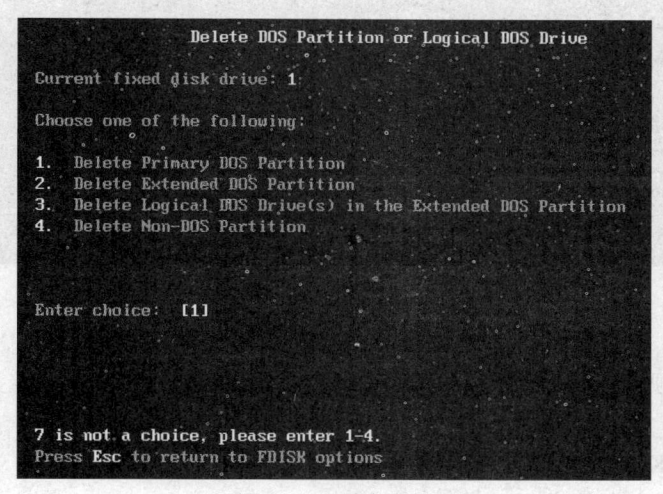

图 4-13 删除分区

删除分区时，也需要遵循一定的操作顺序：删除 Non-DOS 分区→删除扩展分区中的逻辑 DOS 驱动器→删除扩展 DOS 分区→删除主 DOS 分区。例如，Linux 的 Ext3 分区属于 Non-DOS 分区。如果没有 Non-DOS 分区，删除分区时需要先删除逻辑 DOS 驱动器。

选择欲删除的盘符后按回车键（本例为删除 E 盘），系统提示用户输入该分区的卷标，如果没有卷标则直接回车；然后系统提示确认，回答 Y 后即可将选定的逻辑 DOS 驱动器（E 盘）删除，如图 4-14 所示。按同样的步骤可以把 D 盘删除。

图 4-14 删除 E 盘

将逻辑 DOS 驱动器删除后，接着选择图 4-13 所示的第 2 项，即可将硬盘扩展 DOS 分区删除。例如，需要删除硬盘主 DOS 分区，则选择图 4-13 所示的第 1 项，然后按照提示操作。全部硬盘分区删除完毕后（如图 4-15 所示），FDISK 程序显示没有分区被定义（No Partition Defined）。这时硬盘像新硬盘一样，没有任何分区，用户可以根据需要按照前面的方法创建硬盘分区。

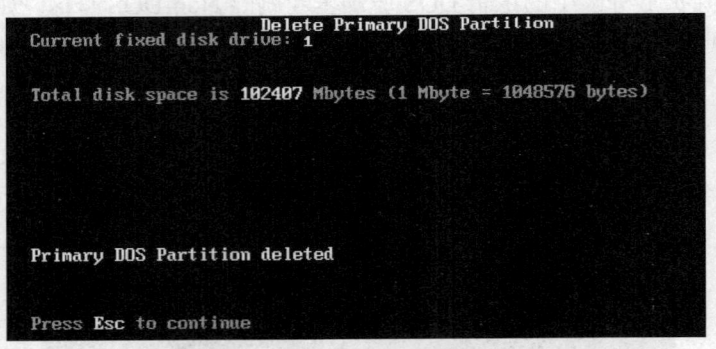

图 4-15 全部硬盘分区删除完毕

另外，FDISK 程序主界面中第 4 个选项是显示硬盘分区信息（Display partition information），该选项可以查看硬盘主 DOS 分区、扩展 DOS 分区及其中定义的逻辑 DOS 驱动器的相关信息。

所有这些 FDISK 操作需要重新启动系统后才能生效。

3. 使用 Format 命令格式化 C 盘

用 FDISK 工具对硬盘分区后，还需要用 Format 命令对 C 盘进行格式化，如图 4-16 所示，然后才能安装操作系统。

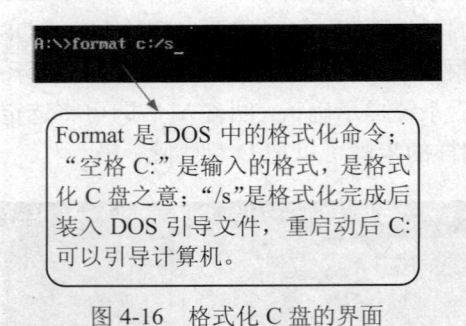

Format 是 DOS 中的格式化命令；"空格 C:"是输入的格式，是格式化 C 盘之意；"/s"是格式化完成后装入 DOS 引导文件，重启动后 C:可以引导计算机。

图 4-16 格式化 C 盘的界面

4.2.2 分区软件 DM 的使用

如果要对新硬盘进行分区和格式化，或者要删除已使用硬盘的全部数据并重新进行分区，推荐使用高效快速的 Disk Manager（DM）工具，一两分钟内即可完成分区并格式化一个大容量硬盘。该工具是常用的硬盘工具之一，一般用于安装操作系统前对新硬盘的分区和格式化，以缩短系统的安装时间。

这里利用 DM（英文界面）将一个 100GB 的硬盘分为 50GB、30GB、20GB 三个分区，然后将这三个分区格式化为 FAT32 格式，操作步骤如下：

（1）在 BIOS 设置中将光驱设为第一启动设备。

（2）用 DM 9.57 和可启动的工具光盘引导计算机进入 DOS 模式。

（3）将光盘设为当前盘符，进入 DM 的目录并输入 DM 命令启动 DM。开始界面是一个说明窗口，按回车键进入主菜单，如图 4-17 所示。

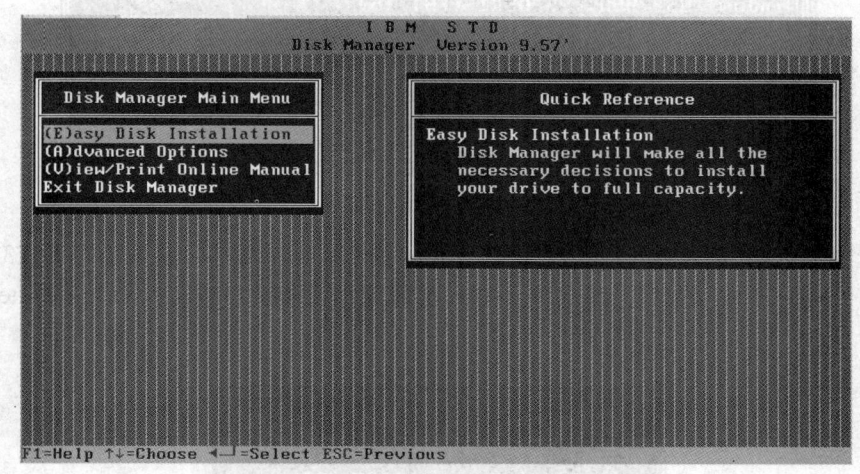

图 4-17 DM 主界面

各菜单项的含义如下：
- （E）asy Disk Installation：简单硬盘安装。
- （A）dvanced Options：高级选项。
- （V）iew/Print Online Manual：显示/打印在线手册。
- Exit Disk Mnager：退出磁盘管理工具。

（4）将光标移到（A）dvanced Options 后按回车键，进入二级菜单，如图 4-18 所示。

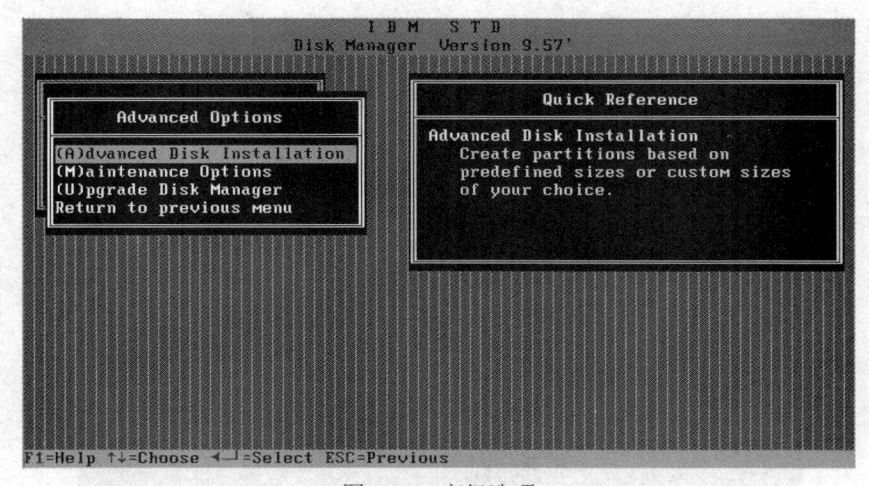

图 4-18 高级选项

（5）选择 Advanced Disk Installation 并按回车键，在弹出的硬盘列表中选择要分区的硬盘，选择（Y）ES，再按回车键，在弹出的分区格式选择窗口中选择 FAT32 的分区格式，如图 4-19 所示。

图 4-19　分区格式选择

（6）选择 FAT32 分区格式后按回车键，弹出"询问是否确定该硬盘采用 FAT32 格式"窗口，选择（Y）ES，再按回车键，弹出分区方式选择窗口，选择 OPTION（C）Define your own，如图 4-20 所示。

图 4-20　分区方式选择

（7）在弹出的对话框中输入分区的大小，如图 4-21 所示。首先输入主分区的大小，然后输入扩展分区中每一个逻辑驱动器的大小，直到硬盘所有的容量都被划分。

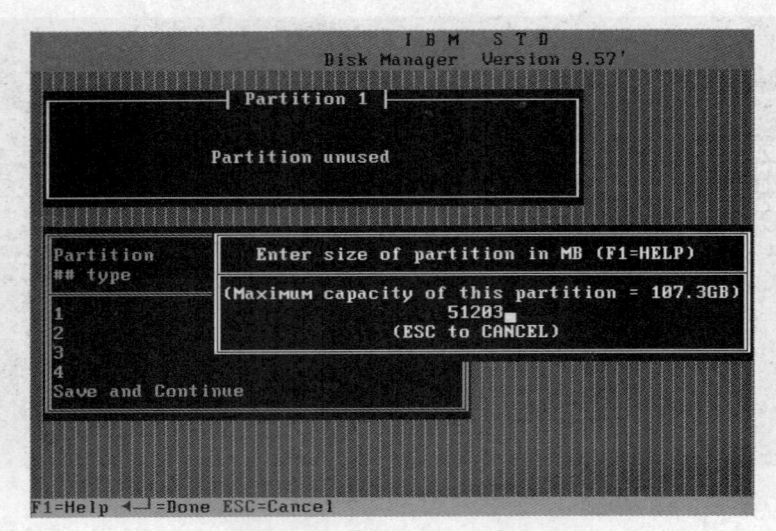

图 4-21　输入第一分区大小

（8）完成分区大小设置后，DM 显示最后分区的详细结果，如图 4-22 所示。此时，如果对分区不满意，还可根据屏幕最底行的提示进行调整。如按 Del 键删除分区，按 N 键全部重新分区。

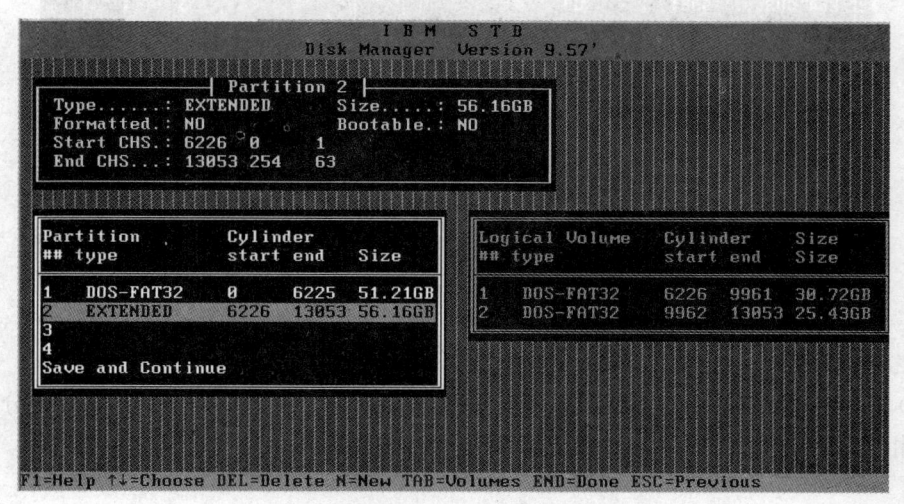

图 4-22　最后的分区结果

（9）完成后选择 Save and Continue 选项，按回车键保存设置结果。此时出现警告窗口，如果确定当前的分区操作，按 Alt+C 组合键继续，否则按任意键回到主菜单窗口，如图 4-23 所示。

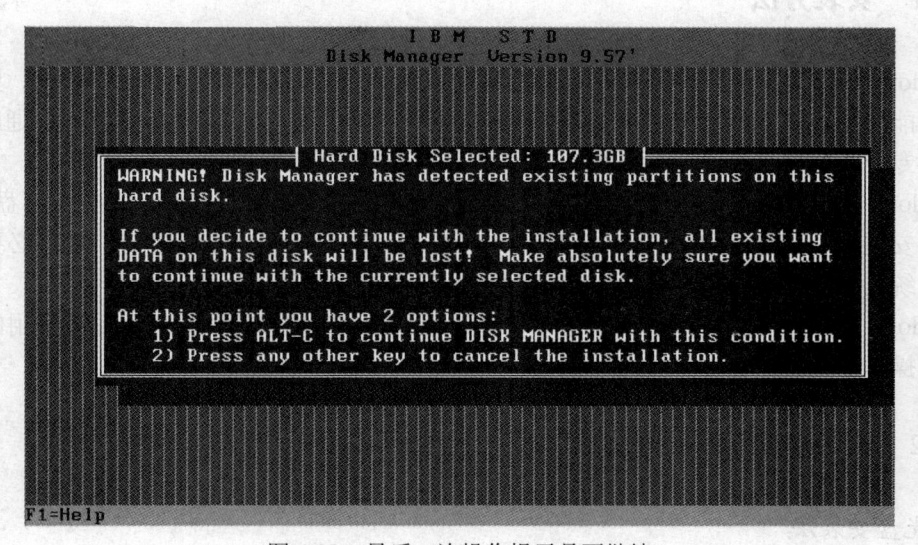

图 4-23　最后一次操作提示是否继续

（10）在提示窗口中选择（Y）ES 进行快速格式化；对于是否在分区的格式中使用默认的簇大小，选择（Y）ES；最后程序要求用户再次确认是否开始分区并格式化硬盘，并警告用户如果继续硬盘上所有的数据将会丢失，选择（Y）ES 再按回车键，DM 开始对硬盘进行分区并完成格式化，如图 4-24 所示。

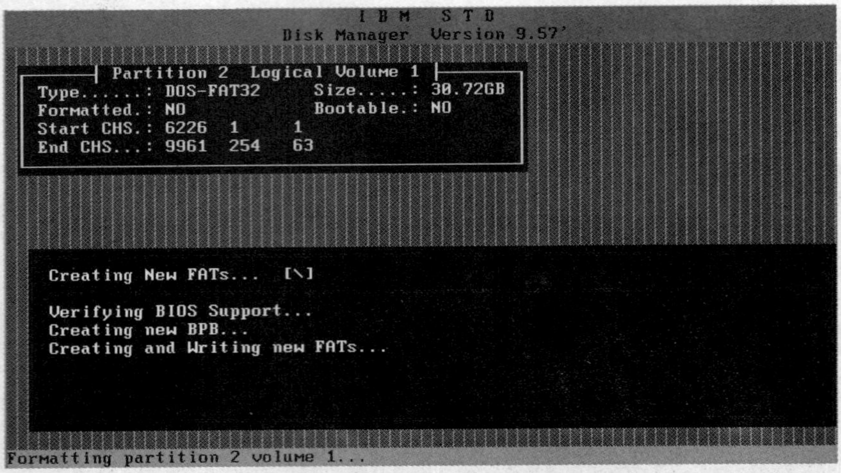

图 4-24　开始分区并完成格式化

（11）完成分区与格式化操作后屏幕提示重启计算机，按提示操作即可。DM 分区与格式化的速度相当快，100GB 的硬盘一般只需要几十秒即可完成。

学习任务 4.3　Windows 7 的安装

4.3.1　安装方法

　　Windows 7 作为主流操作系统，以其易用、快速、简单、安全、节约运行成本、更好的网络连接功能等特点得到了用户的普遍认可。Windows 7 的版本包括简易版、家庭普通版、家庭高级版、专业版、企业版和旗舰版等，每种产品型号有 32 位版本和 64 位版本。
　　Windows 7 的安装方法可分为：光盘安装法、模拟光驱安装法、硬盘安装法、U 盘安装法、软件引导安装法、VHD 安装法等。不同方法各有其优缺点。安装系统之前，准备必要的应急盘和旧系统的备份是很重要的，万一安装出现问题不至于措手不及。
　　Windows 7 有多种安装方法，本任务以 Windows 7（32 位）旗舰版来介绍最常用的两种安装方法的操作步骤。

4.3.2　安装步骤

1. 光盘安装法

　　（1）设置计算机启动顺序。启动计算机，进入 BIOS 设置，将计算机中启动顺序的第一驱动器改为光驱模式，保存 BIOS 设置。
　　（2）将 Windows 7 旗舰版安装光盘放入光驱，重新启动计算机。
　　（3）计算机使用光盘启动后，屏幕显示 Press any key to boot from CD or DVD..时按任意键，计算机启动光驱上的安装程序，如图 4-25 所示。

项目 4　构建软件系统

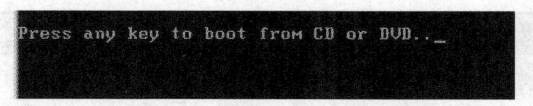

图 4-25　按任意键继续

（4）加载程序结束后出现安装 Windows 界面，如图 4-26 所示，选用中文模式（默认），单击"下一步"按钮继续安装。

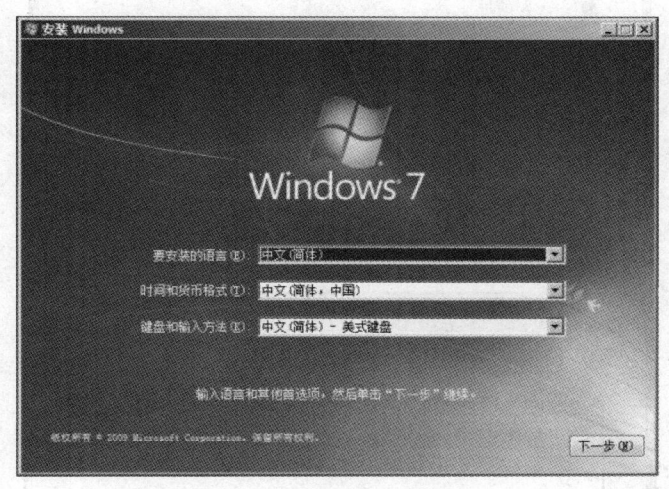

图 4-26　Window 7 安装语言选择

（5）在图 4-27 所示的界面中，单击"现在安装（I）"，系统启动安装程序，进入许可协议界面后选中"我接受许可条款"复选项，单击"下一步"按钮。

图 4-27　Windows 7 安装启动

（6）进入如图 4-28 所示的界面，单击"自定义（高级）"继续安装。

（7）进入如图 4-29 所示的界面，如果选择"磁盘 0 未分配空间"安装，就是把整个硬盘划分为 C 盘，建议用户不要这样操作。单击"驱动器选项（高级）（A）"，出现如图 4-30 所示的界面。

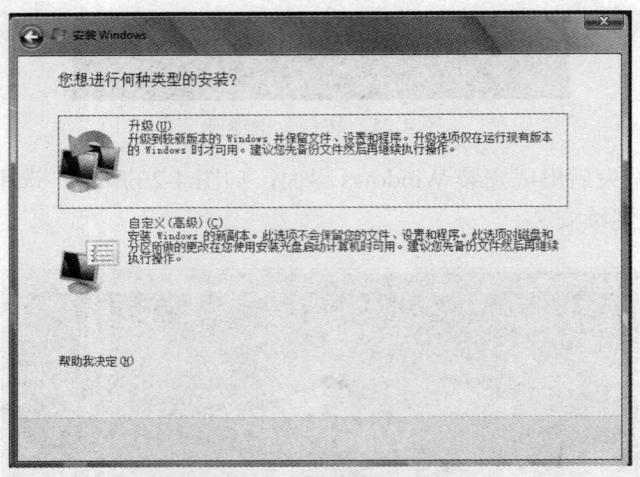

图 4-28 选择安装类型

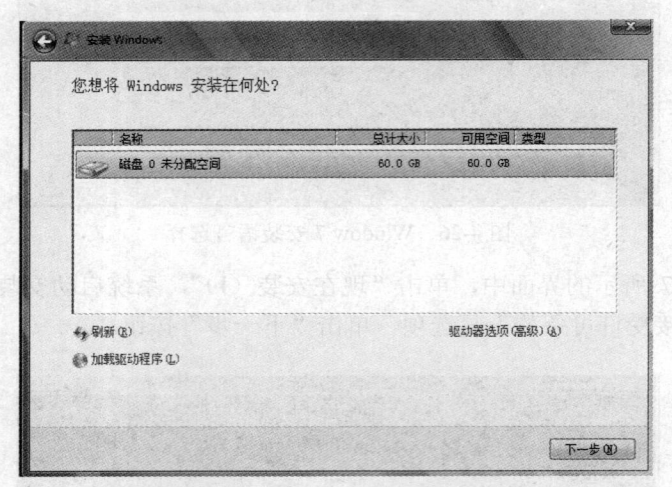

图 4-29 Windows 7 安装分区选择

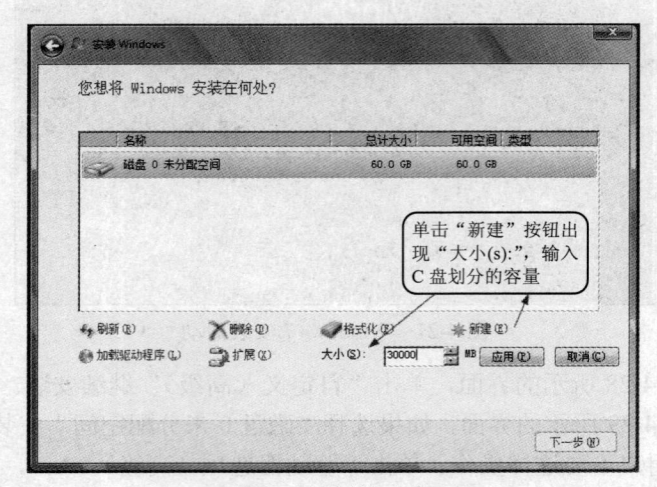

图 4-30 划分 C 盘

（8）单击"应用"按钮，再单击"下一步"按钮，系统开始安装，如图 4-31 所示。经过一段时间，安装成功，系统自动重新启动，依次进行"安装程序正在更新注册表设置"、"安装程序正在启动服务"、"安装更新"，然后计算机再次重新启动，进入 Windows 7 的安装配置操作。

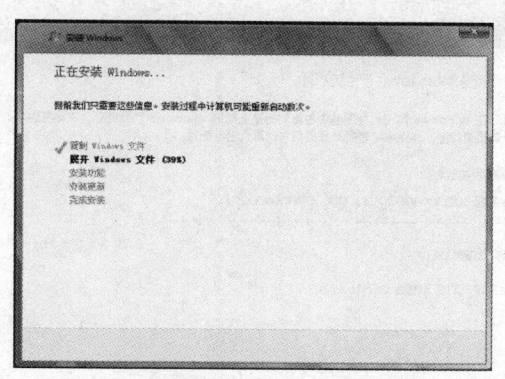

图 4-31　Windows 7 文件安装

（9）在图 4-32 所示的界面中，输入本机的用户名和计算机名称，单击"下一步"按钮，进入账号、密码设置界面，如图 4-33 所示。

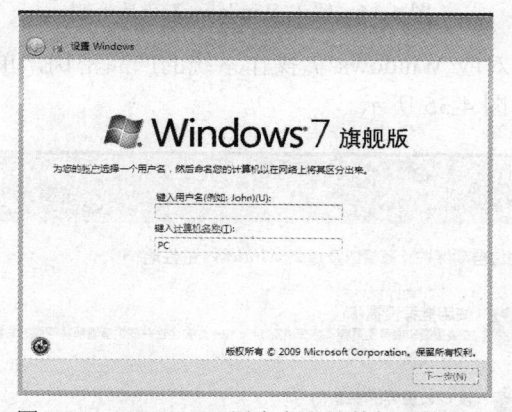

图 4-32　Windows 7 用户名和计算机名称设定

图 4-33　Windows 7 账号、密码设定

（10）输入账号、密码以及遗忘密码后找回密码的提示信息，单击"下一步"按钮，进入产品密钥操作界面，如图 4-34 所示。

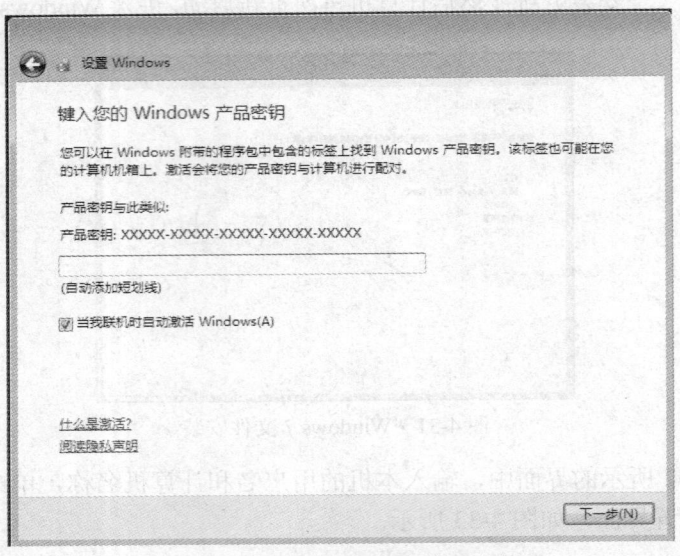

图 4-34　输入 Windows 7 产品密钥

（11）输入本安装盘对应 Windows 7 操作系统的产品密钥，单击"下一步"按钮，系统进入安全项设定界面，如图 4-35 所示。

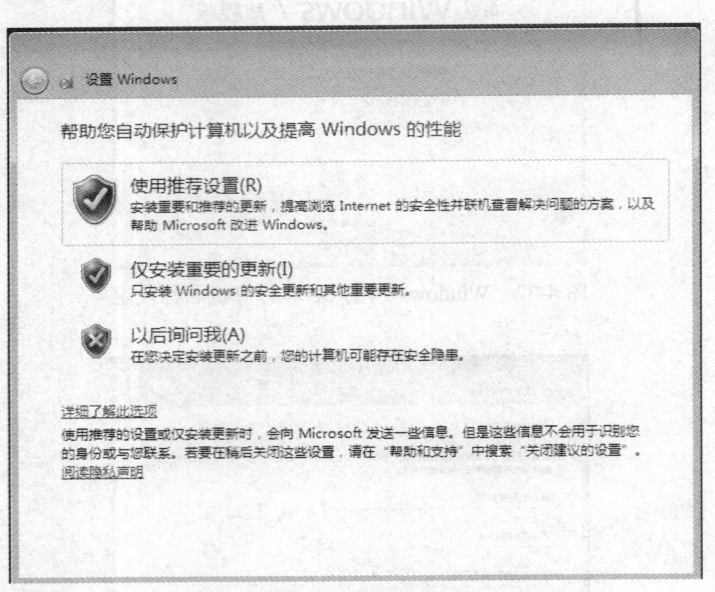

图 4-35　Windows 7 安全项设定

（12）设定好安全项，系统进入时间和日期设置界面，如图 4-36 所示。

（13）设定时间和日期，然后单击"下一步"按钮，系统启动 Windows 7 桌面，如图 4-37 所示。至此，Windows 7 操作系统安装完成，可以正常使用了。

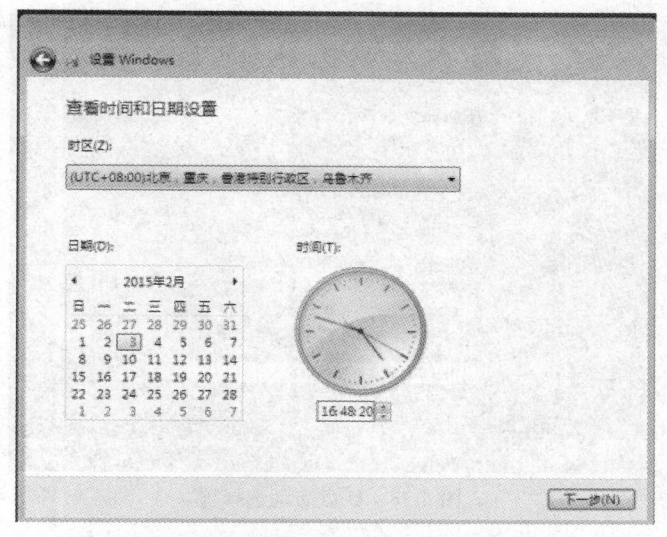

图 4-36 Windows 7 时间和日期设定

图 4-37 Windows 7 安装完成后的界面

2. U 盘安装法

（1）设置计算机启动顺序。启动计算机，进入 BIOS 设置，将计算机中启动顺序的第一驱动器改为 USB-HDD 模式，保存 BIOS 设置。

（2）将制作好的 U 盘（里面有 Windows 7（32 位）旗舰版的 ISO 文件）插到计算机上。

（3）重新启动计算机，计算机启动后屏幕显示如图 4-38 所示。

（4）按 1 键进入 Win03PE 系统，如图 4-39 所示。

（5）打开"我的电脑"窗口，如果没有看到本地硬盘，说明硬盘还没有分区，请按前面介绍的方法分区；如果看到本地硬盘，找到 U 盘并双击打开，再双击打开 Windows 7 的 ISO 文件，提示装载虚拟磁盘，如图 4-40 所示，单击"确定"按钮。

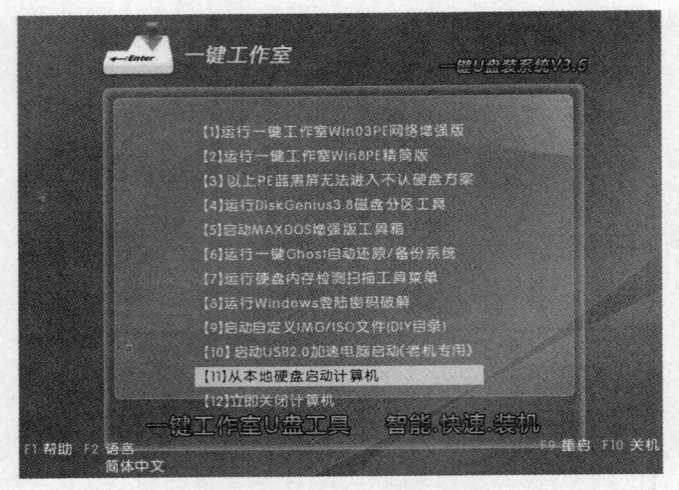

图 4-38 U 盘启动选择项

图 4-39 PE 系统桌面

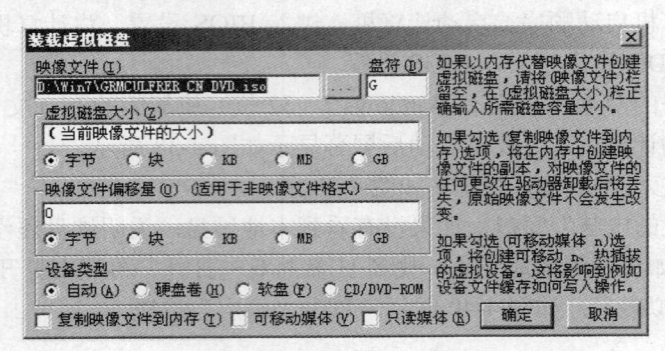

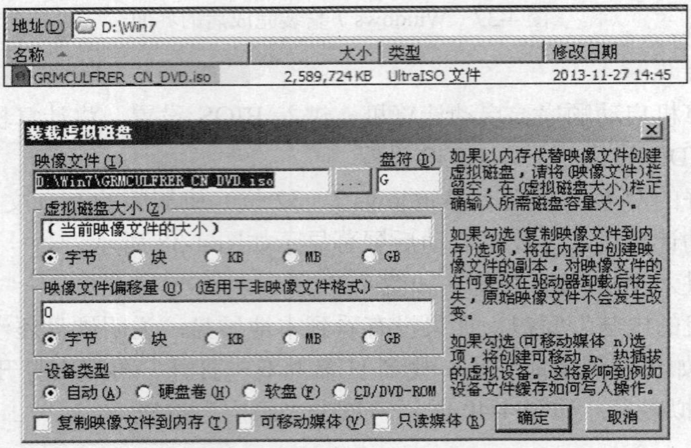

图 4-40 装载虚拟磁盘

（6）在"开始"菜单中选择"所有程序"→"系统安装"→WinNTSetup 通用安装器"，单击"选择"按钮，在刚才装载的虚拟光驱中找到 install.wim 文件，如图 4-41 所示，再单击"安装"按钮，选中"如果安装成功，自动重新启动计算机"选项，单击"确定"按钮开始部署。

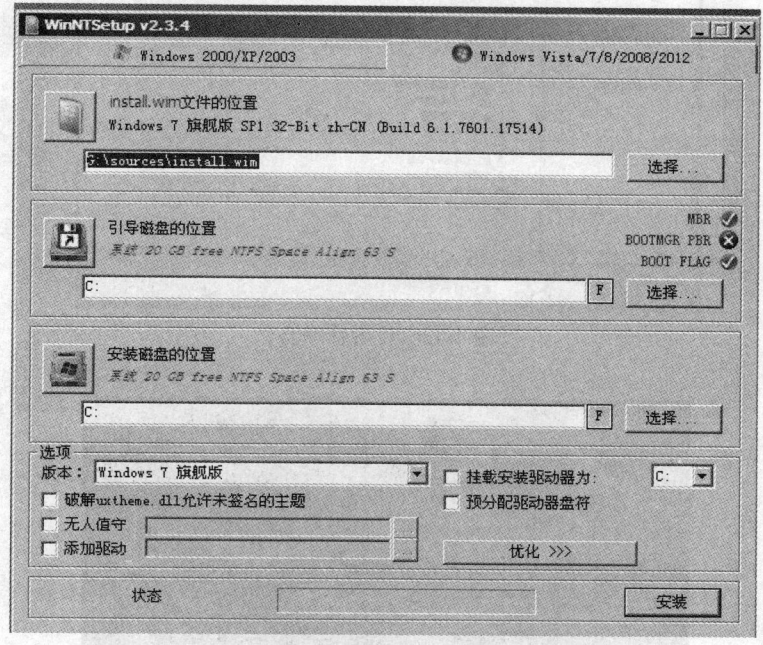

图 4-41　安装部署

（7）经过一段时间安装成功，系统自动重新启动，依次进行"安装程序正在更新注册表设置"、"安装程序正在启动服务"、"安装更新"，然后计算机再次重新启动，进入 Windows 7 的安装配置操作。进入图 4-32 所示的界面，安装方法与光盘安装一样，不再赘述。

U 盘安装的优点是不需要刻录光盘，既环保又不需要另外配置光驱。

学习任务 4.4　设备驱动程序的安装

4.4.1　设备驱动程序的安装

设备驱动程序的安装方法有很多种，本任务介绍常用的两种方法。

1. 光盘安装

（1）在"开始"菜单中选择"控制面板"，单击"硬件和声音"，再单击"设备管理器"，进入图 4-42 所示的界面。

（2）从图 4-42 可见，还有一些驱动没有安装好，放入主板配套的驱动盘，自动播放并打开图 4-43 所示的界面，单击"全部安装"按钮，安装完成后提示重新启动计算机。启动计算机后再打开"设备管理器"，发现所有驱动都已经安装好了，如图 4-44 所示。

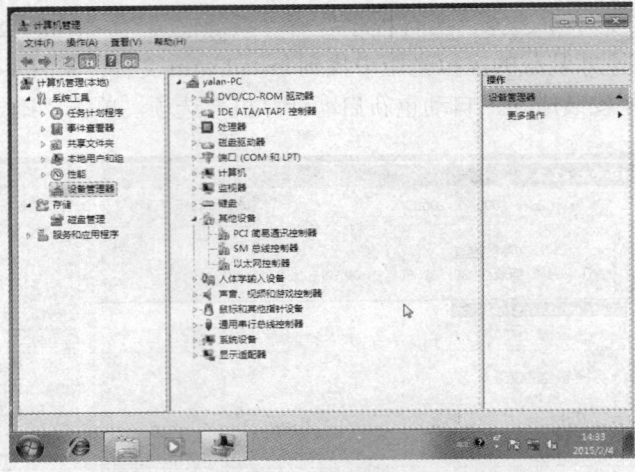

图 4-42　设备管理器

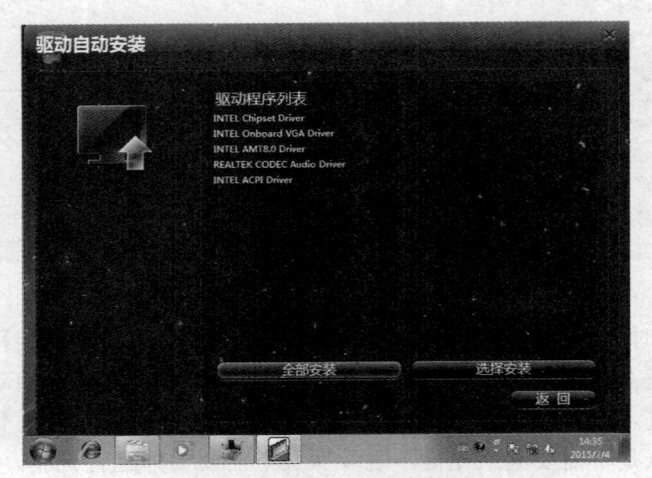

图 4-43　驱动自动安装

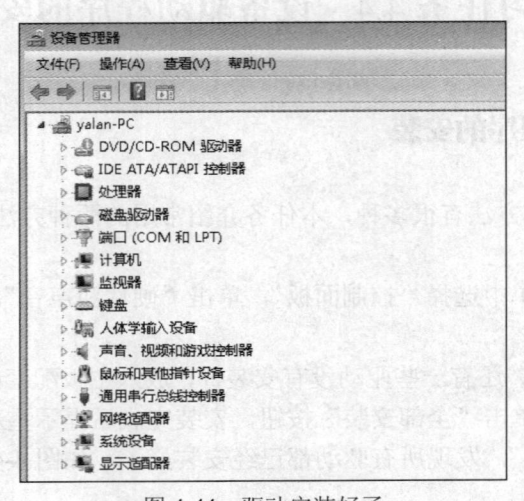

图 4-44　驱动安装好了

以上是主板集成显卡、声卡和网卡的情况，如果是独立显卡、声卡和网卡，也有配套的驱动光盘，安装方法大同小异。

2."驱动人生"软件安装

现在网上有很多驱动安装的软件，如驱动人生、驱动精灵、驱动大师等，只要安装好网卡驱动程序，计算机能上网，其余的驱动软件会自动下载安装，还可以把以前的驱动备份，很受用户喜爱。

安装网卡驱动：打开"控制面板"，单击"硬件和声音"，再单击"设备管理器"，右击"以太网控制器"，在弹出的快捷菜单中选择"更新驱动程序软件"命令（如图4-45所示），单击"浏览计算机以查找驱动程序软件"，进入图4-46所示的界面。单击"浏览"按钮，找到网卡驱动存放的路径，单击"下一步"按钮，等待几十秒驱动程序即可安装好。

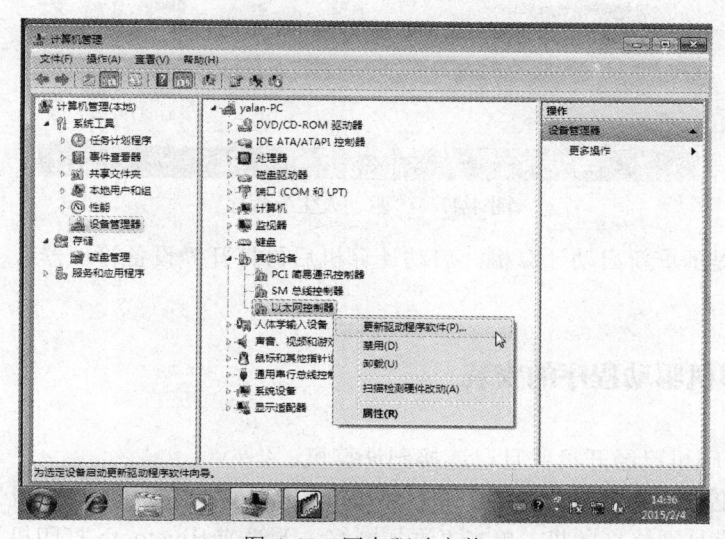

图 4-45 网卡驱动安装

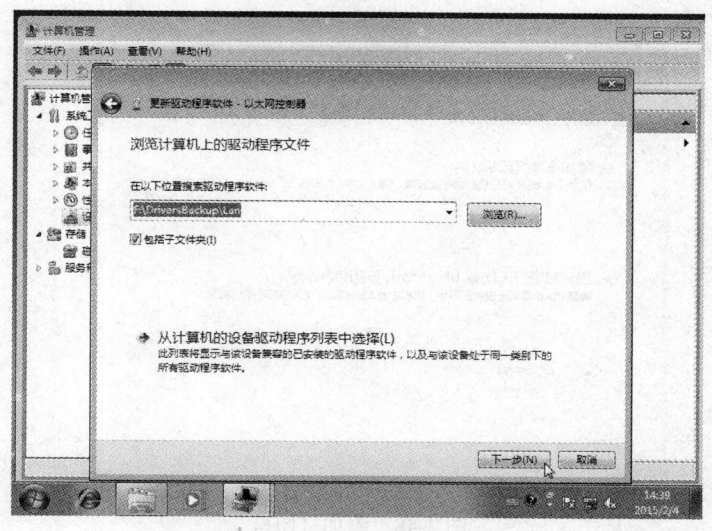

图 4-46 网卡驱动存放路径

网上下载"驱动人生"程序，按默认安装即可。打开"驱动人生"程序，自动搜索没有安装的驱动程序，如图 4-47 所示，单击"立即修复"按钮。

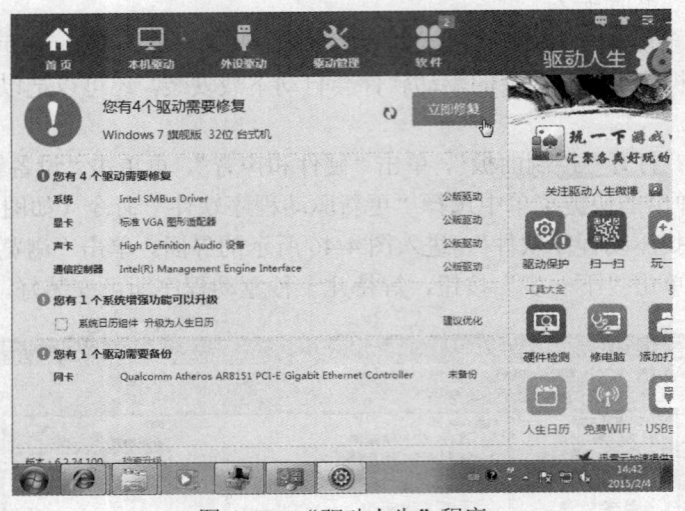

图 4-47 "驱动人生"程序

修复完成，提示重新启动计算机。启动计算机后再打开"设备管理器"，发现所有驱动程序都已经安装。

4.4.2 打印机驱动程序的安装

（1）确定打印机已经开机并且已连接到计算机。

（2）打开"控制面板"窗口，单击"硬件和声音"，再单击"添加打印机"，弹出如图 4-48 所示的界面。如果是网络打印机，单击"添加网络、无线或 Bluetooth 打印机"。这里是本地打印机，因此单击"添加本地打印机"，然后单击"下一步"按钮。

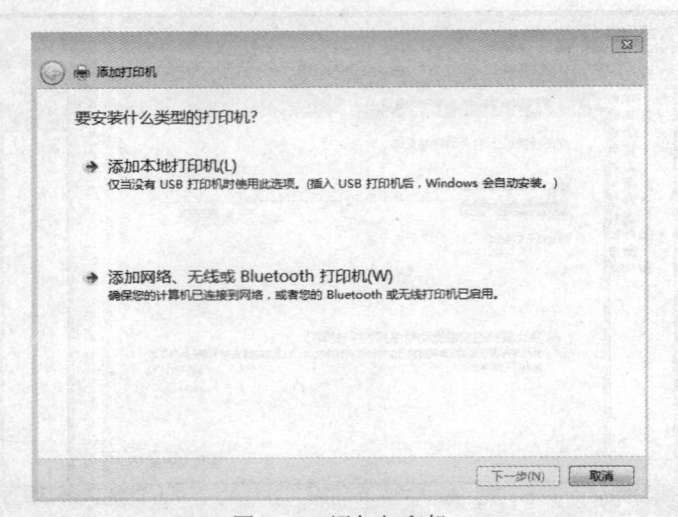

图 4-48 添加打印机

（3）在"选择打印机端口"界面中选择打印机的端口，默认是 LPT1。现在的打印机基本上都是 USB 接口，根据实际情况选择后单击"下一步"按钮。

（4）在"安装打印机驱动程序"界面中选择打印机的厂商和型号，根据实际情况选择，如图 4-49 所示。选择后单击"下一步"按钮。

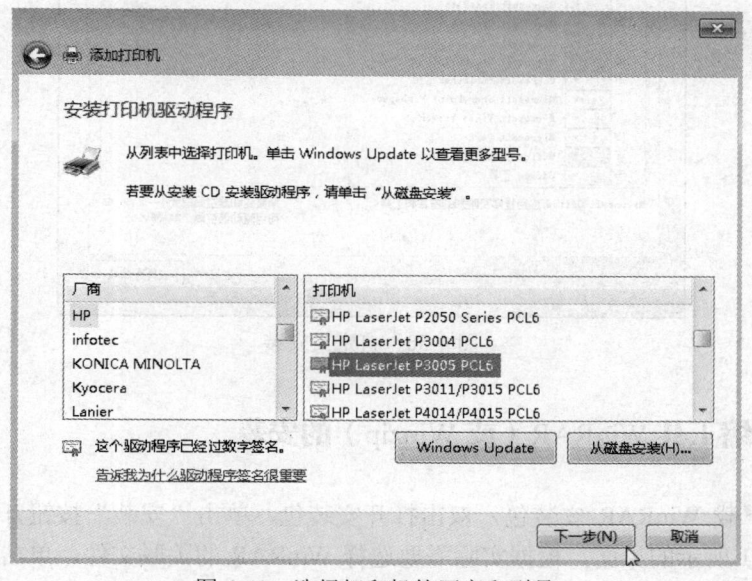

图 4-49　选择打印机的厂商和型号

（5）在"键入打印机名称"界面中输入打印机名称，如果不输入则使用默认名，单击"下一步"按钮，开始安装驱动程序。

（6）在"打印机共享"界面中询问是否共享打印机，根据实际情况设置。这里设置不共享，选中"不共享这台打印机"，单击"下一步"按钮。

（7）在"您已经成功添加 HP LaserJet P3005 PCL6"界面中单击"打印测试页"按钮，如果能打印，则说明驱动程序已经安装好，单击"完成"按钮。

学习任务 4.5　应用程序的安装

4.5.1　办公软件 Office 2010 的安装

（1）把 Office 2010 光盘放入光驱，双击光盘中的 setup.exe 程序，打开 Office 2010 安装程序界面，选中"我接受此协议的条款"，单击"继续"按钮，进入"选择所需的安装"界面。其中，"立刻安装"表示默认选项的安装，"自定义"表示用户可以根据需求安装，这里选择"自定义"，进入图 4-50 所示的界面。

（2）选择需要安装的组件，单击"立即安装"按钮开始安装，等一段时间，提示已经安装完成，单击"关闭"按钮退出安装程序。

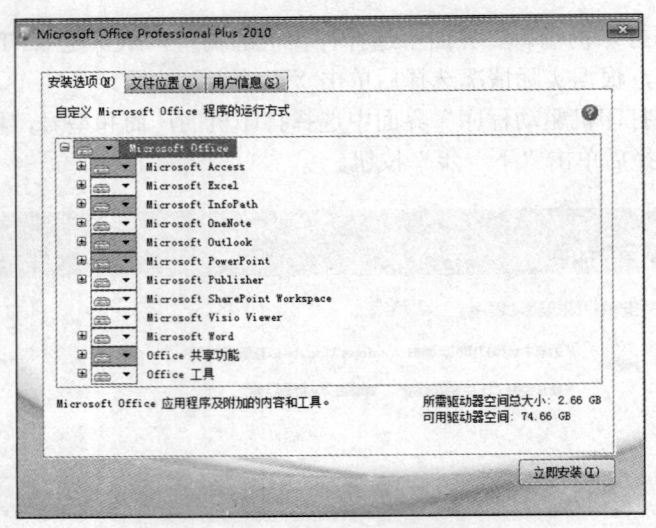

图 4-50 自定义安装

4.5.2 压缩工具 WinRAR（或 Winzip）的安装

从网络上下载 WinRAR 安装包，双击打开安装包，单击"安装"按钮开始安装。安装完毕，进入图 4-51 所示的界面，根据实际需要选择 WinRAR 的关联文件，单击"确定"按钮完成安装。

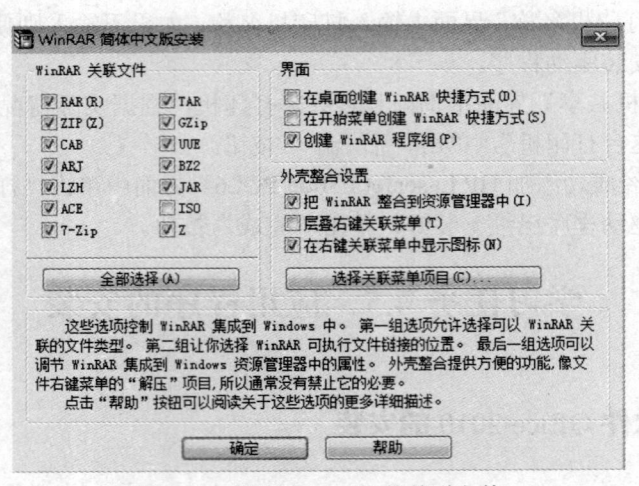

图 4-51 选择 WinRAR 的关联文件

4.5.3 杀病毒软件的安装

市面上的杀病毒软件五花八门，如 360 杀毒、腾讯电脑管家、瑞星、金山毒霸、小红伞、百度杀毒、诺顿、卡巴斯基、Bitdefender、GDATA 等，用户可以选择安装。下面介绍 360 杀毒软件的安装。

（1）访问 http://www.sd.360.cn/网站，下载最新的 360 杀毒软件安装包。
（2）双击安装包打开安装程序界面，选择安装存放的路径，单击"立即安装"按钮，安装完成后桌面右下角出现 360 杀毒图标。

学习任务 4.6　硬盘克隆软件 Noton Ghost

4.6.1　Noton Ghost 的主要特点

Noton Ghost（幽灵）软件是美国赛门铁克公司推出的一款硬盘备份还原工具，可以实现 FAT16、FAT32、NTFS、OS2 等多种硬盘分区格式的分区及硬盘备份还原，俗称克隆软件。

这种克隆软件的 Ghost 备份还原以硬盘的扇区为单位进行，即可以将一个硬盘上的物理信息完整复制，而不仅仅是数据的简单复制；克隆人只能克隆躯体，但这个 Ghost 却能克隆系统中所有的数据，包括声音、动画、图像，连磁盘碎片都可以复制。Ghost 支持将分区或硬盘直接备份到一个扩展名为.gho 的文件里（赛门铁克把这种文件称为镜像文件），也支持直接备份到另一个分区或硬盘里。

4.6.2　Noton Ghost 的使用

1. 备份系统

（1）使用 Ghost 进行系统备份，有整个磁盘和分区硬盘备份两种方式。这里以备份 C 盘为例，在 DOS 下或者 PE 系统下运行 Ghost，打开图 4-52 所示的界面。

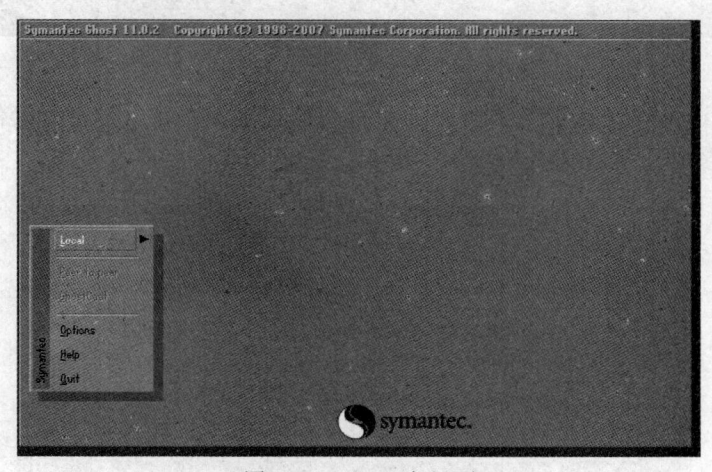

图 4-52　Ghost 主界面

- Local（本机）：进入磁盘操作，是本软件的主要操作项目。
- Options（选项）：参数选择设置。
- Help：帮助。
- Quit：退出。

（2）选择 Local（本机）→Partition（分区）→To Image（到镜像）命令备份系统（即 C 盘），如图 4-53 所示。

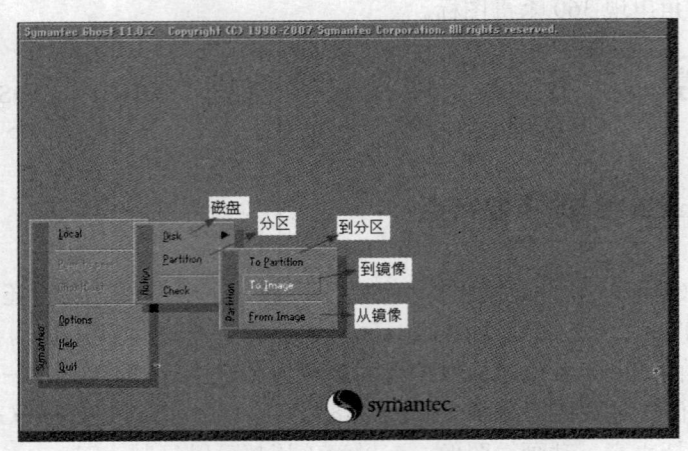

图 4-53　菜单命令操作

（3）进入物理硬盘选择界面，如图 4-54 所示。由于只有一个物理硬盘，直接按回车键进入下一步。

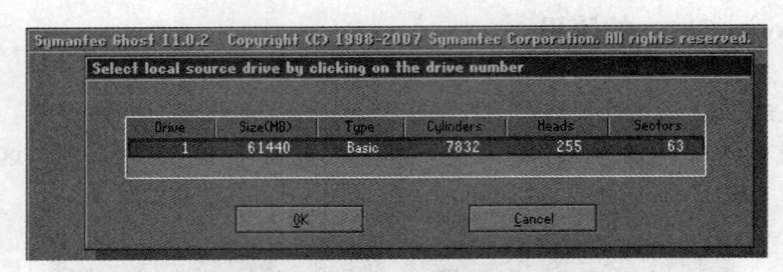

图 4-54　物理硬盘选择

（4）在分区选择界面（如图 4-55 所示）中用键盘上的↑、↓键进行操作。选择第一个分区（即 C 盘）后按回车键，OK 按钮变为可用，如图 4-56 所示。

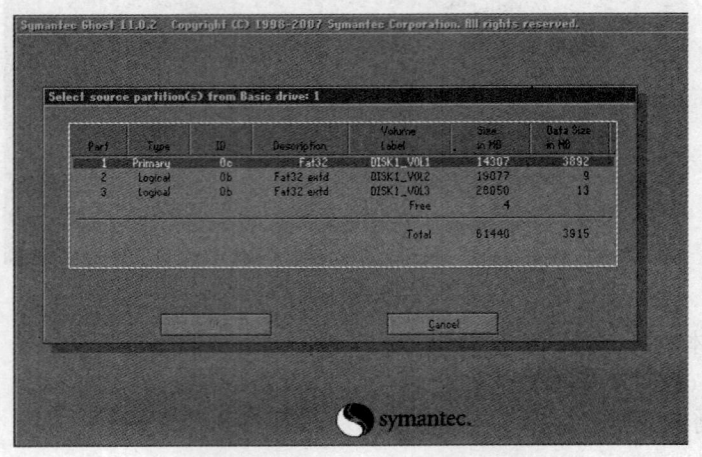

图 4-55　分区选择

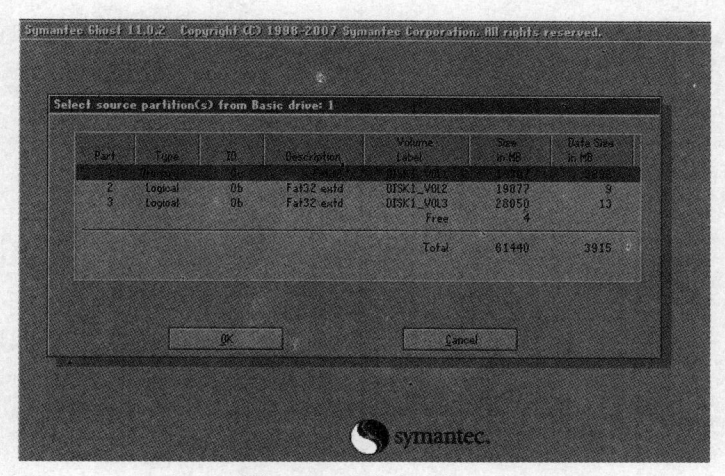

图 4-56 确定分区选择

（5）按 Tab 键切换到 OK 按钮（字体变白色），按回车键确认，进入文件保存选择界面，如图 4-57 所示。

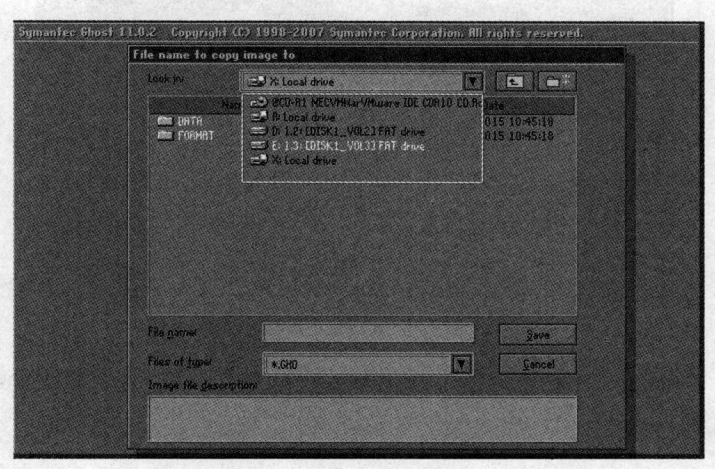

图 4-57 文件保存

（6）在图 4-57 中打开了分区列表，列表中没有显示要备份的分区。

注意：在列表中显示的分区盘符（C、D、E）与实际盘符会不相同，但盘符后跟着的 1:2（即第一个磁盘的第二个分区）与实际相同，选择分区时需要注意。

要将影像文件存放在有足够空间的分区，这里用原系统的 E 盘。用 ↓ 键选择 E:1.3[DISK1_VOL3]FAT drive，即第一个磁盘的第三个分区（使其字体变白色），再按回车键确认。如果将影像文件存放在根目录，则直接按 Tab 键切换到 File name 文本框，输入影像文件名称（如 system）。注意影像文件的扩展名为.GHO，如图 4-58 所示。

（7）按 Tab 键切换到 Save 按钮，按回车键确认，显示图 4-59 所示的界面。

（8）程序询问是否压缩备份数据并给出 3 个选择：No 表示不压缩，Fast 表示压缩比例小而执行备份速度较快，High 表示压缩比例高但执行备份速度相当慢。这里选择 High 并按回车键，出现一个确认界面，选择 Yes 并按回车键开始备份。

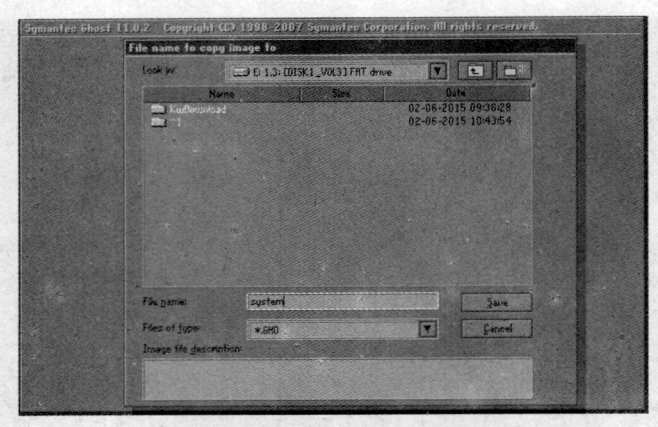

图 4-58 文件名 system

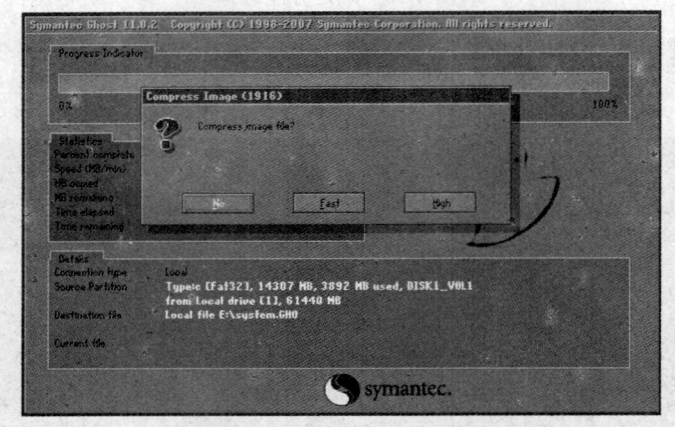

图 4-59 Compress Image 界面

（9）整个备份过程一般需要五至十几分钟（时间长短与 C 盘数据多少、硬盘速度等因素有关），备份完退出 Ghost 程序即可。

2. 恢复系统

（1）在 DOS 或 PE 系统下运行 Ghost，打开主界面，如图 4-52 所示。

（2）选择 Local（本机）→Partition（分区）→From Image（从镜像）命令备份系统（即 C 盘），如图 4-53 所示。

（3）选择镜像文件所在的分区。这里将镜像文件 SYSTEM.GHO 存放在 E 盘根目录下，所以选择 E:1.3[DISK1_VOL3]FAT drive，按回车键确认。用方向键选择镜像文件 SYSTEM.GHO 后按回车键，显示选中镜像文件备份时的备份信息（从第一个分区备份，该分区为 FAT32 格式，大小为 14307MB，已用空间为 2346MB），确认无误后按回车键。

（4）选择将影像文件恢复到哪个硬盘，这里只有一个硬盘，不用选择，直接按回车键。

（5）选择要恢复到的分区，这一步要特别小心。由于要将镜像文件恢复到 C 盘（即第一个分区），所以选择第一项（第一个分区），按回车键。

（6）提示即将恢复，会覆盖选中的分区，破坏现有数据。选中 Yes 后按回车键开始恢复，如图 4-60 所示。

项目 4　构建软件系统

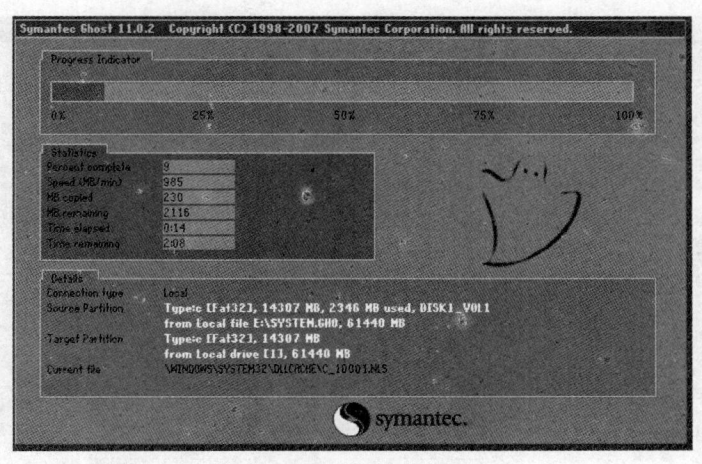

图 4-60　系统恢复

（7）系统恢复完成，提示计算机需要重新启动。按回车键，计算机即重新启动。恢复后和原备份时的系统一模一样。

学习任务 4.7　系统性能测试与优化

4.7.1　测试系统的信息

网络上有很多测试系统信息的软件，下面以 AIDA64 v4.0 为例来介绍如何测试系统的信息。
（1）从网上下载 AIDA64 v4.0，按默认安装。
（2）打开 AIDA64 Extreme 程序，主界面如图 4-61 所示。

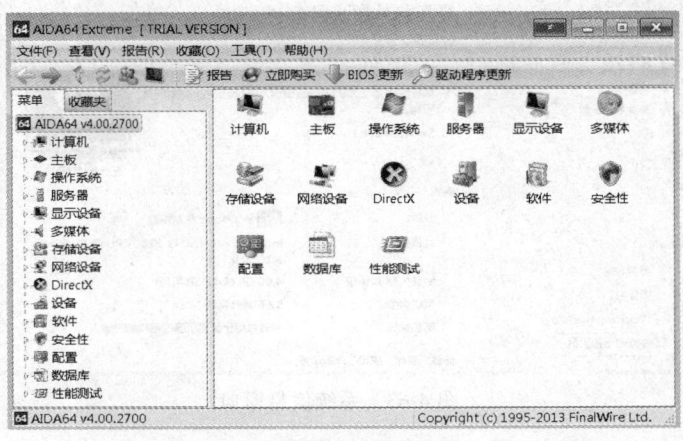

图 4-61　AIDA64 Extreme

（3）从主界面中可以查看的信息很多，如计算机、主板、操作系统等。选择"计算机"→"系统概述"，可以看到相关信息，如图 4-62 所示。

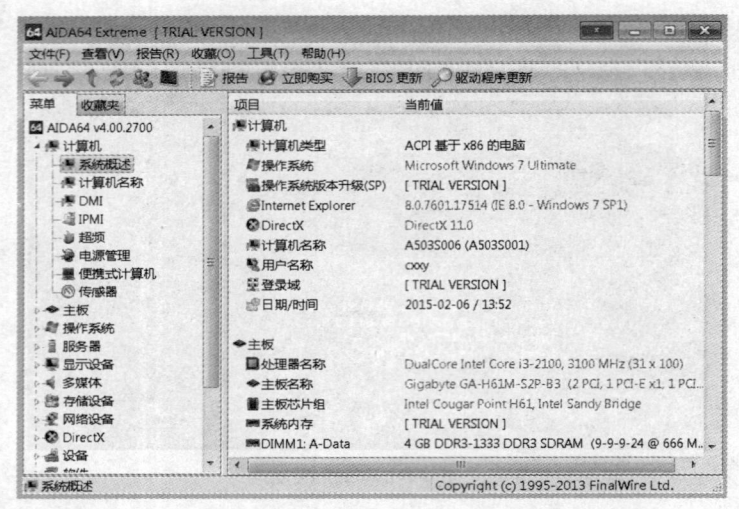

图 4-62 系统概述

系统信息可以自己查看，这里不再详细介绍。

4.7.2 测试系统的性能

采用 Windows 7 自带的测试软件测试出来的数据更加真实可靠，操作步骤如下：

（1）在"开始"菜单中右击"计算机"选项，在弹出的快捷菜单中选择"属性"选项，打开 Windows 7 系统信息窗口。在左下角可以看到有一个"性能信息和工具"选项，如图 4-63 所示，单击进入即可看到 Windows 7 提供的评分系统，如图 4-64 所示。

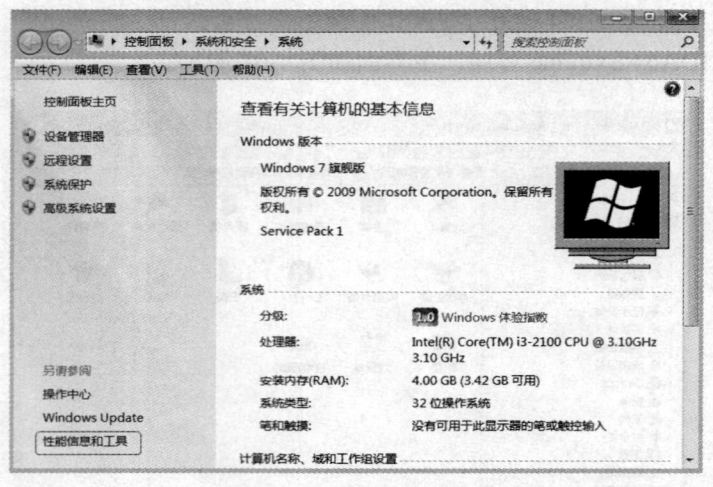

图 4-63 系统信息窗口

（2）由图 4-64 可见计算机的性能。Windows 7 体验指数根据 5 个关键组件评定计算机的性能。系统为每个组件分别给出一个分数，并给出总体基本分数，该基本分数与性能最低的组件获得的子分数相同。基本分数的当前范围是 1～7.9，数值越大说明性能越强。如果计算机的评定分数低于 2 或 3，可能需要考虑换台新计算机来匹配 Windows 7 系统，以发挥更高的性能。

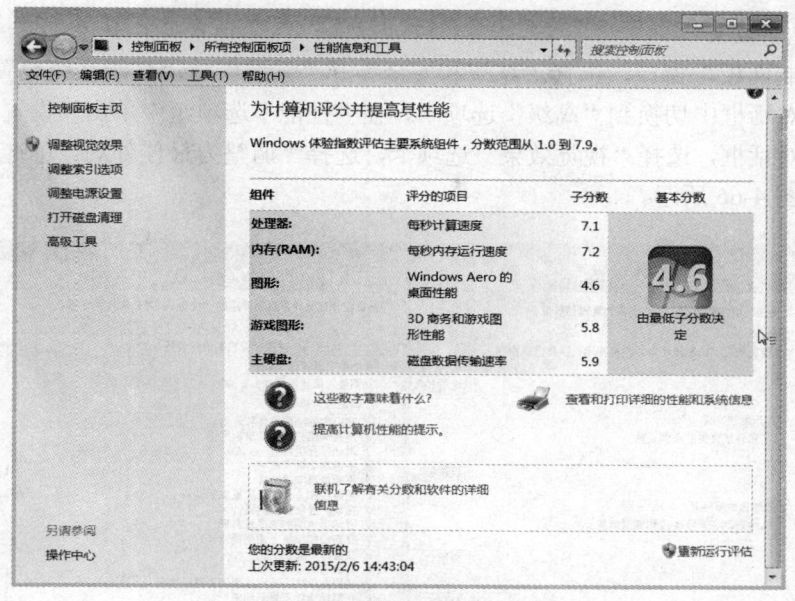

图 4-64 性能信息和工具

4.7.3 优化计算机系统

一般情况下，Windows 7 系统处于稳定且高性能状态，但还需要对系统整体性能进行优化，以便系统能够更流畅地运行。下面从三个方面来优化 Windows 7 系统的整体性能。

1. 自定义 Windows 开机加载程序

某些应用程序安装后会随着系统启动而自动运行，这会延长用户登录桌面的时间，使系统的运行速度变慢。此时，可禁止某些应用程序自动运行，提高系统的运行效率。

在"开始"菜单中选择"搜索"，输入 msconfig 并按回车键，弹出"系统配置"对话框，选择"启动"选项卡，选中禁止自动启动程序的复选框，如图 4-65 所示。单击"确定"按钮，提示需要重新启动计算机配置才能生效，单击"重新启动"按钮即可。

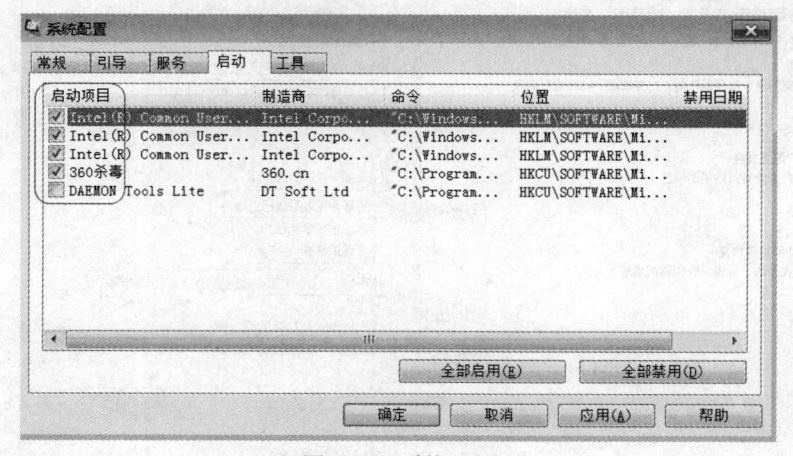

图 4-65 系统配置

2. 优化视觉效果

打开"控制面板"窗口，选择"系统和安全"→"系统"→"高级系统设置"。在弹出的"系统属性"对话框中切换到"高级"选项卡，在"性能"选项组中单击"设置"按钮，弹出"性能选项"对话框，选择"视觉效果"选项卡，选择"调整为最佳外观"单选项，单击"确定"按钮，如图 4-66 所示。

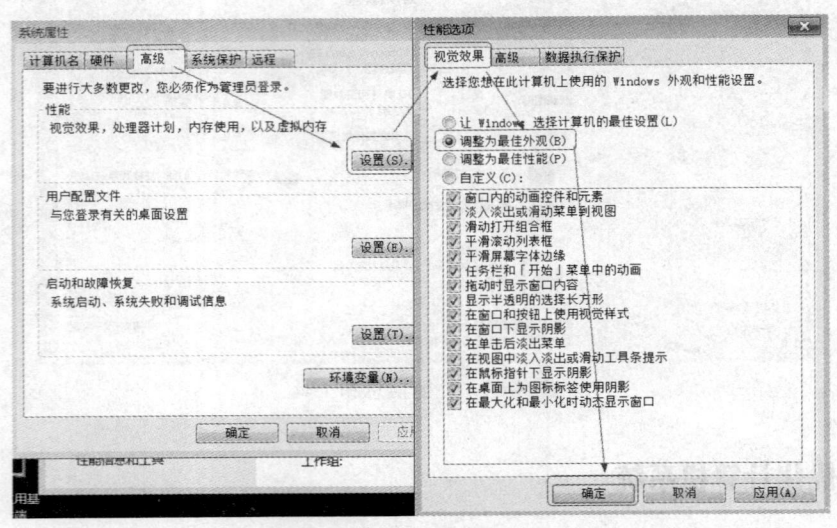

图 4-66　性能选项

3. 启动和故障恢复

打开"控制面板"窗口，选择"系统和安全"→"系统"→"高级系统设置"。在弹出的"系统属性"对话框中选择"高级"选项卡，在"启动和故障恢复"选项组中单击"设置"按钮，在弹出的"启动和故障恢复"对话框的"系统启动"选项组中取消选中"显示操作系统列表的时间"，在"系统失败"选项组中取消选中"将事件写入系统日志"，初学者或普通用户一般不会去看这些内容，将"写入调试信息"改为"无"，单击"确定"按钮，如图 4-67 所示。

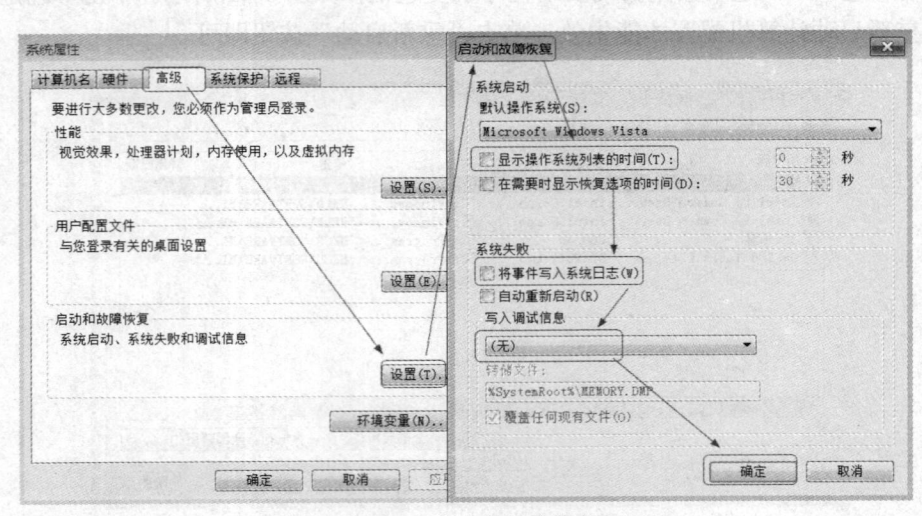

图 4-67　启动和故障恢复

学习任务 4.8　多操作系统的安装和多重启动

4.8.1　操作系统的引导过程

（1）开机直接访问 BIOS ROM 的 0xFFFF0。

开机以后，CS 寄存器置为 0xFFFF，IP 寄存器置为 0x0000。这样一来，CPU 就会要求访问地址 0xFFFF0。这个地址实际上不是内存的地址，它被地址控制器（实际上是南桥北桥）映射到 BIOS ROM 里，这个地址的 ROM 中存放着一条跳转指令。

（2）访问 BIOS ROM 中的初始化程序。

0xFFFF0 中的跳转指令跳转至 BIOS ROM 的某个地址，从这里开始是一段初始化程序，把这段程序复制到内存中执行。

作用：一方面初始化硬件（如内存等），另一方面从硬盘加载引导程序（具体方法是从 0 柱 0 面 0 扇区开始寻找，如果扇区最后是"55 AA"，则说明找到该引导程序，否则继续寻找下一扇区，直到找到引导程序）。找到引导（boot）程序后复制到内存的 0x07c00～0x7dff 中，然后跳到该地址执行引导程序。到此为止都是硬件自动完成，是不可改变的。从下面开始，执行的程序可以由程序员自由控制。

（3）引导程序开始执行。

引导程序把操作系统从硬盘读入到内存中并跳到内存操作系统开始地址。

（4）开始执行操作系统程序。

开始执行操作系统程序，如图 4-68 所示。

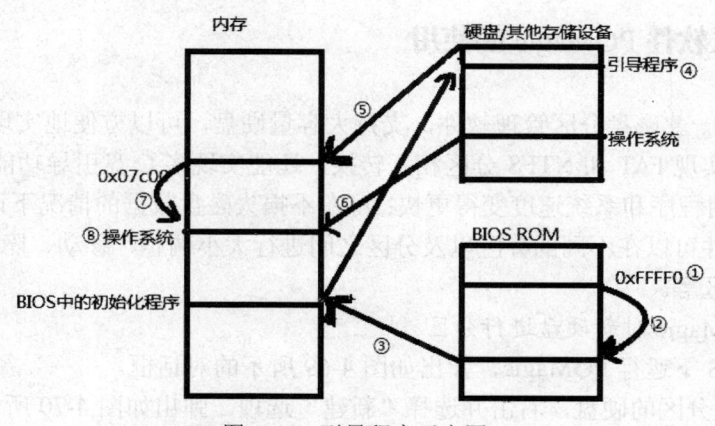

图 4-68　引导程序示意图

①开机访问 0xFFFF0 地址。
②跳转到 BIOS ROM 的初始化程序。
③把 BIOS ROM 中的初始化程序复制到内存中执行。
④初始化程序。首先初始化硬件，然后在硬盘中找到引导程序。
⑤将引导程序复制到内存的 0x07c00 并执行。

⑥引导程序，将硬盘的内容复制到内存中。
⑦跳到内存中操作系统的开始地址。
⑧开始执行操作系统。

4.8.2 硬盘数据的存储

硬盘是一种采用磁介质的数据存储设备，数据存储在密封于洁净的硬盘驱动器内腔的若干磁盘片上。这些磁盘片一般是在以铝为主要成分的片基表面涂上磁性介质所形成的，在磁盘片的每一面上，以转动轴为轴心、以一定磁密度为间隔的若干个同心圆被划分成磁道（Track），每个磁道又被划分为若干个扇区（Sector），数据按扇区存放在硬盘上。在磁盘片每一面上都相应地有一个读写磁头（Head），不同磁头的所有相同位置的磁道构成所谓的柱面（Cylinder）。传统的硬盘读写是以柱面、磁头、扇区为寻址方式的（CHS 寻址）。硬盘在上电后保持高速旋转（5400rpm 以上），位于磁头臂上的磁头悬浮在磁盘表面，可以通过步进电机在不同柱面之间移动，对不同的柱面进行读写。由此，在上电期间如果硬盘受到剧烈震动，磁盘表面就容易被划伤，磁头也容易损坏，这都将给盘上存储的数据带来灾难性的后果。

硬盘的第一个扇区（0 道 0 头 1 扇区）被保留为主引导扇区。主引导区内主要有两项内容：主引导记录和硬盘分区表。主引导记录是一段程序代码，其作用主要是对硬盘上安装的操作系统进行引导；硬盘分区表存储硬盘的分区信息。计算机启动时，将读取该扇区的数据，并对其合法性进行判断（扇区最后两个字节是否为 0x55AA 或 0xAA55），如果合法，则跳转执行该扇区的第一条指令。因此，硬盘的主引导区常成为病毒攻击的对象，从而被篡改甚至被破坏。

可引导标志：0x80 为可引导分区类型标志；0 表示未知；1 为 FAT12；4 为 FAT16；5 为扩展分区等。

4.8.3 分区软件 PQMagic 的使用

PQMagic 是一款磁盘分区管理软件，支持大容量硬盘，可以方便地实现分区的拆分、删除、修改，轻松实现 FAT 和 NTFS 分区相互转换，还能实现多 C 盘引导功能。PQMagic 能够优化磁盘，使应用程序和系统速度变得更快；可在不损失磁盘数据的情况下调整分区大小，对磁盘进行分区，并可以在不同的分区以及分区之间进行大小调整、移动、隐藏、合并、删除、格式化、搬移分区等。

1. 使用 PQMagic 对新硬盘进行分区

（1）在 DOS 下运行 PQMagic，弹出如图 4-69 所示的对话框。

（2）选中待分区的硬盘，右击并选择"新建"选项，弹出如图 4-70 所示的对话框。

（3）在图 4-70 中，"建立为"有"逻辑分割磁盘"和"主要分割磁盘"选项，选择"主要分割磁盘"；"分割磁盘类型"选择 NTFS 选项，大小选择 20000，单击"确定"按钮，主分区（即 C 盘）完成分区。

（4）在图 4-70 中，选择"逻辑分割磁盘"，"分割磁盘类型"选择 NTFS，大小选择 20000，单击"确定"按钮，逻辑分区分好，逻辑盘（即 D 盘）完成分区。按同样的方法把剩余的空间划分到 E 盘。分区完成后如图 4-71 所示。

项目 4　构建软件系统

图 4-69　PQMagic 主界面

图 4-70　建立分割磁盘

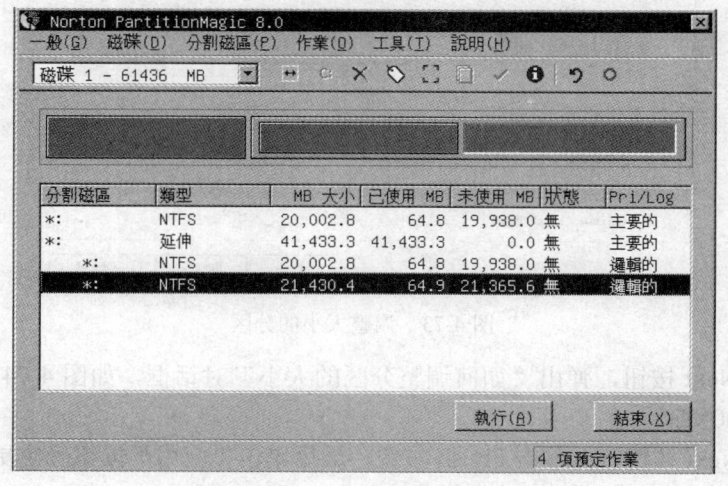

图 4-71　完成分区

（5）单击"执行"按钮，再单击"是"按钮，执行完毕单击"确定"按钮，单击"结束"按钮重新启动计算机，分区即刻生效。

2. 使用 PQMagic 对分区进行大小调整

（1）网上下载 PQMagic，按默认安装；打开 PQMagic 程序，如图 4-72 所示。

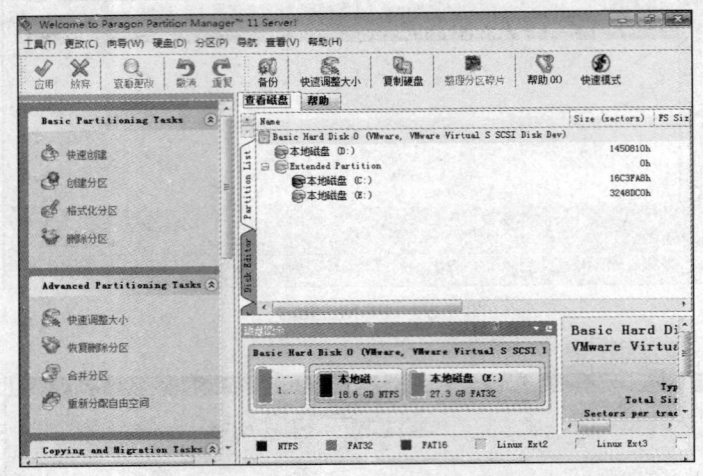

图 4-72　PQMagic 主界面

（2）单击"快速调整大小"，打开向导界面；单击 Next 按钮进入"调整大小的分区"对话框，选择 C 盘和 E 盘，如图 4-73 所示。

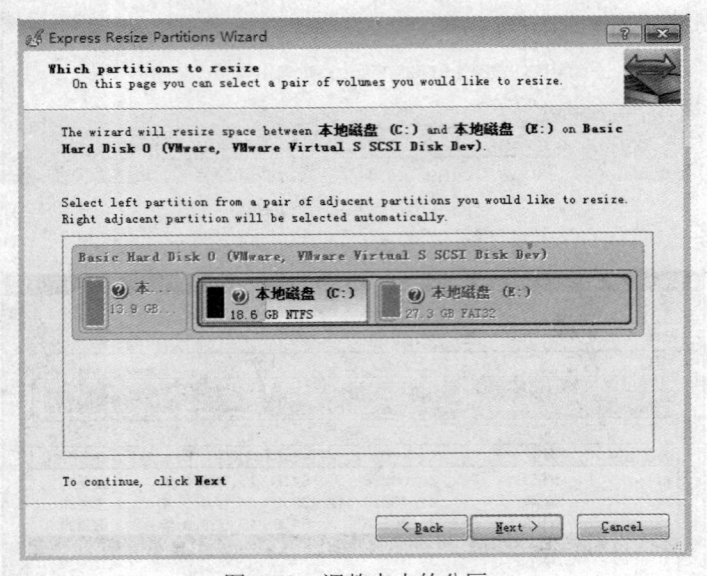

图 4-73　调整大小的分区

（3）单击 Next 按钮，弹出"如何调整分区的大小"对话框，如图 4-74 所示，把 C 盘的大小调整为 21000MB。

（4）单击 Next 按钮，再单击 Finish 按钮，最后单击"应用"按钮确定更改配置。重新启动计算机，分区更改完成。

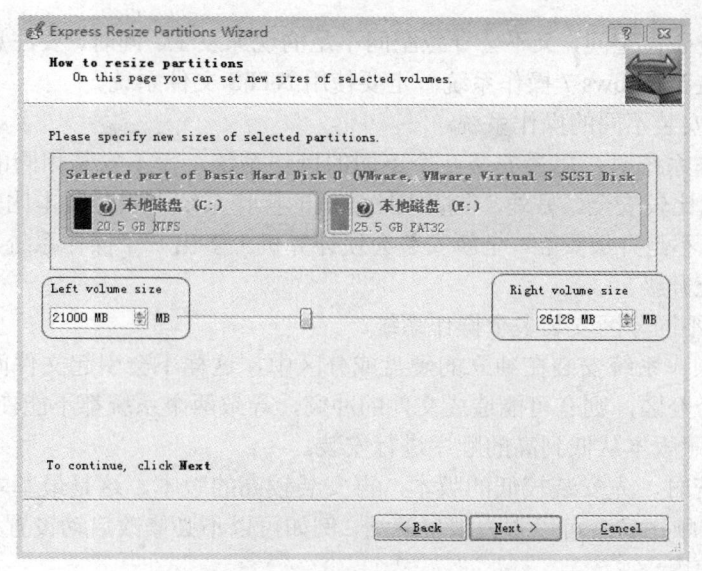

图 4-74　如何调整分区的大小

4.8.4　Windows 多操作系统的安装

安装多操作系统之前，需要对硬盘进行合理分区。如果是在一台裸机上全新安装多操作系统，则需要提前规划硬盘分区方案；如果是在现有的操作系统上再追加安装其他操作系统，则要根据实际情况调整硬盘的分区。

1. 规划硬盘分区

对于全新的硬盘，要根据安装的操作系统数量和要求创建一个或多个主分区，并为每个主分区分配合适的容量大小。剩余部分则用于创建扩展分区，并在扩展分区的基础上创建逻辑分区。

下面以安装 Windows XP 和 Windows 7 为例来介绍硬盘分区的创建方法。

（1）创建至少两个主分区，其他容量可以创建为逻辑分区。

C 盘为第一个主分区，并设置为活动分区，分配 14GB 的硬盘空间，采用 FAT32 格式，用于安装 Windows XP；D 盘为第二个主分区，分配 20GB 的硬盘空间，采用 NTFS 格式，用于安装 Windows 7。

（2）其余空间根据需求创建一个或多个逻辑分区。

如果用户是在现有操作系统上追加安装其他操作系统，要先备份系统中已经存在的资料，然后对硬盘进行处理：如果当前硬盘中存在一个足够大的分区，可以将其中一个分区的资料复制到另一个分区，空出一个磁盘分区来安装另一个操作系统。如果觉得现有硬盘的分区不合理，可以使用分区工具软件（如 PQMagic）调整硬盘分区。

2. 多操作系统安装原则

安装多操作系统要遵循以下原则，以保证多操作系统的顺利安装和使用：

（1）硬盘分区合理。

安装多操作系统之前，要对硬盘进行合理分区。分区时，一定要按照操作系统的需求，尽量做到既不浪费磁盘空间，又不会导致空间不足的现象发生。同时，要注意分区的文件系统格式。例如，安装 Windows 7 操作系统一定要使用 NTFS 文件系统。

（2）尽可能安装不同的操作系统。

在安装多操作系统时，尽量安装几个不同的操作系统，而不安装相同的操作系统，这样安装比较容易，也比较安全。另外，在版本比较低的操作系统上安装版本比较高的系统时，要选择全新安装，而不是升级安装。全新安装会使计算机上多出一个操作系统，而升级安装则会把原来的操作系统升级。

（3）尽量在不同分区安装多个操作系统。

最好将每个操作系统安装在独立的硬盘或分区中，这样不会引起文件间的冲突。如果两个系统安装在一个分区，则有可能造成文件的冲突，导致两个系统都不能使用。

（4）一般按照版本从低到高的顺序进行安装。

安装操作系统时，先安装较低的版本，再安装较高的版本，这是最基本的原则。对初学者来说，按照这个顺序安装可以省去很多麻烦，例如可以不必修改启动设置，也不用担心安装的系统不能正常使用。

（5）安装多操作系统的流程。

安装过程中，要根据实际情况确定安装流程。安装多操作系统可以分为全新安装和后期添加安装：全新安装指对硬盘进行全新分区、格式化操作后再进行安装操作，这种安装方式相对来说操作比较简单；后期添加安装是指在原有操作系统的基础上再安装一个或多个操作系统的安装形式，使用这种方式时一定要注意，如果安装的操作系统比原有的系统版本低，安装完成后要使用第三方软件对系统引导设置进行更改，两个版本的操作系统才能正常使用。

3．多操作系统安装

这里以安装 Windows XP 和 Windows 7 为例来介绍多操作系统安装。

（1）把 Windows XP 安装在 C 盘。Windows XP 安装比较简单，这里不详细介绍了。

（2）把 Windows 7 安装在 D 盘，安装步骤可以参考前面的"光盘安装法"，只是在选择分区时不同：选择 D 盘，如图 4-75 所示，其他步骤是一样的。

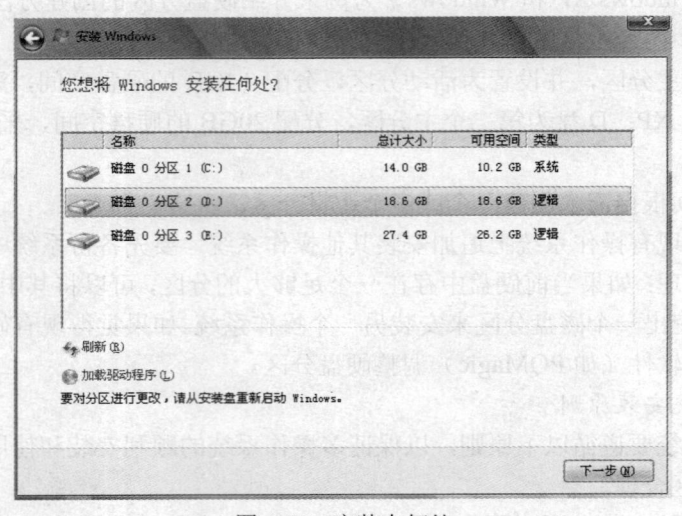

图 4-75　安装在何处

（3）安装完，计算机启动时打开选择界面，如图4-76所示。

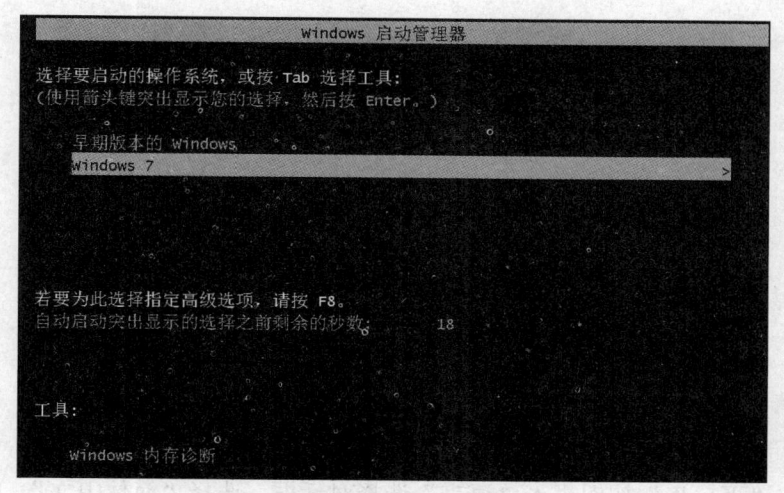

图4-76 Windows 启动管理器

4.8.5 Windows/Linux 多操作系统的安装

前面已经安装好 Windows XP 和 Windows 7，在此基础上再安装 Linux 5.1。

（1）设置计算机启动顺序。启动计算机，进入 BIOS 设置，将计算机中启动顺序的第一驱动器改为光驱模式，保存 BIOS 设置。

（2）将 Linux 5.1 安装光盘放入光驱，重新启动计算机。

（3）如无意外，将出现图 4-77 所示的界面，按回车键表示选择图形界面安装。

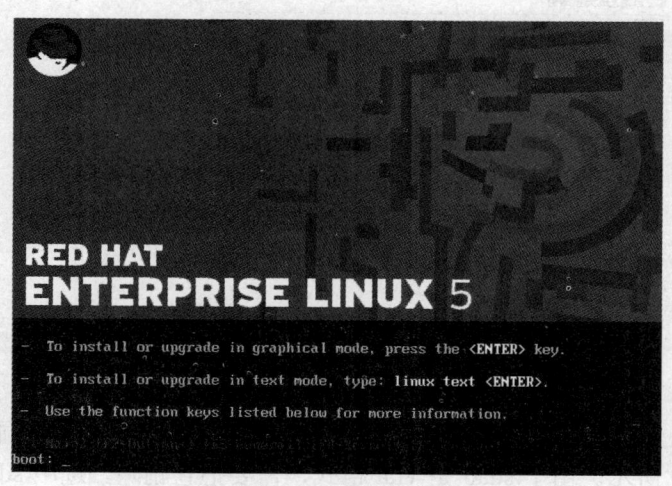

图4-77 RED HAT

- 如果以图形化模式安装或升级 Linux，请按回车键。
- 如果以文本模式安装或升级 Linux，则输入 linux text，然后按回车键。
- 用下面列出的功能键来获取更多的信息。

（4）进入 CD Found 界面，选择 Skip 后按回车键，如图 4-78 所示。

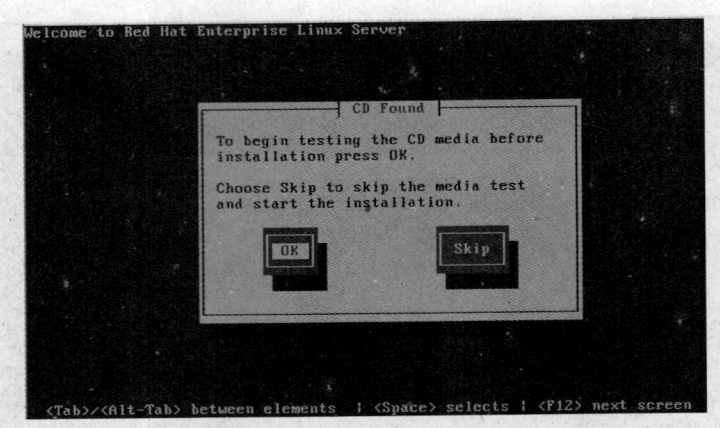

图 4-78　CD Found 界面

（5）单击"下一步"按钮进入"语言"选择对话框；选择"简体中文"，单击"下一步"按钮进入"键盘配置"对话框；选择"美国英语式"，单击"下一步"按钮进入"安装号码"对话框；选择"跳过输入安装号码"，单击"确定"按钮，在弹出的对话框中选择"跳过"，弹出"分区选择"对话框，如图 4-79 所示，选择"建立自定义的分区结构"，单击"下一步"按钮进入"分区选项"对话框。

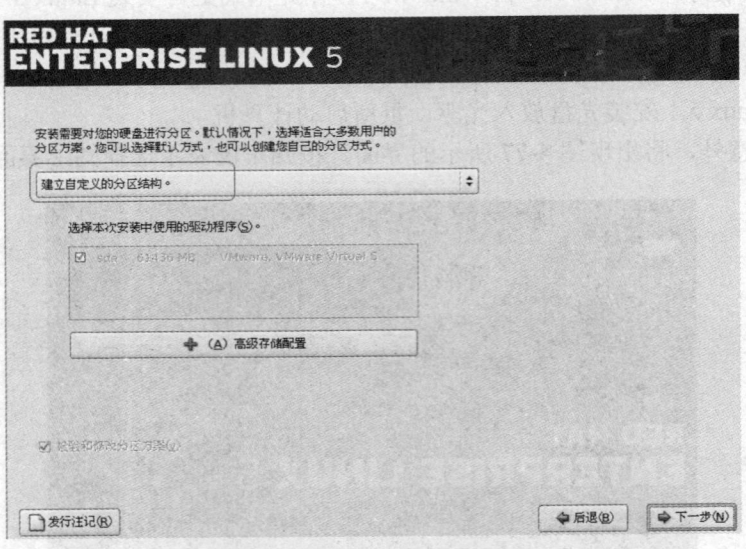

图 4-79　"分区选择"对话框

（6）在"分区选项"对话框中，sda1 是 C 盘，sda5 是 D 盘，所以只能把 Linux 系统安装在 sda6，如图 4-80 所示。由于 sda6 是 vfat 格式，需要把它删除。选中 sda6 后单击"删除"按钮，然后新建 boot 分区，文件系统类型是 ext3，大小为 100MB；swap 分区的文件系统类型是 ext3，大小为 2000MB（一般是物理内容的 2 倍）；"/"（根）分区的文件系统类型是 ext3，大小为 20000MB，分区完成如图 4-81 所示。

（7）分区完成后单击"下一步"按钮进入"引导配置项"对话框，如图 4-82 所示。

项目 4　构建软件系统

图 4-80　"分区选项"对话框

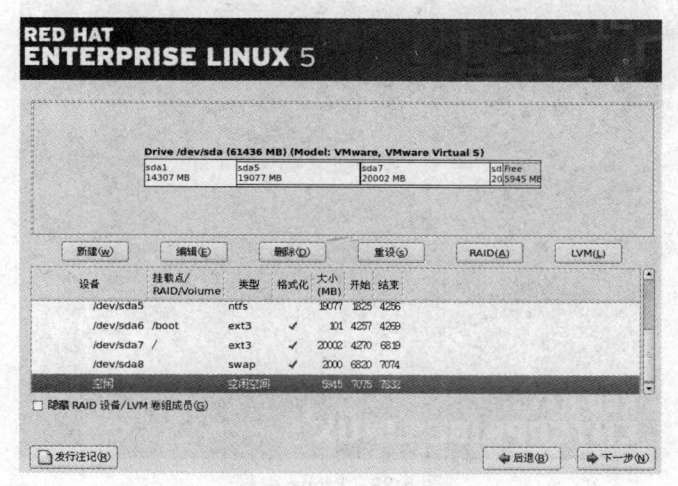

图 4-81　分区完成

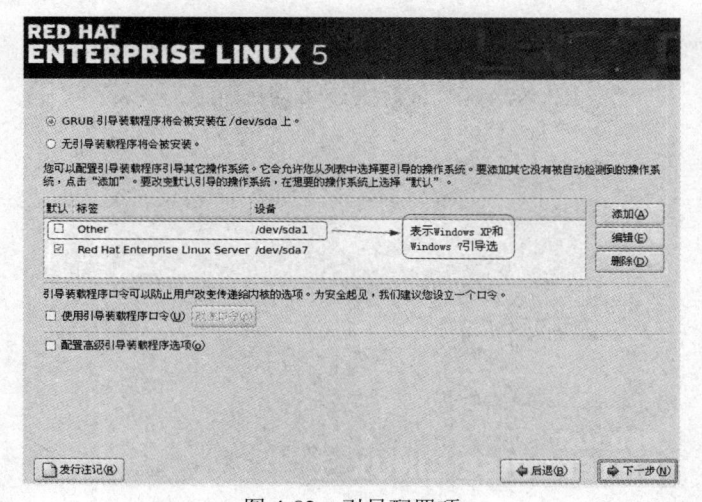

图 4-82　引导配置项

（8）单击"下一步"按钮进入"网络设备"对话框，可以根据实际情况设置固定 IP 地址等；单击"下一步"按钮进入"地图选择区域"对话框，选择"亚洲/上海"；单击"下一步"按钮进入"系统管理员密码设置"对话框，设置完成后单击"下一步"按钮进入"软件定制"对话框，选择"现在制定"；单击"下一步"按钮进入"可选的软件包"对话框，选中"KDE（K 桌面环境）"；单击"下一步"按钮，再单击"下一步"按钮，开始安装 Linux 系统。

（9）安装完成，单击"重新引导"按钮，计算机重新启动，默认进入 Linux 系统，还需要进行防火墙、日期和时间、创建用户、声卡等设置，操作比较简单，不再详细介绍。设置完成，输入用户名和密码，即可进入 Linux 系统。

（10）Linux 安装完成，重新启动计算机，引导菜单界面如图 4-83 所示（引导菜单已经发生变化），默认是 Linux 引导。在图 4-83 所示的界面中按任意键进入图 4-84 所示的界面，选择 Other 按回车键，打开如图 4-76 所示的界面。

图 4-83　Linux 引导

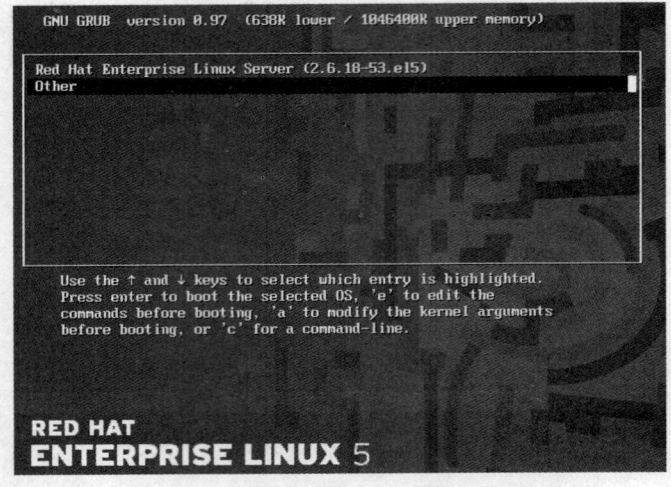

图 4-84　Other 引导

4.8.6 多重启动的设置方法和技巧

多操作系统的启动和维护一直是个让人头痛的问题，如 Windows XP+Windows 7 用户，如果启动文件 Bootmgr 或者 BCD 启动配置出现问题，常常会导致两个系统都无法进入。可以使用 XRLDR（一个轻量级的多重启动管理工具）实现 Windows XP、Windows 7、Windows PE 三个系统的独立启动。

1. 了解多操作系统启动的基础知识

使用 XRLDR 前，先了解有关系统启动知识，可以更好地理解和配置多操作系统的启动。

硬盘上系统启动的一般程序：开机自检→加载硬盘主引导记录（MBR）→搜索并激活系统引导文件→加载启动配置文件→加载系统核心文件→完成启动。

对于在 Windows XP 基础上安装 Windows 7 的双系统用户，安装 Windows 7 后会更改主引导记录并使用 Bootmgr 管理多系统启动。引导流程：自检后加载 NT60 主引导记录，查找引导文件 C:Bootmgr 并激活，加载 C:bootbcd 启动配置文件并列出多重启动。如果选择 Windows 7，Bootmgr 根据 BCD 启动信息配置，将控制权交给 Windows 7 系统目录下的 Winload.exe，然后启动 Windows 7；如果选择旧版本的 Windows，Bootmgr 将控制权交给 NTLDR，接着启动 Windows XP。

2. 常见系统引导文件

提示：硬盘主引导记录和具体操作系统没有必然的联系，它是操作系统启动之前加载的一段代码。不同类型的引导记录区别在于加载引导文件的不同，例如 NT60 记录，它会去查找 C:Bootmgr 并加载。Bootmgr 既可以引导 Windows XP 系统，也可以引导 Linux 系统。具体引导什么系统，由系统启动配置文件决定，例如将 C:NTLDR 启动配置写入 BCD 后，Bootmgr 就可以启动 Windows XP 系统了。

从以上启动流程可以看出，传统的双系统引导主要有以下不足：

- 多系统启动通过第一分区完成，一旦第一分区无法正常工作（如遭受病毒破坏），会导致所有系统都无法启动。
- 多系统启动文件都保存在第一分区，并且依赖于 Boootmgr 单一文件，一旦该文件被误操作（如对启动配置文件 BCD 错误编辑）或误删除，将导致多系统启动失败。

为解决多系统启动的上述不足，可以对多系统启动进行改造。首先将各系统的启动文件复制到各自分区，接着通过 XRLDR 配置实现各分区系统的独立启动，从而使多系统启动摆脱对第一分区和单一启动文件的依赖。

【案例】假设 C 盘安装 Windows XP，D 盘安装 Windows 7 组成双系统，为方便维护，在 E 盘安装 Windows PE 系统，实现多个系统各自启动。

如前所述，改造多系统启动操作的第一步，需要将各系统的启动文件复制到各自分区。由于简单复制启动文件不能启动系统，复制完成后还要对系统启动进行配置。操作步骤如下：

（1）实现 Windows XP 独立启动。

1）Windows XP 通过 C:NTLDR 启动，对于先装 Windows XP 后安装 Windows 7 的用户，只要将硬盘主引导记录更改为 NT52 格式即可。

2）进入 Windows XP 后，将下载的 bootsect.exe 复制到 C 盘，接着启动"命令提示符"程序，输入 c:bootsect.exe /nt52 c:。当屏幕出现 Bootcode was successfully updated on all targeted volumes.提示时，表示成功将主引导记录更改为了 NT52 格式。

3）重启系统后，会自动加载 NTLDR 来启动 Windows XP（不会再出现 Bootmgr 启动管理器界面）。

提示：对于在 Windows 7 基础上安装 Windows XP 的用户，千万不要使用上述命令更改主引导记录，否则会出现两个系统都无法进入的后果。因为变更为 NT52 格式后，硬盘主引导记录会去寻找第一分区根目录下的 NTLDR 文件（NT60 格式为寻找 Bootmgr）。

（2）实现 Windows 7 独立启动。

1）完成上述操作后，重启系统进入 Windows XP，把 C:bootmgr 文件、C:boot 整个目录全部移动到 D 盘根目录。

2）运行下载的 bcdtool.exe，单击"启动配置"→"打开"，打开 d:bootbcd 配置文件。依次选择"编辑"→"删除启动项目"，将原来的启动项目全部删除。

3）依次选择"编辑"→"新建 Vista 启动项目"，选中新建项目后双击右侧窗格中的 device 项，将其更改为 partition=D:（盘符依据 Windows 7 安装的具体分区更改），description（启动菜单显示名称）更改为 Windows 7。

经过上述启动文件移动和配置后，只要能够加载 D:bootmgr，Windows 7 即可从 D 盘启动（Bootmgr 加载需要借助 XRLDR 配置）。

（3）实现 Windows PE 独立启动。

由于 Windows 7 启动需要借助 Windows PE 来修复，为了方便对 Windows 7 系统进行维护，可以手动在本地硬盘安装 Windows PE 系统。只要准备好 Windows 7 安装光盘，打开光盘后将除光盘目录 sourcesinstall.wim 文件外的全部文件复制到 E 盘即可完成安装。

（4）设定多系统统一管理。

完成上述 3 个系统配置操作后，进入 Windows XP 系统，运行下载的 XRLDR，单击"安装/配置"进入配置界面。在界面预览下选中"第一个操作系统"，依次进行如下设置：

1）启动方式选择"从文件启动"，启动文件选择 NTLDR（用于启动 Windows XP，启动 Windows 7 和 Windows PE 则选择 Bootmgr）。

2）启动分区选择第一分区（即 Windows XP 所在的分区，其他系统根据具体分区选择）。

3）系统类型选择 NTLDR/BOOTMGR，并选中"启动时激活要启动主分区"。

4）菜单文本更改为 Windows XP，单击"生成"按钮（字体、颜色、字号等根据自己的喜好进行设置），其他参数采取默认设置。

5）操作同上，依次设置 Windows 7 和 Windows PE 系统的启动配置，最后单击"写入磁盘"按钮完成对主引导记录的更改。

设置完成后重启计算机，可以在开机多重启动菜单中选择系统进入（下次启动时默认启动上次选择的系统，默认启动系统可以在 XRLDR 中进行设置）。

上述 3 个系统是独立启动的，例如选择 Windows 7 进入后，依次打开"计算机管理"→"存储"→"磁盘管理"，可以看到 Windows 7 所在分区既是系统分区又是启动分区，表明它的启动不依赖第一分区。

提示：什么是系统分区和启动分区？根据微软帮助文档的解释，系统分区是指包含加载 Windows（如 Bootmgr）所需的硬件特定文件的分区，系统分区可以（不是必须）与启动分区相同；启动分区是指包含 Windows 操作系统及其支持文件的分区。在传统 Windows XP+Windows 7 双系统情况下，Windows 7 的系统分区是第一分区（因为加载 Windows 所需的特定文件如 Bootmgr 和 Boot 引导目录在该分区），启动分区为第二分区（因为 Windows 操作系统目录在该分区）。这里系统分区、启动分区合二为一，表明这个分区包含系统文件和引导文件，可以说明该系统是自主、独立启动的。

经过上述改造，实现了 Windows XP、Windows 7、Windows PE 三个系统的独立启动，给我们的日常维护带来很大的便利。例如，如果在改造前误删了 Bootmgr 文件，重启后就无法启动多系统了，而现在可以进入 Windows XP 系统，只要复制 Bootmgr 到 D 盘，即可修复 Windows 7 系统的启动问题。同样，如果 Windows 7 的 BCD 菜单出现故障，则我们可以进入 Windows PE，使用 Bcdboot 命令进行快速修复。

习题四

1. 本章介绍了哪几种分区工具？它们的优缺点是什么？
2. 尝试使用其他软件对硬盘进行分区和格式化操作，如 DiskGunius 等。
3. 简述安装 Windows 7 操作系统的计算机推荐配置。
4. 如何取消 Windows 7 操作系统的屏保？
5. 通过查看相关资料了解安装 Windows Server 2012 和 CentOS 操作系统的方法。

项目 5　计算机硬件维护和故障处理

职业能力目标：

- 了解计算机维护的基本原则和方法
- 了解计算机维修步骤与维修操作注意事项
- 掌握主机的常见故障与维护
- 掌握存储设备的故障与维护
- 掌握扩展卡的故障与维护
- 掌握显示器的故障与维护
- 掌握键盘与鼠标的故障与维护
- 掌握设备冲突原理及解决方法
- 掌握打印机的使用与维护

计算机在运行过程中，经常会因为某些硬件故障或软件故障而死机或运行不稳定，甚至出现无法正常启动的情况，严重影响工作效率。本章主要介绍计算机硬件维护和故障处理，使计算机使用者掌握计算机的维护方法，快速恢复计算机的正常使用。

学习任务 5.1　计算机维护的基本原则和方法

5.1.1　计算机维护的基本原则

根据计算机故障产生原因的分析，总结检修故障的经验，归纳出计算机维护的一般原则：先易后难、先想后做、先软后硬。

（1）先易后难。处理故障需要从最简单的事情做起，即先检查主机外部的环境（故障现象、电源、连接、温度等）；后检查主机内部的环境（灰尘、连接、器件的颜色、部件的形状、指示灯的状态等）；观察计算机的软硬件配置，包括安装了何种硬件、资源的使用情况、使用何种操作系统、安装了什么应用软件和硬件设备的驱动程序版本等。

从简单的事情做起有利于进行故障的判断与定位，必须通过认真观察后才可进行判断与维修。

（2）先想后做。根据故障现象，先想好怎样做、从何处入手，再实际动手。尽可能地先查阅相关资料，看有无相应的技术要求、使用特点等，然后根据查阅到的资料，结合自己的知识经验进行分析判断，再着手维修。

（3）先软后硬。判断故障时，先检查软件问题，后检查硬件问题。当计算机出现故障后，要有条有理地逐步分析、检测故障的原因，然后将其排除。具体处理顺序如下：

1）了解情况。维修前，了解故障发生前后的情况，进行初步的判断。了解故障发生前后尽可能详细的情况，将使现场维修效率及判断的准确性得到提高。与用户交流，不仅能初步判断故障部位，也有助于准备相应的维修备件。

2）判断。通过与用户充分沟通，确认用户所描述的故障现象是否存在，并对所见现象进行初步的判断、定位，确认是否还有其他故障存在，找出产生故障的原因。

3）故障维修。计算机故障维修时，可以按照本书介绍的"计算机故障排除方法"来维修。在维修判断的过程中，如果可能影响所存储的数据，一定要在征得用户同意后做好备份或保护措施。

5.1.2 计算机硬件维护的基本方法

维修计算机故障时，需要采用一些故障排除方法来判断和排除故障。下面介绍一些常用的故障排除方法。

1. 观察法

通过眼看、耳听、手摸、鼻闻等方式检查计算机比较明显的故障。观察，是维修判断过程中的第一要法，贯穿于整个维修过程。观察时，不仅要认真，而且要全面。

通常观察的内容包括：

（1）观察环境，包括电源环境，其他高功率电器和电/磁场状况，机器的布局，网络硬件环境，温湿度，环境的洁净程度，安放计算机的台面是否稳固，周边设备是否存在变形、变色、异味等异常现象。

（2）注意计算机的硬件环境，包括机箱内的清洁度、温湿度、部件上的跳接线设置、颜色、形状、气味等，部件或设备间的连接是否正确，有无错误或错接、缺针/断针等现象。

（3）注意计算机的软件环境，包括系统中加载了何种软件，它们与其他软硬件间是否有冲突或不匹配的地方，除标配软件及设置外还要观察设备、主板及系统等的驱动、补丁是否安装，是否合适。

（4）在加电过程中注意观察元器件的温度、是否有异味、是否冒烟等，系统时间是否正确等。

（5）在拆装部件时注意观察，要养成记录部件原始安装状态的习惯，并且认真观察部件上元器件的形状、颜色和原始的安装状态等。

（6）维修前，如果灰尘较多或怀疑是灰尘引起的故障，应先除尘。

2. 拔插法

拔插法是通过将芯片或卡类设备"拔出"或"插入"来寻找故障原因的方法。

拔插法的基本做法：根据故障现象依次拔出卡类设备，每拔一块，开机测试计算机状态。一旦拔出某设备后，计算机故障消失，则故障原因在这个设备上，接下来针对该设备检查故障原因，很快即可找到。

3. 最小系统法

最小系统是从维修判断的角度使计算机开机或运行的最基本硬件和软件环境。

最小系统有两种形式：

（1）硬件最小系统：由电源、主板和 CPU 组成。在这个系统中，没有任何信号线的连接，只有电源到主板的连接。通过声音判断该核心组成部分是否正常工作。

（2）软件最小系统：由电源、主板、CPU、内存、显示卡/显示器、键盘和硬盘组成。主要用来判断系统是否可完成正常的启动与运行。

对于软件最小系统的"软件"有以下几点说明：

- 硬盘中保留着原先的软件环境，只是在分析判断时根据需要进行隔离（如卸载、屏蔽等）。保留原有软件环境，主要是用来分析、判断应用软件方面的问题。
- 硬盘中只有一个基本的操作系统环境（可能是卸载所有应用或重新安装一个操作系统），然后根据分析、判断的需要加载需要的应用。需要使用一个干净的操作系统环境，以利于判断系统问题、软件冲突或软硬件间的冲突问题。
- 在软件最小系统下，可根据需要添加或更改适当的硬件。例如判断启动故障时，由于硬盘不能启动，可能要检查能否从其他驱动器启动。这时，可在软件最小系统下加入一个软驱或干脆用软驱替换硬盘来检查。又例如判断音视频故障时，应在软件最小系统中加入声卡；判断网络问题时，应在软件最小系统中加入网卡等。

最小系统法主要是判断在最基本的软硬件环境中系统是否可以正常工作。如果不能正常工作，即可判定最基本的软硬件部件有故障，可起到故障隔离的作用。

最小系统法与逐步添加法结合，能较快速地定位发生在其他软件中的故障，提高维修效率。

4. 逐步添加/去除法

逐步添加法是以最小系统为基础，每次只向系统添加一个部件/设备或软件，检查故障现象是否消失或发生变化，以此来判断并定位故障部位。逐步去除法与逐步添加法的操作相反。

逐步添加/去除法一般要与替换法配合，才能较准确地定位故障部位。

5. 隔离法

隔离法是将可能妨碍故障判断的硬件或软件屏蔽起来的一种判断方法。也可用来将怀疑相互冲突的硬件、软件隔离，以判断故障是否发生变化，例如前面提到的软硬件屏蔽。对于软件来说，即停止运行或卸载；对于硬件来说，是在设备管理器中禁用、卸载其驱动，或干脆将硬件从系统中去除。

6. 替换法

用好的部件代替可能有故障的部件，以判断故障现象是否消失。好的部件可以是同型号的，也可以是不同型号的。替换的顺序一般如下：

（1）根据故障现象或故障类别考虑需要进行替换的部件或设备。

（2）按先简单后复杂的顺序进行替换。例如，先内存、CPU，后主板；又例如，判断打印故障时，可先检查打印驱动是否有问题，再检查打印机电缆是否有故障，最后检查打印机或并口是否有故障等。

（3）最先考查与怀疑有故障部件相连接的连接线、信号线等，然后替换怀疑有故障的部件，再后是替换供电部件，最后是与之相关的其他部件。

（4）从部件的故障率高低考虑最先替换的部件。故障率高的部件先进行替换。

7. 比较法

比较法与替换法类似，即用好的部件与怀疑有故障的部件进行外观、配置、运行现象等方面的比较，也可在两台计算机间进行比较，以判断故障计算机在环境设置、硬件配置方面的不同，从而找出故障部位。

8. 升降温法

在上门服务过程中，升降温法由于工具的限制，其使用与维修间是不同的。上门服务中的升温法，可在用户同意的情况下，设法降低计算机的通风能力，靠计算机自身的发热来升温。降温的方法一般有：

（1）一般选择环境温度较低的时段，例如清早或较晚的时间。
（2）使计算机停机 12~24 小时以上等。
（3）用电风扇对着故障机吹，以加快降温速度。

9. 敲打法

一般用在怀疑某部件有接触不良的故障时，通过振动、适当的扭曲，甚至用橡胶锤敲打部件或设备的特定部件，使故障复现，从而判断故障部件。

10. 清洁法

有些计算机故障是由于机器内灰尘较多引起的，因此在维修过程中要注意观察故障机内外部是否有较多的灰尘，如果是，应该先进行除尘，再进行后续的判断维修。除尘操作中，以下几个方面要特别注意：

（1）风道的清洁。
（2）风扇的清洁：除尘后，最好能在风扇轴处点一些钟表油，加强润滑。
（3）接插头、座、槽、板卡金手指部分的清洁：可以用橡皮（或用酒精棉）擦拭金手指部分；插头、座、槽的金属引脚上的氧化可用酒精擦拭，或用金属片（如小一字螺丝刀）在金属引脚上轻轻刮擦。
（4）大规模集成电路、元器件等引脚处的清洁：应用小毛刷或吸尘器等除掉灰尘，同时观察引脚有无虚焊和潮湿的现象，元器件是否有变形、变色或漏液现象。
（5）清洁工具：首先，要注意防静电，如清洁用的小毛刷，应使用天然材料制成的毛刷，禁用塑料毛刷；其次，使用金属工具进行清洁时，必须切断电源，且对金属工具进行泄放静电的处理。用于清洁的工具包括小毛刷、皮老虎、吸尘器、抹布、酒精（不可用来擦拭机箱、显示器等的塑料外壳）等。
（6）遇到比较潮湿的情况，应想办法使其干燥后再使用。可用的工具有电风扇、电吹风等，也可让其自然风干。

11. 程序诊断法

针对运行不稳定等故障，用专用软件对计算机的软硬件进行测试，如 3D Mark 2003、WinBench 等，经过这些软件的反复测试生成报告文件，由此文件可以找到一些系统运行不稳定引起的计算机故障。

5.1.3 计算机维修步骤

计算机出现故障后，要按照科学的维修步骤对故障进行查找分析，进而对故障进行排除，从而使计算机恢复正常。科学的维修步骤能够快速地查到故障所在，提高维修效率。

计算机维修流程如图 5-1 所示。

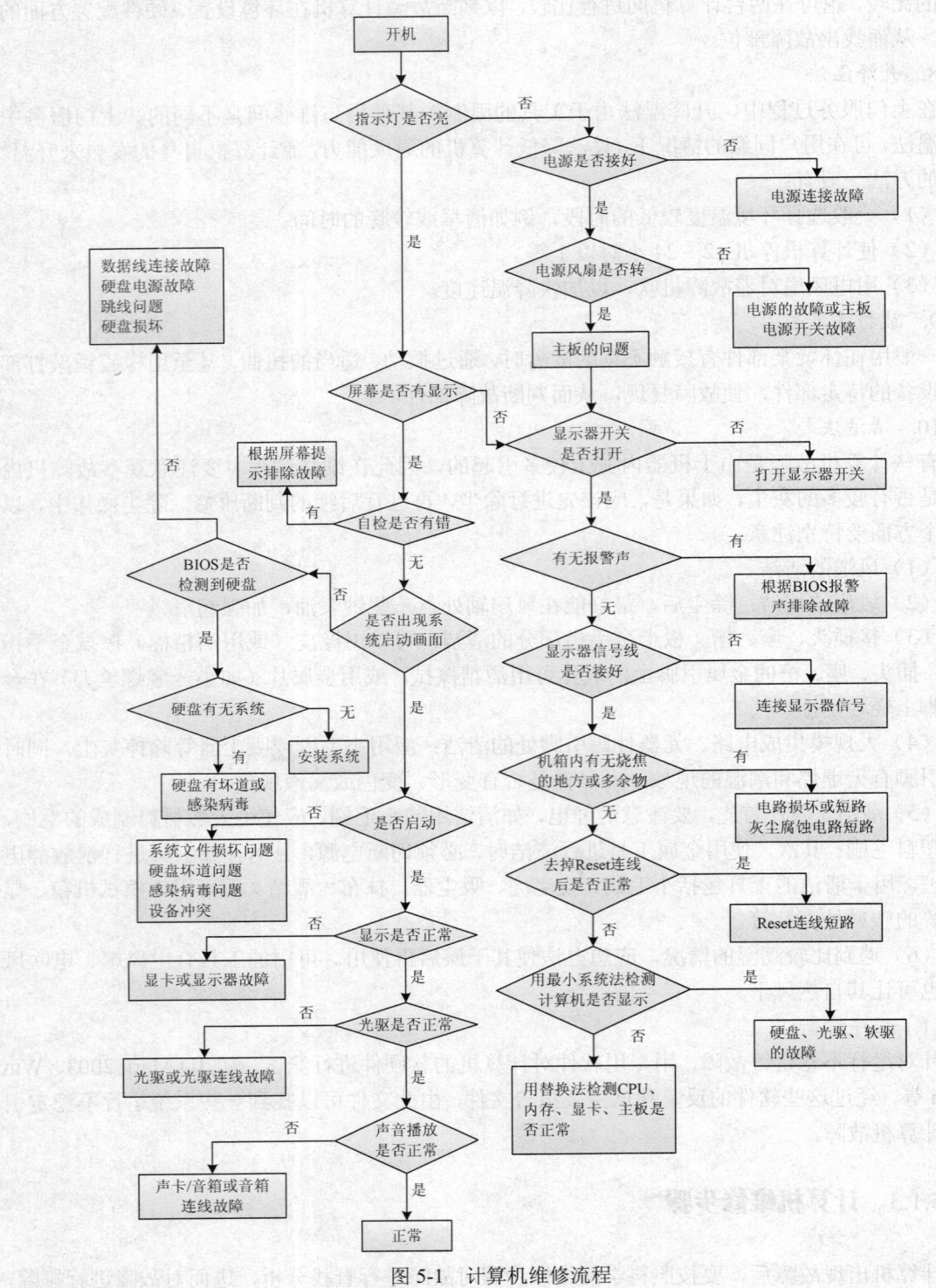

图 5-1 计算机维修流程

学习任务 5.2　主机的常见故障

一个完整的计算机系统由硬件系统和软件系统两部分组成，计算机通过软件来驱动硬件系统进行数据的运算和存储，两部分相互依存，不可或缺。

5.2.1　微型计算机的开机启动过程

计算机的启动过程大致可分为以下 3 个阶段，每一阶段又可分为若干步骤。

（1）计算机启动第一阶段：电源开启阶段。

第 1 步：按下电源开关。如果市电供电正常且主机电源开关正常，则 220V、50Hz 的市电输入到计算机的主机电源中。

第 2 步：主机电源开始工作，将 220V、50Hz 交流电转换为 ±5V、±12V、3.3V 等规格的直流电，并发送一个 PG（Power Good）信号触发计算机各部件开始工作。输出电压和电流值偏高或偏低均会引起计算机工作不正常；其他电压输出正常，但 PG 信号不正常，计算机也不能启动。

（2）计算机启动第二阶段：POST 自检阶段。

系统各部件初始化。

如果主机电源无故障（即第一阶段的第 2 步正常通过），则主机电源输出电压给 CPU、主板及其他设备供电，各设备开始进入准备工作阶段。

主要现象：

1）主机电源指示灯点亮。

2）硬盘进行脱机自检：硬盘指示灯点亮，在安静的环境下能听到硬盘有"嘀嘀嘀"的自检声，这种自检是硬盘的脱机自检，是硬盘本身的功能；该自检过程不受 CPU 或其他设备的控制，只要给硬盘加电即进行。脱机自检完成后，硬盘指示灯熄灭。

3）光驱指示灯闪亮一下即灭。有些光驱指示灯呈一直点亮状态，此过程表现为一种颜色（一般为黄色）变为另一种颜色（一般为绿色），然后恢复到初始状态。

4）键盘的 3 个指示灯（Num Lock、Caps Lock、Scroll Lock）一起闪亮。

同时，电源输出的 PG 信号触发 CPU 内的各寄存器（通用寄存器、段寄存器、标志寄存器等）复位，然后主板的 ROM BIOS 开始将例行自检程序装入内存并准备执行自检过程。

由于是主板的 BIOS 本身将存储在其中的例行自检程序装入内存并执行，不需要外部干预，因而将这一过程称为 Power On Self Test，简称 POST，即加电自检的意思。

自检的主要作用：

- 检测计算机各主要部件（CPU、时钟、计数器等）是否正常。
- 根据计算机 CMOS RAM 中存储的配置信息查找相关配置，并检查实际硬件设备参数与 CMOS 的设置信息是否一致。
- 检查系统的即插即用设备，并将这些设备一一登记。

运行 POST 的基本条件是 CPU、主板上的 ROM BIOS、主板上的其他关键性部件及内存（至少 16KB）处于正常工作状态，其中任意一个工作不正常，计算机都不能开始 POST 自检过程。

POST 自检过程的顺序如下：

第 1 步：主板上的 ROM BIOS 将其中的 POST 自检程序装入内存，并开始执行 POST 例行程序。

第 2 步：检查计数器、刷新定时功能及其他主要系统部件是否工作正常。如果不正常，系统处于黑屏死机状态，可能会有报警声音。正常则进入下一步。

第 3 步：检查显卡显存的状态、视频信号和同步信号。如果不正常，系统处于黑屏死机状态，可能会有报警声音。如果正常，则整个计算机系统无致命性故障。此时可能会听到很清脆的"嘀"的一声（对于 Award BIOS 而言），有的计算机是响两声，有的计算机并无提示声音。

此时，计算机的显示子系统开始工作。对于较新的数控显示器，信号灯开始由一闪一闪状态（一般为黄色）变为点亮状态（一般为绿色），显示器屏幕顶端出现显卡 BIOS 的版本、显卡类型、显存容量等信息，如图 5-2 所示。

```
Nvidia TNT2 Model 64 BIOS V2.05.13.03.0209
Copyright(c)  1996-1999 Nvidia Corp
32.0MB RAM
```

图 5-2 显示 BIOS 版本、显卡类型和容量

显卡信息在屏幕上一闪而过，无法通过按 Pause 键停留住，冷开机或按 Reset 键会出现此信息，而按 Ctrl+Alt+Del 键重启时有时不会出现此信息。如果不知道显卡的型号或显存的容量，可用此方法查看。

当显卡子系统开始工作后，计算机就可以将主板上的 BIOS 信息显示到屏幕上。此时可按 Pause 键停留住屏幕信息，以便仔细查看。

在以下的步骤中，POST 自检程序开始按照 CMOS RAM 中存储的配置信息或主板上的配置信息（如 CPU 的外频和倍频信息、内存容量等）去找相关设备并进行对比，此时可以按 Del 键进入 CMOS 设置画面来重新设置相关配置信息。

第 4 步：检查 CPU 的主频。有的计算机系统 CPU 的频率是在 CMOS 中设置的，有的是通过主板上的跳线开关设置的。

第 5 步：检查 RAM 内存容量。如果在 CMOS 中将 Quick Power On Test 设置为 Disabled，则将检测 3 次。

第 6 步：检查键盘功能，此时键盘上的 3 个指示灯（Num Lock、Caps Lock、Scroll Lock）再次一起闪亮。

第 7 步：检查主板及扩展槽上的即插即用设备（如显卡、声卡、视频卡、Modem 等）和串口、并口等 I/O 设备，如果不正常，将给出相关的错误提示信息。

第 8 步：如果安装有软驱，则检查软驱子系统的复位和寻道能力，如果在 CMOS 的设置中将 Boot up Floppy Seek 设置为 Enabled，可看到软驱电源指示灯亮，同时伴有"嘎吱"的声音，这是软驱在寻道，即软驱的磁头来回移动一圈并最后将磁头复位到 0 磁道的位置，随时准备读取软盘信息。如果不正常，将有错误提示信息。

第 9 步：检查 IDE 控制器（硬盘、光驱等）状态，检测 IDE 接口的硬盘和光驱信息。此时硬盘电源指示灯闪亮。如果不正常，将给出错误提示信息。

第 10 步：如果以上一切正常，则总结所有的设备信息并显示，如图 5-3 所示。

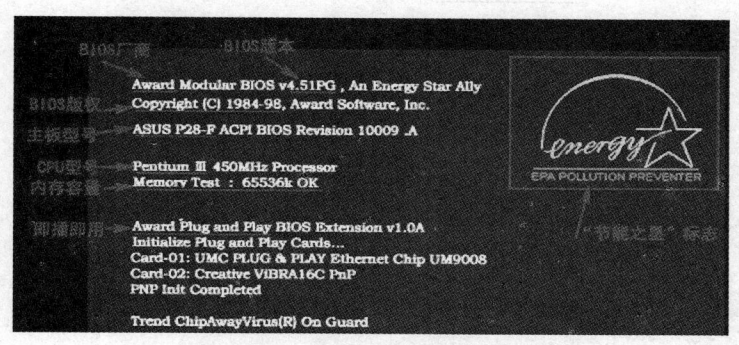

图 5-3　主机开机自检 BIOS 显示

显示 POST 检测到的系统设备和 PCI 即插即用设备信息后，可据此确定某个设备是否有硬件损坏。如果能够检测到相关设备，则大致可确定该设备无硬件故障。

根据 CMOS 中设置的引导顺序引导并启动系统。

（3）计算机启动第三阶段：系统启动成功后运行相关应用软件。

微型计算机启动流程图如图 5-4 所示。

5.2.2　主机常见故障的分类、现象与解决方法

计算机经常会因为某些硬件故障或软件故障而无法正常运行，从而影响计算机的正常使用。根据造成计算机故障的原因，主要有硬件故障和软件故障两类。

1. 计算机硬件故障

计算机硬件故障是指计算机的板卡部件及外部设备等硬件电路发生损坏、性能不良或机械方面不良引起的故障，严重时还常常伴随着发烫、鸣响和电火花等。

根据故障发生的部位不同，计算机硬件故障的分类如下：

（1）连线与接插件故障。

连线与接插件故障是指由于连线或接插件接触不良造成的故障，如硬盘信号线与 SATA 接口接触不良等。其现象一般为主机无法正常开启、显示器无显示、提示没找到设备等。解决办法通常是将连线或接插件重新连接好。

（2）跳线及设置引起的故障。

跳线及设置引起的故障是指由于调整了设备的跳线开关使设备的工作参数发生改变，从而使设备无法正常工作的故障，如接两块硬盘的计算机中，将硬盘的跳线设置错误后将造成两块硬盘冲突而无法正常启动。

（3）硬件兼容引起的故障。

硬件兼容性故障是指由于计算机中两个以上部件间不能配合工作的故障，修复此类故障通常需要更换部件。

（4）电源引起的故障。

电源引起的故障是指由于电源供电电压不足或电源功率较低或不供电引起的故障，此故障通常会造成无法开机、计算机不断重启等，修复此类故障通常需要更换电源。

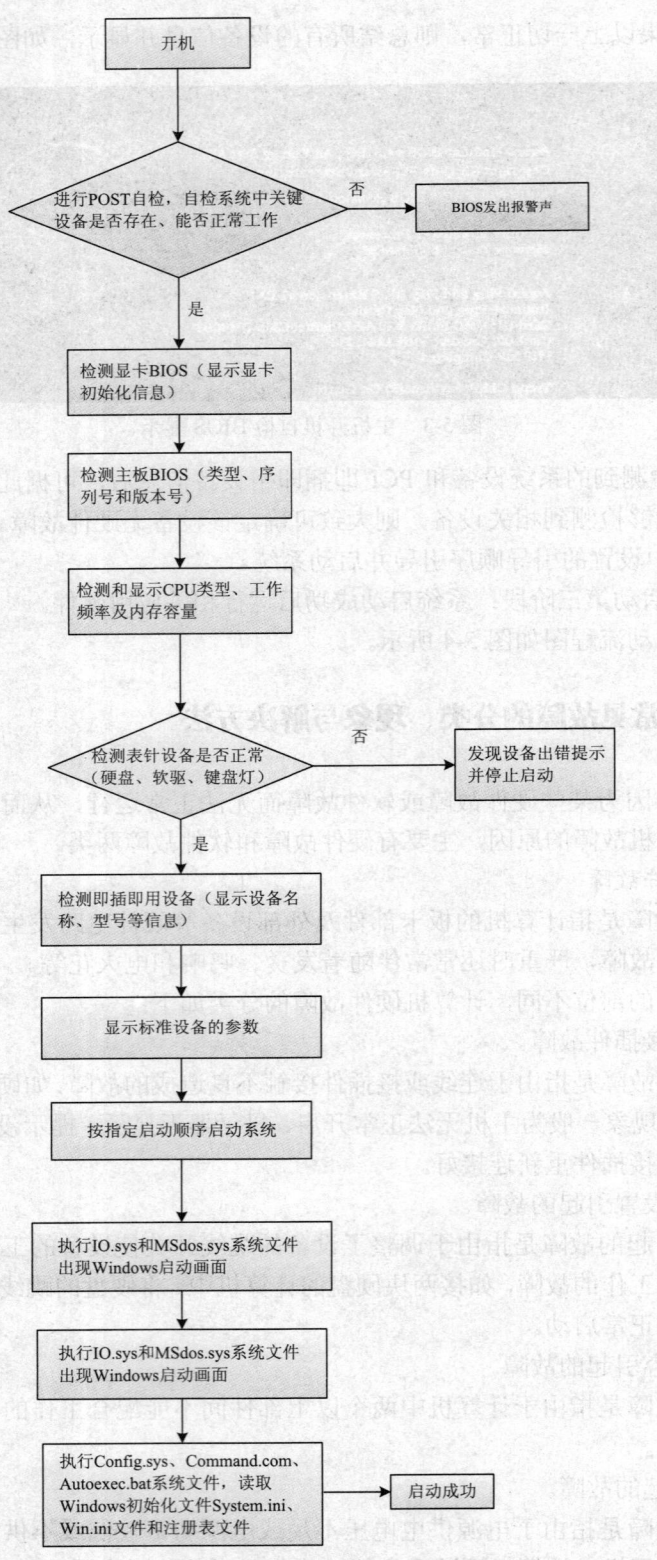

```
                        开机
                         ↓
       ┌─────────────────────────────────┐
       │ 进行POST自检,自检系统中关键        │  否      ┌──────────────┐
       │ 设备是否存在、能否正常工作         │─────────→│ BIOS发出报警声 │
       └─────────────────────────────────┘          └──────────────┘
                         ↓ 是
              ┌─────────────────────┐
              │ 检测显卡BIOS(显示显卡 │
              │ 初始化信息)          │
              └─────────────────────┘
                         ↓
              ┌─────────────────────┐
              │ 检测主板BIOS(类型、序 │
              │ 列号和版本号)        │
              └─────────────────────┘
                         ↓
              ┌─────────────────────┐
              │ 检测和显示CPU类型、工作│
              │ 频率及内存容量        │
              └─────────────────────┘
                         ↓
       ┌─────────────────────────────────┐
       │ 检测表针设备是否正常              │  否      ┌──────────────┐
       │ (硬盘、软驱、键盘灯)             │─────────→│ 发现设备出错提示│
       └─────────────────────────────────┘          │ 并停止启动    │
                         ↓ 是                        └──────────────┘
              ┌─────────────────────┐
              │ 检测即插即用设备(显示设备名│
              │ 称、型号等信息)       │
              └─────────────────────┘
                         ↓
              ┌─────────────────────┐
              │ 显示标准设备的参数    │
              └─────────────────────┘
                         ↓
              ┌─────────────────────┐
              │ 按指定启动顺序启动系统 │
              └─────────────────────┘
                         ↓
              ┌─────────────────────┐
              │ 执行IO.sys和MSdos.sys系统文件│
              │ 出现Windows启动画面   │
              └─────────────────────┘
                         ↓
              ┌─────────────────────┐
              │ 执行IO.sys和MSdos.sys系统文件│
              │ 出现Windows启动画面   │
              └─────────────────────┘
                         ↓
              ┌─────────────────────┐
              │ 执行Config.sys、Command.com、│         ┌──────────┐
              │ Autoexec.bat系统文件,读取    │────────→│ 启动成功  │
              │ Windows初始化文件System.ini、│         └──────────┘
              │ Win.ini文件和注册表文件      │
              └─────────────────────┘
```

图 5-4　微型计算机启动流程图

（5）部件引起的故障。

部件引起的故障是指由于部件本身的质量问题或外部电磁波干扰等引起的部件工作不正常或不能工作的故障，修复此类故障通常需要更换故障部件或消除电磁干扰。

（6）元器件及芯片故障。

元器件及芯片故障是指由于计算机主板等部件中的元件及芯片的损坏造成的故障，修复此类故障通常需要更换损坏的元器件及芯片。

2. 计算机软件故障

软件故障是指由于操作人员对软件使用不当、计算机感染病毒或计算机系统配置不当等原因引起的计算机不能正常工作的故障。计算机软件故障大致分为：软件兼容性故障、系统配置故障、病毒故障、操作故障和应用程序故障等。

（1）软件兼容性故障。

软件兼容性故障是指应用软件与操作系统不兼容造成的故障，修复此类故障通常需要将不兼容的软件卸载，故障即可消除。

（2）系统配置故障。

系统配置故障是指由于修改操作系统中的系统设置选项而导致的故障，修复此类故障通常恢复修改过的系统参数即可。

（3）病毒故障。

病毒故障是指计算机中的系统文件或应用程序感染了病毒而造成破坏，无法正常运行的故障，修复此类故障需要先杀毒，再将破坏的文件恢复。

（4）操作故障。

操作故障是指由于误删除文件或非法关机等不当操作造成计算机程序无法运行或计算机无法启动的故障，修复此类故障只要将删除或损坏的文件恢复即可。

（5）应用程序故障。

应用程序故障是指由于应用程序损坏或应用程序文件丢失引起的故障，修复此类故障通常需要卸载应用程序，然后再重新安装应用程序。

5.2.3 主机部件故障分析与维护

主机的主要部件一般是指 CPU、主板和内存。下面对 3 个部件最常见的故障与维护进行介绍。

1. CPU 常见故障与维护

主要介绍 CPU 内核、封装技术和编号，CPU 的常见故障现象，产生故障的原因，故障维修方法和故障维修实训等。

（1）CPU 故障维修流程。

CPU 是计算机中最重要的配件，是一台计算机的心脏，同时也是集成度很高的配件，可靠性较高，正常使用时故障率并不高。若安装或使用不当，可能带来很多意想不到的故障。当计算机无法检测 CPU 或不能开机时，可按照图 5-5 所示的检测流程进行 CPU 故障检修。

图 5-5 CPU 故障检测流程图

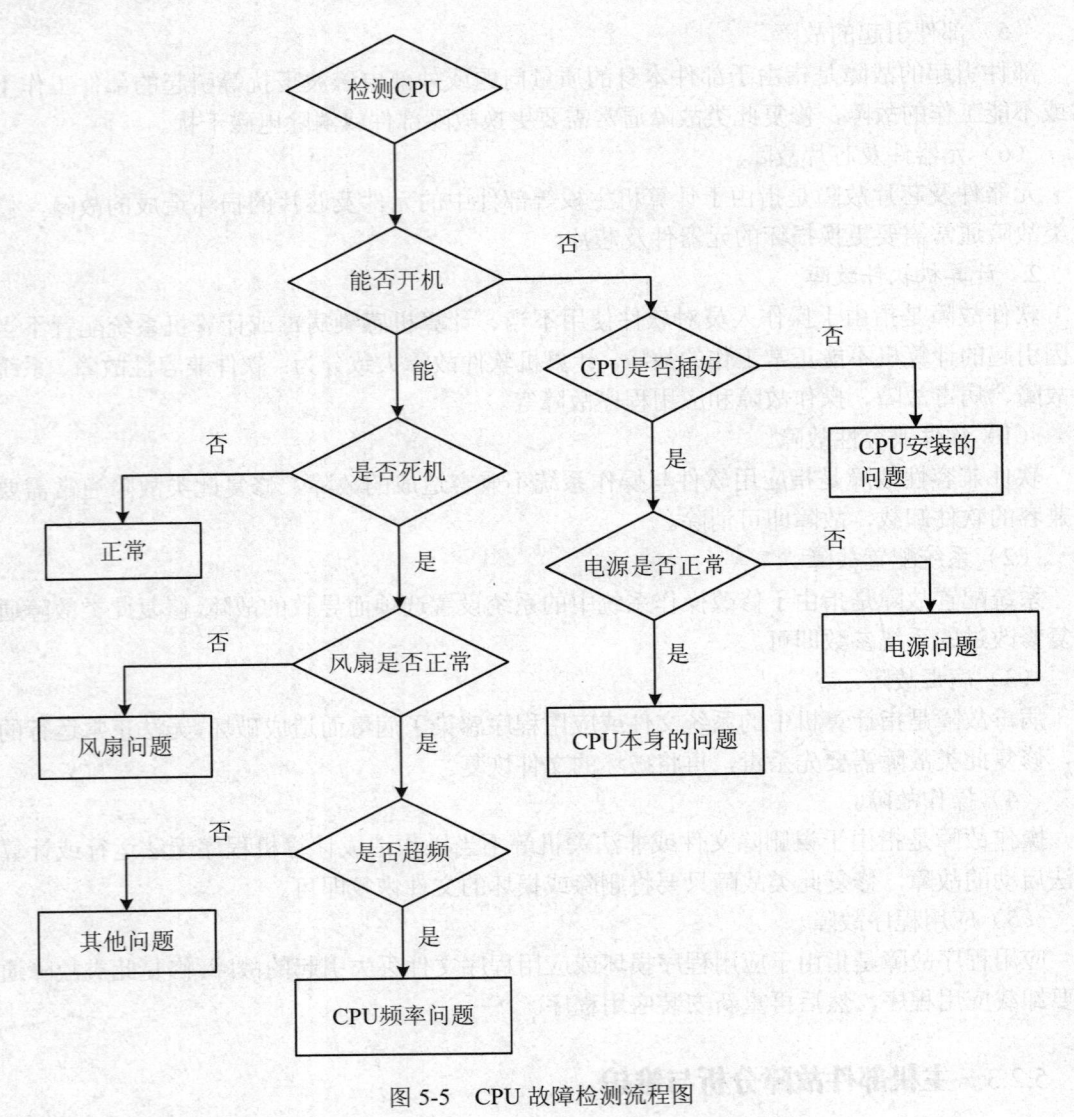

（2）CPU 简介。

CPU 的内部结构可以分为控制单元、逻辑单元和存储单元 3 个部分，这 3 个部分相互协调，进行分析、判断、运算并控制计算机各部分协调工作。

1）CPU 插座类型。

CPU 的接口方式有引脚式、卡式、触点式和针脚式等。目前 CPU 的接口都是针脚式或触点式接口，主板上就相应有不同的插槽类型。不同的 CPU 接口类型对应的插孔数、体积形状不同，不能互相接插。其中，Pentium 4 系列处理器采用针脚式的 Socket 478 接口，其针脚数为 478 针；Intel 公司的 LGA 775 架构采用触点式的 Socket T 接口，这种接口没有采用以往常见的针脚式设计，取而代之的是一个个整齐排列的金属圆点，如此特殊的设计，使得处理器不能利用针脚进行固定接触，需要通过一个扣架进行固定，使 LGA 775 接口的处理器可以正确地安装在 Socket T 插座露出来的弹性触须上。图 5-6 所示为两款 CPU 插座。

（a）针脚式 Socket 478 接口的 CPU 插座　　　　（b）触点式 Socket T 接口 CPU 插座

图 5-6　CPU 的插座

CPU 接口一般按其封装方式分类，表 5-1 列出了不同接口类型及其对应的 CPU。

表 5-1　不同接口类型和适用的 CPU

接口类型	适用的 CPU
Socket 370	PIII、Celeron、C3
Socket 423	Willamette 核心 P4、Celeron4
Socket 462（A）	毒龙、雷鸟、速龙、巴顿、部分闪龙
Socket 478	P4A、P4B、P4C、P4E、部分 P4EE
Socket 754	部分 Athlon64 和部分 Sempron
Socket 775	部分 P4EE、PentiumD、Core2Duo、CeleronD
Socket 939	部分 Athlon64FX
Socket 940	部分 Athlon64 和部分 Athlon64FX
Socket AM2	Athlon64X2、Athlon64FX、Athlon64、闪龙
Socket AM2+	Phenom X3、Phenom X4，过渡性接口
Socket AM3	Phenom II X3、Phenom II X4、AthlonIIX2
Socket AM3+	AMD FX 系列的处理器，AM3+接口向下兼容 AM3
Socket FM1	AMD APU 处理器
Socket FM2	A10/A8/A6/A4/Athlon 处理器
Socket FM2+	A10/A8/A6/A4/Athlon 处理器
LGA 1156	i3、i5、i7，现已被 LGA1155 取代
LGA 1366	i5、i7，被 LGA2011 取代
LGA 1155	Sandy Bridge 微架构的 i3、i5、i7
LGA 2011	E 平台的 Core i7

2）CPU 的编号。

①Celeron（赛扬）处理器编号（部分）。

CPU 编号形式：Celeron Ireland 900/128/100/1.65V Y115A307-0379 SL46S，具体编号含义如表 5-2 所示。

表 5-2 Celeron（赛扬）处理器编号

CPU 编号	编号含义
Celeron	CPU 的名称"赛扬"
Ireland	代表这款 CPU 的产地：MALAY 是马来西亚，COSTARICA 是哥斯达黎加，Philippines 是菲律宾，Ireland 是爱尔兰
900	代表这款 CPU 的主频
128	代表 CPU 的二级缓存为 128 KB
100	代表 CPU 的外频为 100 MHz
1.65 V	代表 CPU 的核心电压是 1.65 V
Y	代表的是产地：Q 表示马来西亚，0 表示哥斯达黎加，1 表示菲律宾，Y 表示爱尔兰
115	代表的是生产的年份和周次：1 代表是 2001 年，2 代表 2002 年，依此类推，15 代表第 15 周
307-0379	是 CPU 的内部序列号
SL46S	代表的是 CPU 的制造工艺

②酷睿双核处理器编号。

CPU 编号形式：INTEL CORETM2 DUO 6300 SL9SA MALAY 1.86GHz/2M/1066/06 L625A525，具体编号含义如表 5-3 所示。

表 5-3 酷睿双核处理器编号

CPU 编号	编号含义
INTEL	CPU 生产公司
CORETM2 DUO	CPU 的名称为"酷睿 2"
6300	CPU 型号
SL9SA	CPU 的 S-Spec 编号，S-Spec 编号也称为技术指标编号和 SL 代码
MALAY	CPU 产地：MALAY 是马来西亚，COSTARICA 是哥斯达黎加，Philppines 是菲律宾，Ireland 是爱尔兰
1.86GHz	CPU 的主频
2M	CPU 的二级缓存为 2MB
1066	CPU 的前端总线频率为 1066MHz
06	CPU 的生产年份为 2006 年
L625A525	CPU 的序列号

③酷睿 i7 处理器编号。

CPU 编号形式：INTEL CORETM i7 SLBCH COSTARICA 2.66GHz/8M/4.8/08 3836A761，具体编号含义如表 5-4 所示。

表 5-4 酷睿 i7 处理器编号

CPU 编号	编号含义
INTEL	CPU 生产公司
CORETM i7	CPU 的名称为"酷睿 i7"
SLBCH	CPU 的 S-Spec 编号,S-Spec 编号也称为技术指标编号和 SL 代码
COSTARICA	CPU 产地: MALAY 是马来西亚,COSTARICA 是哥斯达黎加,Philppines 是菲律宾,Ireland 是爱尔兰
2.66GHz	CPU 的主频
8M	CPU 的二级缓存为 2MB
4.8	CPU 的前端总线频率为 4.8GT/s
08	CPU 的生产年份为 2008 年
3836A761	CPU 的序列号

④AMD 公司处理器的编号。

CPU 编号形式:AMD Athlon 64 X2 ADO5400IAA5DS,具体编号含义如表 5-5 所示。

表 5-5 AMD 公司处理器的编号

CPU 编号	编号含义
AMD	产品生产厂商名称
Athlon 64 X2	产品名称
AD	表示 Athlon 64 X2 桌面产品,另外 SD 表示 Sempron 桌面产品,OS 表示 Opteron 桌面产品,HD 表示 PHonom 桌面产品
O	表示功率为 65W,A 表示标准,D 表示 35W,H 表示 45W,X 表示 95W,Z 表示 25W
5400	表示主频的标称值
I	表示接口方式,I 表示 Socket AM2,A 表示 Socket754,C 表示 Socket940,D 表示 Socket939
AA	第一个 A 表示 CPU 的工作电压,第二个 A 表示外壳温度,AA 表示具备智能温控技术
5	表示二级缓存,3 代表 256KB,4 代表 512KB,5 代表 1MB,6 代表 2MB
DS	表示核心制程,DH 代表 65nm 的 Lima 核心,DS 代表 65nm 的 Brisbane 核心,CD 代表 65nm 的 Toledo 核心,BV 代表 65nm 的 Manchester 核心

(3) CPU 的维修方法。

1) CPU 常见故障现象及原因。

①CPU 常见故障现象。

- 系统死机。
- 在操作过程中,系统运行不稳定或系统莫名奇妙地崩溃。
- 系统没有任何反应,即按下电源开关,机箱喇叭无任何鸣叫声。
- 无法开机。

②CPU 常见故障原因。
- CPU 接触不良或针脚有折断引起的故障。
- 工作参数设置错误引起的故障：在 CMOS 中错误地设置了 CPU 工作参数。
- CPU 温度过高引起的故障：CPU 风扇散热不好或不工作、散热片与 CPU 接触不良、导热硅脂涂敷不均匀，都将造成 CPU 发出的热量无法及时散发，CPU 温度过高，进而导致死机甚至被烧坏。
- CPU 被烧毁或压坏引起的故障：安装风扇时，稍不注意，很容易被压坏；或由于安装错误造成 CPU 烧毁。
- 超频、跳线、电压设置不正确引起的故障：由于超频造成死机、无法启动系统、黑屏等现象。安装 CPU 前，应认真检查主板跳线是否正常，与 CPU 是否匹配，并将 CPU 的外频、倍频及电压设置项改为 Auto 跳线设置。

2）CPU 常见故障维修方法。

①计算机没有反应类型故障的维修方法。

遇到这种故障时，可采用替换法来确定故障的具体部位。假如消除了主板、电源引发故障的可能性后，可确定是 CPU 的问题并多为内部电路损坏。倘若如此，只能通过更换 CPU 来解决。

②规律性频繁死机类型故障的维修方法。

如果每次开机一段时间后死机或运行大的程序或游戏时频繁死机，则一般是由散热系统工作不良、CPU 与插座接触不良、BIOS 中有关 CPU 高温报警设置错误等造成的。

维修方法：检查 CPU 风扇是否正常运转、散热片与 CPU 接触是否良好、导热硅脂涂敷得是否均匀；取下 CPU 检查插脚与插座的接触是否可靠，进入 BIOS 设置调整温度保护点。

③超频类型故障的维修方法。

若过度超频，计算机启动时可能出现散热风扇转动正常，而硬盘灯只亮了一下便没了反应，显示器也维持待机状态的故障。由于此时已不能进入 BIOS 设置选项，因而无法给 CPU 降频了。

维修方法：打开机箱并在主板上找到给 CMOS 放电的跳线，给 CMOS 放电并重启计算机。

④工作频率类型故障的维修方法。

开机后，CPU 工作频率降低，屏幕显示 Defaults CMOS Setup Loaded 的提示信息。

维修方法：进入 CMOS 设置 CPU 参数。如故障再次出现，则与 CMOS 电池或主板的相应电路有关。可遵循先易后难的检修原则，先测量主板电池的电压，如果电压值低于 3V，应考虑更换 CMOS 电池。假如更换电池没多久故障又出现了，则是主板 CMOS 供电回路的元器件存在漏电，应检测主板电路。

（4）CPU 常见故障维修实例。

1）开机自检完成后出现死机故障。

故障现象：开机自检完成后死机，既不读硬盘也不读软盘，无法启动。

故障原因：可能是操作系统有问题，或硬盘引导程序被破坏，或 CPU 损坏。

解决方法：打开主机箱，将硬盘从主机上拆下，连接到一台正常的计算机上，如计算机自检、启动、运行应用程序均正常，说明操作系统和硬盘引导程序无故障。接着拔下 CPU，查看 CPU 及其插座，发现 CPU 插座其中一个孔上有少量的焊锡搭到了相邻插孔上，使两个孔短接。用小螺丝刀将焊锡去掉，一切恢复正常。

2）CPU 超频故障。

故障现象：CPU 超频后，正常使用几天后开机时显示器黑屏，重启后无效。

故障原因：由于 CPU 超频使用，且是硬超，有可能是超频不稳定引起的故障。开机后，用手摸一下 CPU，发现非常烫手，判断故障可能在此。

解决方法：找到 CPU 的外频与倍频跳线，逐步降频后启动计算机，系统恢复正常，显示器也有了显示。

3）散热片故障。

故障现象：为改善散热效果，在散热片与 CPU 之间安装了半导体制冷片，同时为保证导热良好，在制冷片的两面涂上了硅胶，使用近两个月后，某天开机后机器黑屏。

故障原因：由于是突然死机，怀疑是硬件有松动而引起接触不良。打开机箱，把硬件重新插一遍后开机，故障依旧；可能是显卡有问题，因为从显示器的指示灯判断无信号输出，使用替换法检查，显卡没有问题；又怀疑是显示器有故障，使用替换法同样发现没有问题；接着检查 CPU，发现 CPU 的针脚有点发黑和绿斑，这是生锈的迹象，看来故障应该在此。原来，制冷片有结露的现象时，一定是制冷片的表面温度过低而结露，导致 CPU 长期工作在潮湿环境中，日积月累，产生太多锈斑，造成接触不良，从而引发故障。

解决方法：取出 CPU，用橡皮仔仔细细地把每一个针脚都擦一遍，然后把散热片上的制冷片取下，再装好机器，开机，故障排除。

4）CPU 温度故障。

故障现象：计算机启动后，运行半个小时死机，或启动后运行较大的软件游戏死机。

故障原因：这种有规律的死机现象，一般与 CPU 的温度有关。

解决方法：打开机箱侧面板后开机，发现装在 CPU 散热器上的风扇转动时快时慢，叶片上还沾满了灰尘。关机，取下散热器，用刷子把风扇上的灰尘刷干净，然后把风扇上下面的不干胶贴纸各揭起一大半，露出轴承，发现轴承处的润滑油早已干涸，且间隙过大，造成风扇转动时的声音增大。用摩托车机油在上下轴承处各滴上一滴，然后用手转动几下，擦去多余的机油并重新粘好贴纸，把风扇装回到散热器，再重新装到 CPU 上面。启动计算机后，发现风扇的转速明显快了很多，噪声也小了很多。运行时不再死机。

5）计算机自动重启。

故障现象：计算机开机运行一段时间后自行重启，关机一段时间后重新开机，十几分钟后故障重现。

故障原因：根据自动重启的规律性，估计故障可能与硬件有关。打开机箱，用手触摸 CPU 的散热片，发现烫手，CPU 风扇转速正常，再仔细观察发现风扇安装反了，导致风扇和 CPU 接触不良，CPU 的热量无法及时散发出去，CPU 温度较高造成故障，图 5-7 所示是 CPU 风扇安装图。

解决方法：打开机箱侧面板后开机，卸下 CPU 风扇，重新安装，计算机恢复正常。

2. 主板常见故障与维护

主要介绍计算机主板故障检测流程、主板故障产生原因、计算机主板维修方法和故障维修实例等。

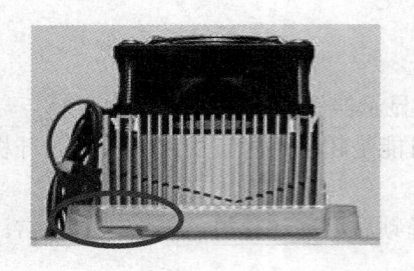

图 5-7　CPU 风扇安装图

（1）主板故障维修流程。

主板是计算机各个部件稳定运行的平台，一旦发生故障，计算机将无法正常工作，当计算机无法正常启动时，可按图 5-8 所示的检测流程进行检修。如果用替换法检测故障原因，则可按图 5-9 所示的主板故障检测流程进行检修。

（2）主板维修方法。

1）主板常见故障现象及原因。

主板工作的稳定性直接影响着计算机能否正常运行。由于集成的组件和电路多而复杂，产生故障的原因也相对较多。主板故障的确定，一般通过逐步拔除或替换主板连接的板卡（内存、显卡等），先排除这些配件可能出现的问题后，即可把目标锁定在主板上。另外，主板故障往往表现为系统启动失败、屏幕无显示等难以直观判断的故障现象。

①计算机启动时主板的常见故障现象。

- 启动时无显示无报警声。
- 启动时无显示有报警声。
- 计算机检测过程中或引导系统过程中死机。
- 计算机系统发生随机错误，一般与内存电路控制部分问题或总线电路芯片问题有关。
- 开机时 BIOS 自检提示出错信息。
- 开机时自检正常，但不能引导系统等。

②引起主板故障的原因。

- 工作环境引起的故障：静电常造成主板上的芯片被击穿，遇到电源损坏或电网电压瞬间产生的尖峰脉冲时，往往会损坏主板供电插头附近的芯片，主板上的灰尘也会造成信号短路。
- 人为原因引起的故障：带电插拔各种板卡，以及在装板卡及插头时用力不当，造成对接口、芯片等的损害。
- 接触不良引起的故障：各种芯片、插座、接口因锈蚀、氧化、弹性减弱、引脚脱焊、折断、开关接触不良而产生的故障。
- 器件质量引起的故障：由于芯片和其他器件质量不良导致计算机运行不稳定。
- 硬件不兼容造成不能启动或死机或不能开机。
- 短路、断路引起的故障：各种连接线在不该接通的地方短路，在该接通的地方却断开。

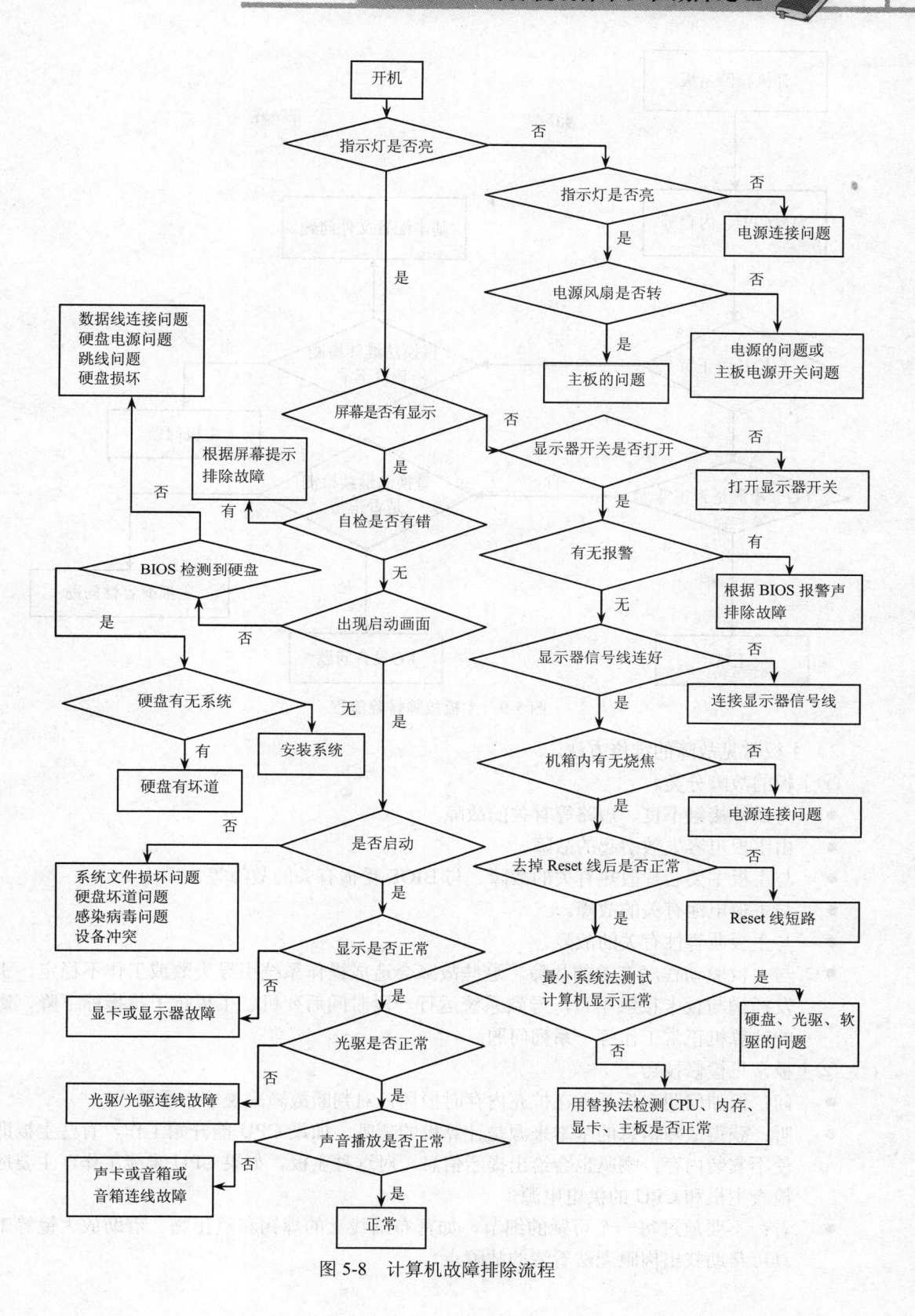

项目 5　计算机硬件维护和故障处理

图 5-8　计算机故障排除流程

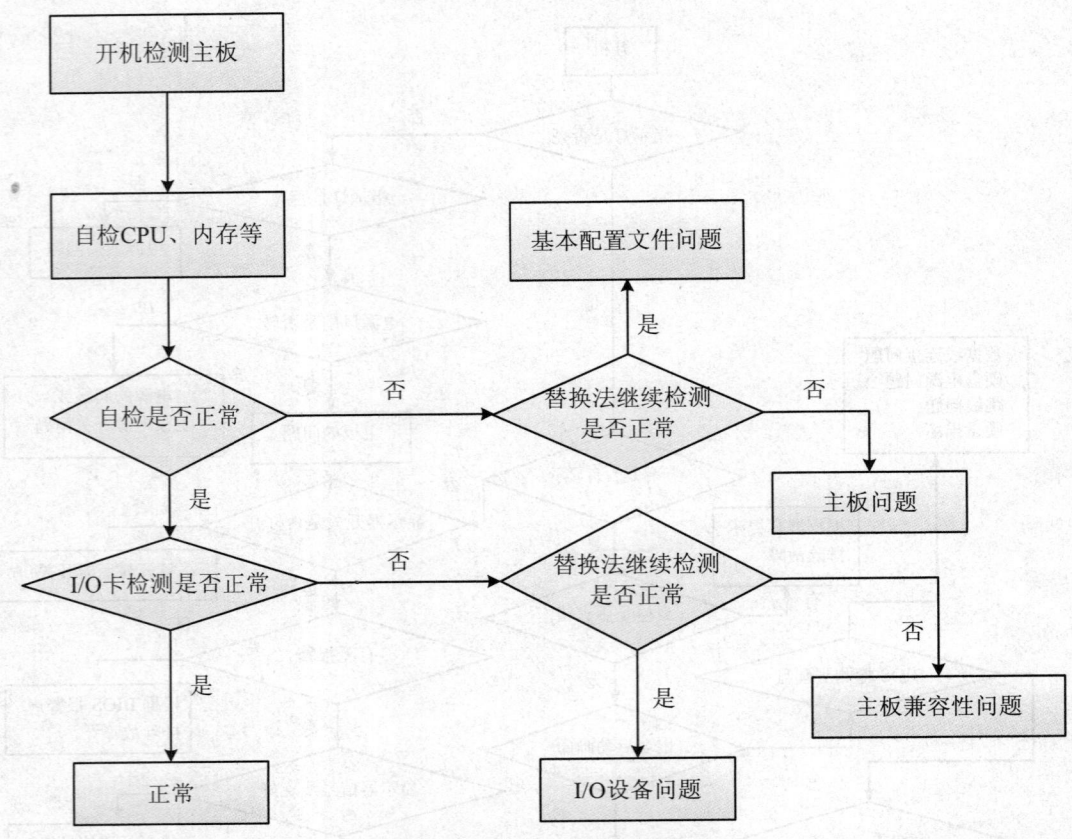

```
开机检测主板
    ↓
自检CPU、内存等
    ↓
自检是否正常 ──否──→ 替换法继续检测 ──是──→ 基本配置文件问题
    │是                是否正常
    ↓                    │否
I/O卡检测是否正常 ──否──→ 替换法继续检测      主板问题
    │是                是否正常
    ↓                    │是        │否
   正常                I/O设备问题   主板兼容性问题
```

图 5-9　主板故障排除流程

2）主板常见故障的维修方法。

①主板的故障分类。

- 与器件接触不良、短路等有关的故障。
- 由主板电容失效引起的故障。
- 与主板主要芯片散热有关的故障、与 BIOS 受损有关的故障等。
- 与主板电池有关的故障。
- 与主板兼容性有关的故障。
- 与主板驱动程序有关的故障。这些故障会造成操作系统引导失败或工作不稳定，引发插槽与板卡接触不良，导致系统运行一段时间后死机、主板抗干扰指标下降、影响计算机正常工作等一系列问题。

②主板常见检修技巧。

- 问：例如问明主板是否在扩充内存时损坏，对判断故障来说非常重要。
- 听：获得故障信息的基本来源是计算机的喇叭。如果 CPU 能开始工作，有些主板即使不安装内存，喇叭也会给出提示信息。对这种主板，如果 CPU 未能工作，主要应检查主机和 CPU 的供电电源。
- 看：不要放过每一个可疑的细节，如密布细线上的焊锡和氧化物。借助放大镜等工具可帮助找出肉眼无法看清的故障点。

- 清除灰尘：很多故障是灰尘引起的，用油漆刷、油画笔、皮老虎（钟表用）、电吹风等均可有效地除去计算机中的灰尘。
- 清理接口：用无水酒精清洗、橡皮擦除板卡及金手指上的氧化物是一种好方法，如使用砂纸，会对联机上的漆膜、镀金或其他镀层带来伤害。
- 最小系统法：只安装 CPU、内存条、显示卡，连接显示器和电源，是检查黑屏故障的基本方法。
- 替换法：将 CPU、内存条、显示卡等部件安装至其他主机上逐一检查，能很快地确定故障源。
- 隔离法：将主板安置在机外是一种好的维修方法，视野开阔，还能有效地防止短路。

③无法开机故障的维修方法。

计算机无法开机可能由电源问题、主板电源开关问题等引起，需要逐一排除，找到原因。该类故障的一般维修方法如下：

- 检查计算机的外接电源，确定没问题后打开主机箱，检查主板电源接口和机箱开关线连接是否正常。
- 如检查结果正常，看看主机箱内有无多余的金属物，或观察主板有无与主机接触。
- 如检查正常，拔掉主板电源开关线，用镊子将主板电源开关接口短路，可以测试是否为开关线损坏。
- 简单测试电源。将主板上的电源接口拔下，用一个导线将电源上主板电源接头中的绿线孔和旁边的黑线孔（最好是隔一个线孔）连接短路，观察电源的风扇是否转动，如没反应，可能是电源损坏；如风扇转动，故障可能在主板上。
- 用万用表测试主板的电源开关电压，如为低电平，则主板的电源开关损坏，送厂家维修。

④计算机无显示无报警声（黑屏）故障的维修方法。

计算机黑屏故障是最让人头疼的一件事，因为屏幕没有任何故障现象，主机也没有报警声提示，让维修人员难以下手。计算机黑屏故障的原因较多，主要有：显示器数据线接触不良问题、内存问题、显卡问题、CPU 问题、Reset 热启动连线问题、灰尘问题和短路问题等。解决此类故障要将最小系统法、替换法和拔插法等综合应用来排除。

计算机黑屏故障的维修方法如下：

- 检查计算机的外部接线是否接好，把各个连线重新插一遍。
- 如果问题依旧，打开主机箱，查看机箱内有无多余金属物或主板机箱变形造成短路；检查机箱内有无烧焦的糊味，主板上有无烧毁的芯片。
- 如果没有，清理主板上的灰尘，然后试一试。
- 如果不行，可以拔掉主板上的 Reset 线及其他开关、指示灯线试一试。有些质量不过关的机箱的 Reset 线使用一段时间后，由于高温等原因会造成短路，使计算机一直处于热启状态。
- 如果不行，使用最小系统法，将硬盘、软驱、光驱的数据线拔掉，然后开机试一试，如果这时计算机显示器有开机画面显示，说明问题在这几个设备中，再逐一把以上几个设备接入计算机，当接入某一个设备时故障重现，说明故障是由该设备造成的，这时就非常容易查到故障原因了。

- 如果还没有解决问题，故障可能在内存、显卡、CPU、主板这几个设备中。可以使用拔插法、替换法等分别检查这些设备。一般先清理灰尘，擦一擦金手指等，再换个插槽，最后再拿一个好的设备试试。
- 如果不是内存、显卡、CPU 的故障，问题就集中在主板上了。先仔细检查主板上有无芯片烧毁、CPU 周围有无电容损坏、主板有无变形、有无与机箱接触等，再将 BIOS 放电，最后采用隔离法，将主板安置在机外接上内存、显卡、CPU 等测试，如果正常，再将主板安装到机箱内测试，直到找到故障原因。如果仍然不行，则返回厂家维修主板。

⑤无显示有报警声故障的维修方法：可以根据 BIOS 报警声对照检查故障原因。

- AMI 的 BIOS 报警声对照如表 5-6 所示。

表 5-6 AMI 的 BIOS 报警声对照

报警声	含义
1 短	内存刷新失败
2 短	内存校验错误
3 短	基本内存错误
4 短	系统时钟错误
5 短	CPU 错误
6 短	键盘错误
7 短	实模式错误
8 短	内存显示错误
9 短	ROM BIOS 校验错误
1 长 3 短	内存错误
1 长 8 短	显示测试错误
高频率长响	CPU 过热报警

- Award 的 BIOS 报警声对照如表 5-7 所示。

表 5-7 Award 的 BIOS 报警声对照

报警声	含义
1 短	系统正常启动
2 短	常规错误，请进入 CMOS 程序重新设置不正确的选项
1 长 1 短	RAM 或主板出错
1 长 2 短	显示器或显卡错误
1 长 3 短	键盘控制器错误
1 长 9 短	主板 Flash RAM 或 EPROM 错误，BIOS 损坏
不断地长响	内存条未插紧或损坏

续表

报警声	含义
不停地响	电源、显示器未和显卡连接好
重复短响	电源问题
无声无显示	电源问题

- 新版 Award BIOS（Phoenix-Award BIOS）报警声对照如表 5-8 所示。

表 5-8　Phoenix-Award BIOS 报警声对照

报警声	含义
1 短	系统正常启动
3 短	系统加电自检初始化（POST）失败
1 短 1 短 2 短	主板错误（可能是主板已坏，应更换新的）
1 短 1 短 3 短	主板电池没电或 CMOS 损坏
1 短 1 短 4 短	ROM BIOS 校验出错
1 短 2 短 1 短	系统实时时钟有问题
1 短 2 短 2 短	DMA 通道初始化失败
1 短 2 短 3 短	DMA 通道页寄存器出错
1 短 3 短 1 短	内存通道刷新错误（问题范围为所有的内存）
1 短 3 短 2 短	基本内存出错（内存损坏或 RAS 设置错误）
1 短 3 短 3 短	基本内存出错（很可能是 DIMM 槽上的内存损坏）
1 短 4 短 1 短	基本内存某一地址出错
1 短 4 短 2 短	系统基本内存（第 1 个 64 KB）有奇偶校验错误
1 短 4 短 3 短	EISA 总线时序器错误
1 短 4 短 4 短	EISA NMI 口错误
2 短 1 短 1 短	系统基本内存（第 1 个 64KB）检查失败
3 短 1 短 1 短	第 1 个 DMA 控制器或寄存器出错
3 短 1 短 2 短	第 2 个 DMA 控制器或寄存器出错
3 短 1 短 3 短	主中断处理寄存器错误
3 短 1 短 4 短	从中断处理寄存器错误
3 短 2 短 4 短	键盘时钟故障
3 短 3 短 4 短	显卡 RAM 出错或无 RAM，不属于致命错误
3 短 4 短 2 短	显示器数据线松动或显卡没插稳或显卡损坏
3 短 4 短 3 短	未发现显卡的 ROM BIOS
4 短 2 短 1 短	系统实时时钟错误
4 短 2 短 3 短	键盘控制器（8042）中的 Gate A20 开关有错，BIOS 不能切换到保护模式

续表

报警声	含义
4 短 2 短 4 短	保护模式中断错误
4 短 3 短 1 短	内存错误（内存损坏或 RAS 设置错误）
4 短 3 短 3 短	系统第二时钟错误
4 短 3 短 4 短	实时时钟错误
4 短 4 短 1 短	串行口（COM 口、鼠标口）故障
4 短 4 短 2 短	并行口（LPT 口、打印口）错误
短 4 短 3 短	数学协处理器（8087、80287、80387、80487）出错

⑥计算机出现错误提示故障维修方法。

计算机开机自检时，计算机突然停止工作，显示屏出现一些错误提示，提示某个设备出现了问题，这时可以根据屏幕提示的故障信息找出故障原因，排除故障，如表 5-9 所示。

表 5-9 屏幕提示信息

故障错误提示	含义	故障原因及解决方案
BIOS ROM Checksum Error-System Halted	BIOS ROM 校验和失败，系统挂起	BIOS ROM 的程序资料已被更改，通常由 BIOS 升级错误造成
CMOS Battery State Low	CMOS 电池电力不足	电池电压不足，需要更换
CMOS Checksum Failure	CMOS 校验和失败	CMOS 数值保存之后便产生一个校验和值，供错误检测用。如果先前的值与当前读数据产生的实际值不同，就出现这个错误信息。应运行 BIOS 设置程序
Floppy Disk（s） Fail	软盘失败	软驱数据线、电源线连接不好或软驱损坏
HDD Controller Failure	硬盘控制器失败	BIOS 不能与硬盘驱动器的控制器传输数据，关闭系统电源后检查所有有关的连接器
Keyboard Error	键盘错误	键盘接口接触不良、键盘损坏等
CMOS System Options Not Set	CMOS 系统选择项没有设置	存储在 CMOS 中的数值遭破坏，或者不存在了。运行 BIOS 设置程序来纠正这个错误
Memory Test Fail	内存测试失败	内存条安装不牢或损坏
FDD Controller Failure	软盘控制器失败	BIOS 不能与软磁盘驱动器的控制器传输数据。关闭系统电源后检查所有有关的连接器
C: Drive Error	C:驱动器错误	BIOS 没有接收到硬盘 C:传来的回答信号。检查数据线和 CMOS 设置项中选择的硬盘类型
Disk bootfailure，Insert system disk	硬盘引导记录损坏，插入系统盘	系统引导区受损或遭到病毒侵袭

⑦主板电池故障的维修方法。

主板电池没电,将造成开机时不能正确找到硬盘,或开机后系统时间不正确,或 CMOS 设置不能保存等现象。

维修方法:先检查主板 CMOS 跳线是否设置为 Clear(清除)选项,如果是,将跳线改为 Normal(标准)选项,然后重新设置;如果不是 CMOS 跳线错误,可能是主板电池损坏或电池电压不足造成的,换个主板电池试试。

⑧与主板驱动程序有关故障的维修方法。

主板驱动程序丢失、破损、重复安装,会引起操作系统引导失败,或造成操作系统工作不稳的故障。

维修方法:打开控制面板→系统→硬件→设备管理器,检查系统设备中的项目是否有黄色惊叹号或问号。将打黄色惊叹号或问号的项目全部删除(可在安全模式下进行操作),重新安装主板自带的驱动程序,重启即可。安装主板驱动程序可以提高计算机的稳定性和兼容性。

⑨主板保护性故障的维修方法。

由于接触不良、短路等原因造成主板保护性故障。主板是聚集灰尘较多的地方,灰尘很可能会引发插槽与板卡接触不良的现象。如果 CPU 插槽内用于检测 CPU 温度或主板上用于监控机箱内温度的热敏电阻上附着了灰尘,很可能会造成主板对温度的识别错误,从而引发主板保护性故障,清洁时也需要注意;计算机主机箱内如果不小心掉入诸如小螺丝之类的导电物,可能会卡在主板的元器件之间而引发短路;主板安装不当或机箱变形使主板与机箱直接接触,使具有短路保护功能的电源自动切断供电。

维修方法:清理主板上的灰尘;对着插槽吹吹气,去除插槽内的灰尘。如果是由于插槽引脚氧化而引起的接触不良,可以将有硬度的白纸折好(表面光滑那面向外),插入槽内来回擦拭。检查主板与机箱底板间是否因少装了用于支撑主板的小铜柱、是否主板安装不当或机箱变形而使主板与机箱直接接触。

⑩兼容性问题相关故障的维修方法。

维修方法:先清除 CMOS 设置,一般可以解决一些莫名其妙的故障。当安装的硬件不能被操作系统识别时,将 CMOS 的 PnP Os Installed(即插即用)项目设置成 YES 或 NO,然后试试。

⑪BIOS 损坏相关故障的维修方法。

由于 BIOS 刷新失败或 CIH 病毒造成的 BIOS 损坏会造成计算机无法工作。

维修方法:可用自制的启动盘重新刷新 BIOS,假如引导块也损坏,可用热插拔法或利用编程器进行安全的修复。

⑫主板主要芯片散热效果不佳造成故障的维修方法。

有些主板将北桥芯片上的散热片省掉了,可能会造成芯片散热效果不佳而导致系统运行一段时间后死机。

维修方法:可安装自制散热片或增加散热效果好的机箱风扇。

⑬主板电容失效引起故障的维修方法。

主板上的铝电解电容(一般在 CPU 插槽周围)内部的电解液由于时间、温度、质量等原因发生"老化"现象,将导致主板抗干扰指标下降,从而影响计算机正常工作。

维修方法：购买与"老化"电容容量相同的电容替换。

(3) 主板故障维修实例。

1) 开机屏幕显示 CMOS Battery Failed。

故障现象：开机屏幕显示 CMOS Battery Failed。

故障原因：表明 CMOS 电池失效或电力不足。

解决方法：更换 CMOS 电池。

2) 主板无法启动的故障。

故障现象：主板无法正常启动，同时发出"嘀嘀"的报警声。

故障原因：这种现象的可能原因是，主板内存插槽性能较差，内存条上的金手指与插槽簧片接触不良；内存条上的金手指表面的镀金效果不好，长时间工作使镀金表面出现很厚的氧化层，导致内存条接触不好；内存条生产工艺不标准，有点薄，使得内存条与插槽始终有一些缝隙，稍微有点震动就会导致内存接触不好。

解决方法：打开机箱，断开电源，取出内存条，将内存条上的灰尘或氧化层用橡皮擦干净，重新插入到内存插槽中。如果内存条太薄，可以用热熔胶将插槽两侧的微小缝隙填平，以确保内存条不左右晃动。这样也能有效地避免金手指被氧化。如果还是无法解决故障，可以更换新的内存条试试。更换新内存后，如果报警声继续出现，只能更换主板试试了。

3) 主板安装失误导致系统故障。

故障现象：计算机启动后，正常运转 1 分钟后自动停止，之后计算机毫无反应。

故障原因：这种故障有 3 种可能：一是主板出了问题；二是电源坏了；三是机箱的开关没接好。检查电源，发现电源有过压保护、短路保护、防雷击等智能技术，坏的可能性较小；检查主板，拆下主板换到另一台计算机上测试，结果一切正常；接着检查机箱的开关和线，也都完好。经过仔细观察，发现主板与机箱底板之间有几个小铜柱，这些铜柱可以将主板垫高，避免了主板直接接触机箱而造成短路。这里主板和机箱底板之间少了一根铜柱，结果造成短路。由于电源具有短路保护功能，当主板与机箱的底板接触造成短路时，电源自动切断。

解决方法：在主板与机箱底板之间重新装上一根铜柱，使主板避免和机箱接触。可见，在计算机的安装过程中，即使一点差错也会导致很大的问题，小则不能启动，大则可能烧毁主板、电源，因此在装机的过程中必须十分小心。

4) 主板散热不良故障。

故障现象：计算机频繁死机，在 CMOS 设置时也会出现死机现象。

故障原因：一般是由主板散热不良或主板 Cache（缓存）有问题引起的。

解决方法：如果因主板散热不好而导致故障，可以在死机后触摸 CPU 周围的主板元件，发现其非常烫手，更换大功率风扇后，死机故障即可解决。如果是 Cache（缓存）问题造成的，可以进入 CMOS 设置，将 Cache（缓存）禁止即可。当然，Cache（缓存）禁止后，机器速度肯定会受到影响。如果仍然不能解决，那就是主板或 CPU 有问题了，只能更换主板或 CPU。

5) 主板与显卡驱动程序不兼容故障。

故障现象：在装机、格式化硬盘及安装系统时一切正常，安装驱动程序之后出现计算机关机不正常的故障，从"开始"菜单关闭计算机，关机画面迟迟不离开屏幕，接着计算机自行启动。如果先安装显卡驱动,关机正常;安装主板驱动程序后,计算机关机时会自动重启。

故障原因:主板与显卡的驱动程序不兼容。

解决方法:更换主板或显卡。

6)CMOS 设置不能保存故障。

故障现象:每次开机总提示需要设置 CMOS,进入设置 CMOS 后再开机仍然存在此现象。

故障原因:一般是由主板电池电压不足造成的。

解决方法:更换电池。如果主板电池更换后还不能解决问题,应该检查主板 CMOS 跳线是否有问题,有时将主板上的 CMOS 跳线错误地设为清除选项或设置成外接电池,也会使 CMOS 数据无法保存。如果不是以上原因,可以判断是主板电路有问题,建议返回厂家维修。

7)主板电源故障。

故障现象:按下电源开关后,计算机没反应,指示灯不亮。

故障原因:可能是电源损坏、主板电源开关损坏或机箱开关问题。拔下开关及 Reset 线,用镊子连接主板电源开关,发现计算机启动了。可能是机箱的开关和指示灯、耳机插座、USB 插座质量太差。如果 Reset 键按下后弹不起来,则加电后由于主机始终处于复位状态,按下电源开关后主机没有任何反应,和加不上电一样,电源灯和硬盘灯不亮,CPU 风扇不转。

解决方法:打开机箱,修复电源开关或 Reset 开关。主板上的电源多为开关电源,所用的功率管为分离器件,如有损坏,只要更换功率管、电容等即可。

8)主板键盘接口故障。

故障现象:连接一个好的键盘,开机自检,出现提示 Keyboard Interface Error(键盘接口错误)后死机,拔下键盘,重新插入后又能正常启动系统,使用一段时间后键盘无反应。

故障原因:可能是多次拔插键盘而引起主板键盘接口松动。

解决方法:拆下主板,用电烙铁重新焊接好键盘接口。如果是带电拔插键盘,引起主板上保险电阻断开(在主板上标记为 Fn 的元件),换上一个 1Ω/0.5W 的电阻即可。

3. 内存常见故障与维修

主要介绍内存的故障维修流程、内存的编号、内存的常见故障现象和原因分析、内存常见故障维修方法和内存故障维修实训等。

(1)内存故障维修流程。

内存是计算机中的一个重要部件,负责计算机运行过程中数据的读取和存储,当内存条发生故障时,计算机通常无法启动或死机,需要加以排除。图 5-10 所示为内存故障维修流程,当内存发生故障时,可以按照该流程进行检修。

(2)内存维修准备知识。

内存用于高速暂存计算机的数据,系统需要的指令和数据从外部存储器(如硬盘、光盘等)调入内存,CPU 再从内存中读取指令或数据进行运算,然后将运算结果存储到内存中。实际上,内存在系统运行过程中起一个中转站的作用。

图 5-11 所示的内存由 8 个内存芯片组成,芯片上标有内存的编号,正确识别内存的编号对处理内存故障来说十分重要,不同的内存采用不同的编号,下面介绍各种内存编号的含义。

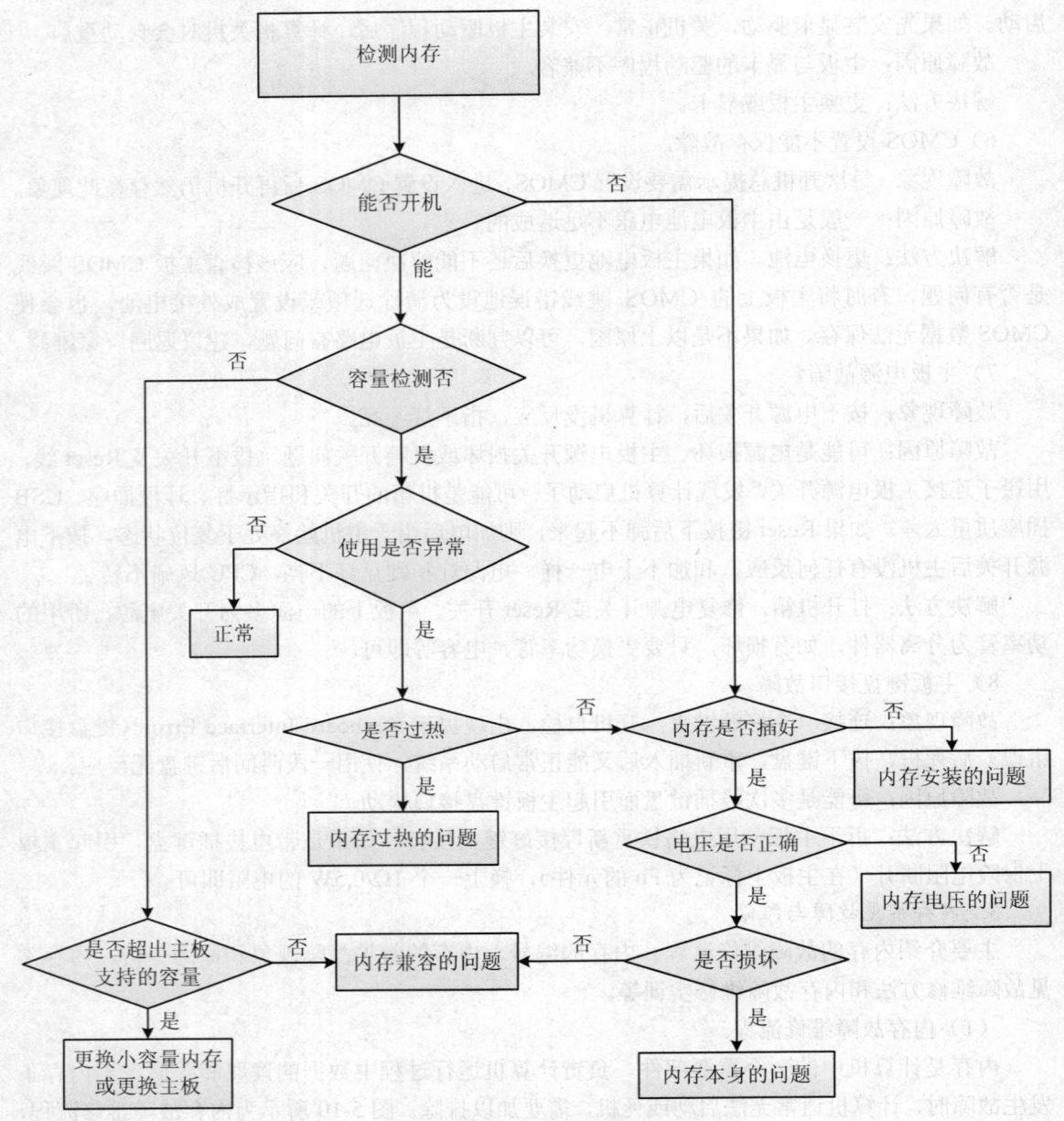

图5-10　内存故障检测流程

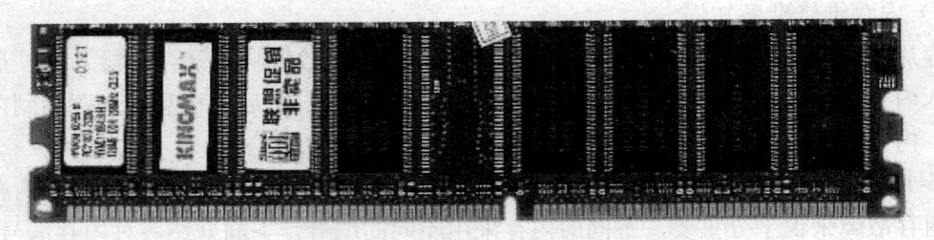

图5-11　计算机的内存

1）Hynix（现代）内存编号。

现代内存编号 HY5DV2561622AT-J 的含义如表 5-10 所示。

表 5-10　现代内存编号

内存编号	含义
HY	代表内存芯片厂商：现代
5D	代表内存芯片类型：57 代表 SDRAM 规格，5D 代表 DDR SDRAM 规格
V	代表工作电压：空白代表 5V，V 代表 3.3V，U 代表 2.5V
256	代表芯片容量和刷新速率：16 代表 16 Mbits、4Kref（16 MB/4 K），64 代表 64Mbits、8Kref，65 代表 64Mbits、4Kref，128 代表 128Mbits、8Kref，129 代表 128Mbits、4Kref，256 代表 256Mbits、16Kref，257 代表 256Mbits、8Kref
16	代表芯片输出的数据位宽：40 代表 4 位，80 代表 8 位，16 代表 16 位，32 代表 32 位
2	代表 BANK 的数量：1、2、3 分别代表 2 个、4 个和 8 个 BANK
2	代表 I/O 界面：1 代表 SSTL_3，2 代表 SSTL_2
A	代表芯片内核版本：可以为空白或 A、B、C、D 等字母，越往后代表内核越新
T	代表内存芯片封装形式：通常有 T、R、I、S 四种，T 代表 TSOP 封装，R 代表 TSOP-II 封装，I 代表 BLP 封装，S 代表 STACK 封装
J	代表内存的速率：L 代表 DDR200，H 代表 DDR266B，K 代表 DDR266A，J 代表 DDR333

2）三星内存编号。

三星内存编号 KM416H25030T 的含义如表 5-11 所示。

表 5-11　三星内存编号

内存编号	含义
KM	代表内存芯片厂商：三星
4	代表 RAM 种类：4 代表 DRAM
16	代表内存芯片组成：16 代表 x16，32 代表 x32，8 代表 x8，4 代表 x4
H	代表内存电压：H 代表 DDR SDRAM（3.3V），L 代表 DDR SDRAM（2.5 V）
25	代表内存容量：4 代表 4MB，8 代表 8MB，16 代表 16MB，32 代表 32MB，64 代表 64MB，12 代表 128MB，25 代表 256MB，51 代表 512MB，1G 代表 1GB，2G 代表 2GB，4G 代表 4GB
0	代表刷新速率：0 代表 64m/4K（15.6μs），1 代表 32m/2K（15.6μs），2 代表 128m/8K（15.6μs），3 代表 64m/8K（7.8μs），4 代表 128m/16K（7.8μs）
3	表示内存排数：3 代表 4 排，4 代表 8 排
0	代表接口电压：0 代表混合接口 LVTTL+SSTL_3（3.3V），1 代表 SSTL_2（2.5V）
T	代表封装类型：T 代表 66 针 TSOP-II 封装，B 代表 BGA 封装，C 代表微型 BGA（CSP）封装

（3）内存维修方法。

1）内存常见故障现象及原因。

内存是计算机的重要部件，负责数据的读取与存储。内存条发生故障时，计算机通常无法启动或死机。

①内存常见的故障现象。
- 内存容量减少。
- Windows 经常自动进入安全模式。
- Windows 系统运行不稳定，经常产生非法错误。
- Windows 注册表经常无故损坏，提示要求用户恢复。
- 启动 Windows 时系统多次自动重新启动。
- 出现内存不足的提示。
- 随机性死机。
- 开机无显示报警。

②常见故障原因。
- CMOS 中内存设置不正确引起的故障：CMOS 中内存参数设置不正确，计算机将不能正常运行，死机或重启等。
- 内存条与内存插槽接触不良：内存金手指氧化、条形插座上蓄积尘土过多，或插座内掉入异物、安装时松动、不牢固、条形插座中簧片变形失效等引起内存接触不良，造成计算机死机、无法开机、开机报警等现象。
- 内存与主板不兼容引起的故障：内存与主板不兼容，造成计算机死机、容量减少、无法启动、开机报警等。
- 内存芯片质量不佳引起的故障：计算机经常进入安全模式或死机。
- 内存损坏等引起的故障。

2）内存常见故障维修方法。

①随机性错或死机故障维修方法。

故障现象：当内存被检测时，时而出现随机性错、死机、蓝屏或死机等故障。

故障原因：存储器芯片的控制电路速度低、输出信号不稳定、延时器的延时输出不正确，以及有些芯片处于即将损坏的临界状态。其中，延时器的延时不准确会使控制时序发生偏移，产生读写错。

维修方法：在 BIOS 中重新设定，或者在主板上通过硬跳线增强电压。如果这些办法不行，需要更换内存条。

②开机无显示报警故障维修方法。

故障原因：内存损坏、主板的内存插槽损坏、主板的内存供电或相关电路有问题、内存与内存插槽接触不良等。

维修方法：对于内存损坏、主板的内存插槽损坏、主板的内存供电或相关电路问题等情况，可以通过替换法查出故障元件，再对故障元件进行维修或更换。内存与内存插槽接触不良的解决方法是，用毛刷清扫或皮老虎清除灰尘或异物，或用橡皮用力擦拭内存条引脚部分，或换个内存插槽，或把内存插牢固。

③运行某些软件时经常出现内存不足的提示。

这种故障现象一般是由于系统盘剩余空间不足造成的。

维修方法：删除一些无用文件，多留一些空间，一般系统盘至少保持 300MB 左右的空间为宜。

④内存芯片质量不佳或与主板不兼容。

故障原因：Windows 系统运行不稳定，产生非法错误，Windows 注册表经常无故损坏，提示要求用户恢复，Windows 经常自动进入安全模式，内存加大后系统运行速度反而降低，启动 Windows 时系统多次自动重新启动等。

维修方法：更换新内存或其他品牌的内存。

⑤系统自动进入安全模式。

故障原因：一般是主板与内存条不兼容或内存条质量不佳引起。

维修方法：尝试在 CMOS 设置中降低内存读取速度，或使用主板的内存异步功能将内存频率调低。如果不行，只能更换内存条。

⑥安装 Windows 时，进行到系统配置时产生一个非法错误故障。

故障原因：一般是内存条损坏造成的。

维修方法：用毛刷清扫、用皮老虎清除灰尘或异物、用橡皮用力擦拭内存条引脚部分、换个内存插槽、把内存插牢固等方法；如果不行，需要更换内存条。

（4）内存故障维修实例。

1）开机后连续报警。

故障现象：开机后连续报警。

故障原因：典型的内存故障，估计是内存条损坏、内存条局部短路或接触不良。

解决方法：用手先按几下内存条再开机，看其接触是否良好。如果还不行，将内存条取下，先将内存表面的灰尘清扫干净，然后用小号细刷子将内存插槽内部清扫干净，重新插好内存条，故障即可排除。

2）内存兼容性故障 1。

故障现象：一台计算机安装了两条 128MB DDR 内存，开机内存显示为 128MB，偶尔显示 256MB。

故障原因：可能由两条内存不兼容所致。打开机箱检查，发现两条内存品牌不同，做工设计也有很大差异。

解决方法：先把内存条单独插到主板上试，如果显示为 128MB，则没有问题；如果一起插上仍然显示 128MB，调换内存插槽也没用。显然是内存兼容问题，换了一条和第一次升级内存相同的内存条，故障排除。内存的兼容问题虽然不多见，但危害不小，它们往往有很多奇怪的表现，因此应尽量避免不同型号的内存混用，最大限度地避免兼容问题的发生。

3）内存兼容性故障 2。

故障现象：计算机原来配备 128MB 内存，使用正常，后来加了一条 64MB 内存，一起插上之后，内存总量只认出是 64MB。

故障原因：将内存一条一条单独插到主板上，证实都是好的，可以排除内存条的质量问题，应该是内存兼容问题。

解决方法：将内存换成一致的，或升级主板 BIOS，主板 BIOS 可能会对内存支持有所提高，于是把 BIOS 进行了升级，故障排除。

4）内存接触不良故障 1。

故障现象：开机有时启动正常，有时不正常。

故障原因：分析故障现象，主板有接触不良器件，最可能发生在内存条和内存插槽之间。

解决方法：打开机箱，拔下内存条，发现其插槽有许多灰尘，估计是灰尘造成内存条与插槽接触不良而导致故障。将内存插槽用无水酒精清理干净，再将内存条安装好，开机试验，故障排除。

5）内存速度不同故障。

故障现象：系统在使用时经常随机性死机。

故障原因：采用几种不同芯片的内存条，各内存条速度不同产生一个时间差，导致死机。

解决方法：在 CMOS 设置中降低内存速度予以解决，或者使用同型号内存。还有，内存条与主板不兼容（一般少见）或内存条与主板接触不良也可能引起计算机随机性死机，这样只能更换内存条。

6）内存接触不良故障 2。

故障现象：Windows 系统运行不稳定，经常产生非法错误。

故障原因：一般有两种情况，一种是由于内存接触不良或者内存条本身有问题；另一种是软件的原因，如操作系统本身有缺陷（盗版）、中毒、应用软件有问题等。

解决方法：对于接触不良故障，可以清理内存条上的灰尘和氧化物；如果是内存条本身质量引起的，则只能更换内存条。

7）内存质量不佳故障。

故障现象：Windows 系统经常自动进入安全模式。

故障原因：一般是由主板与内存条不兼容，或内存条质量不佳引起，常见于非 PC133 内存运行于 133 外频。

解决方法：尝试在 CMOS 设置中降低内存读取速度，或者使用主板的内存异步功能将内存频率调低。如果不行，只能更换内存条。另外，如果系统超了频，也可能产生这种问题，这种情况只需将系统恢复到正常的工作频率即可。

8）"非法操作"故障。

故障现象：运行 Windows 系统时，报告"非法操作"。

故障原因：计算机对 BIOS 进行过优化，使内存工作处于最优设置下。估计由于内存条质量不过硬造成了系统不稳定。

解决方法：启动计算机进入 BIOS 设置界面，在 Advance Chipset Feature（芯片组特性设置）中将 SDRAM Cycle Length（内存周期）由 2 改为 3，将 Bank Inter Leave 由 4Bank 改为 Disable，问题得到解决。

9）内存金手指氧化故障。

故障现象：前一天工作正常，第二天早晨开机时发现无法正常开机，显示器黑屏，只听到机内"嘀嘀"直响。

故障原因：这种情况最容易出现，一般见于使用半年或一年以上的计算机。由于空气潮湿或气温变化较大，内存金手指氧化所致。

解决方法：拆开机箱，把内存条重新插一下，或用橡皮擦一擦内存条的金手指。

学习任务 5.3　存储设备的故障

5.3.1　硬盘的故障与维修

主要介绍计算机硬盘的工作原理及结构、硬盘故障维修流程、硬盘维修方法、硬盘数据恢复方法和故障维修实训等。

1. 硬盘故障维修流程

硬盘在计算机的存储设备中使用率最高，且担负着与内存交换信息的任务。硬盘质量好坏和功能强弱直接影响着计算机系统的速度和执行软件能力。计算机硬盘与其他部件相比显得十分"脆弱"，容易出现问题。发生故障时，可以按照图 5-12 所示的硬盘故障维修流程进行检修。

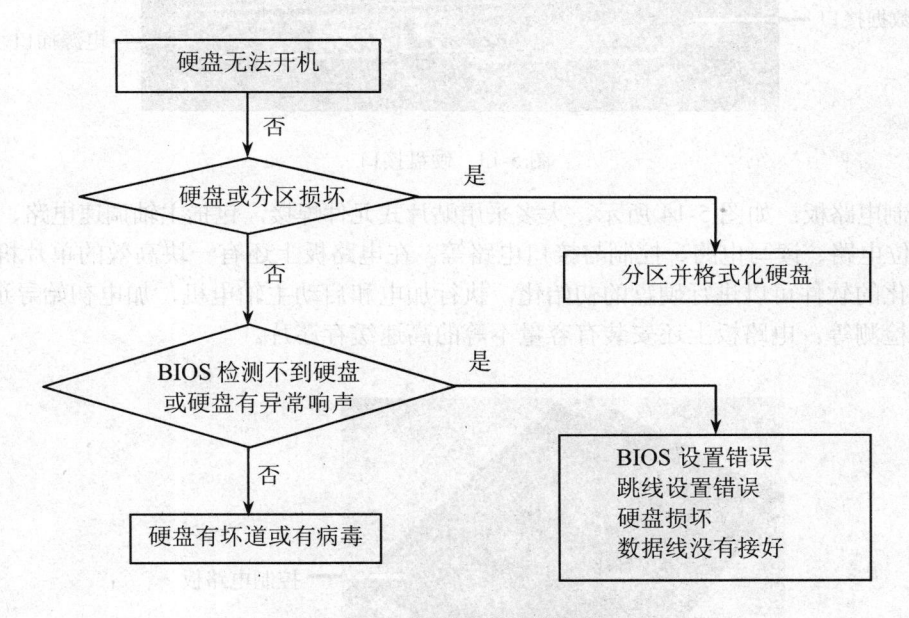

图 5-12　硬盘故障检测流程

2. 硬盘维修预备知识

（1）硬盘的结构与工作原理。

硬盘作为一种磁表面存储器，是在非磁性的合金材料表面涂上一层很薄的磁性材料，通过磁层的磁化来存储信息。目前大部分计算机上安装的硬盘都是采用"温彻斯特（Winchester）"技术制造的，称为"温彻斯特硬盘"，简称"温盘"。温彻斯特硬盘有以下技术特点：

- 磁头、盘片及运动机构密封。
- 磁头对盘片呈接触式启停，工作时呈飞行状态。
- 由于磁头工作时与盘片不接触，所以磁头加载较小。
- 磁盘片表面平整光滑。

硬盘是一个贵重的高度精密的机电一体化产品，由盘片、磁头、盘片转轴及控制电机、磁头控制器、数据转换器、接口和缓存等几个部分构成。硬盘中所有的盘片都装在一个旋转轴上，每张盘片之间是平行的，在每个盘片的存储面上有一个磁头，磁头与盘片之间的距离比头发丝的直径还小，所有的磁头连在一个磁头控制器上，由磁头控制器负责各个磁头的运动。磁头可沿盘片的半径方向运动，加上盘片每分钟几千转的高速旋转，磁头就可以定位在盘片的指定位置上进行数据的读写操作。硬盘作为精密设备，尘埃是其大敌，必须完全密封。

1）硬盘的外部结构。

①接口：包括电源插口和数据接口两部分。电源插口与主机电源相连，为硬盘工作提供电力保证；数据接口是硬盘数据和主板控制器之间进行传输交换的纽带，根据连接方式的差异，分为 EIDE 接口和 SCSI 接口等，如图 5-13 所示。

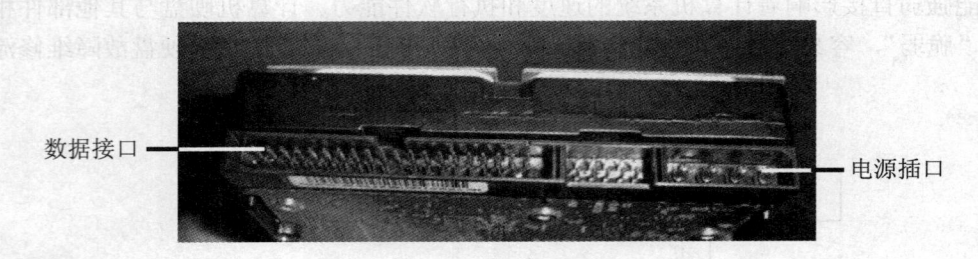

图 5-13　硬盘接口

②控制电路板：如图 5-14 所示，大多采用贴片式元件焊接，包括主轴调速电路、磁头驱动与伺服定位电路、读写电路、控制与接口电路等。在电路板上还有一块高效的单片机 ROM 芯片，其固化的软件可以进行硬盘的初始化，执行加电和启动主轴电机，加电初始寻道、定位，以及故障检测等。电路板上还安装有容量不等的高速缓存芯片。

图 5-14　硬盘控制电路

③固定盖板：硬盘的面板，标注产品的型号、产地、设置数据等，和底板结合成一个密封的整体，保证硬盘盘片和机构的稳定运行。固定盖板和盘体侧面设有安装孔，以方便安装。

2）硬盘的内部结构。

硬盘内部结构由固定面板、控制电路板、盘头组件、接口、附件等几大部分组成，盘头组件（Hard Disk Assembly，HAD）是构成硬盘的核心，封装在硬盘的净化腔体内，包括浮动磁头组件、磁头驱动机构、盘片及主轴驱动机构、前置读写控制电路等，如图 5-15 所示。

浮动磁头组件——
前置控制电路——
盘片及主轴组件

图 5-15　硬盘内部结构

①浮动磁头组件：由读写磁头、传动手臂、传动轴 3 部分组成。磁头是硬盘技术最重要和关键的一环，实际上是集成工艺制成的多个磁头的组合，采用非接触式头、盘结构，加电后在高速旋转的磁盘表面飞行，间隙只有 0.1μm～0.3μm，可以获得极高的数据传输率。现在转速 5400rpm 的硬盘飞高都低于 0.3μm，以利于读取较大的高信噪比信号，提高数据传输存储的可靠性。

②磁头驱动机构：由音圈电机和磁头驱动小车组成。新型大容量硬盘还具有高效的防震动机构。高精度的轻型磁头驱动机构能够对磁头进行正确的驱动和定位，并在很短的时间内精确定位系统指令指定的磁道，保证数据读写的可靠性。

③盘片和主轴组件：盘片是硬盘存储数据的载体，目前大都采用金属薄膜磁盘，这种金属薄膜较软磁盘的不连续颗粒载体具有更高的记录密度，还具有高剩磁和高矫顽力的特点。主轴组件包括主轴部件，如轴瓦和驱动电机等。随着硬盘容量的扩大和速度的提高，主轴电机的速度不断提升，有厂商开始采用精密机械工业的液态轴承电机技术。

④前置控制电路：前置放大电路控制磁头感应的信号、主轴电机调速、磁头驱动和伺服定位等，由于磁头读取的信号微弱，将放大电路密封在腔体内可减少外来信号的干扰，提高操作指令的准确性。

3）硬盘的工作原理。

概括地说，硬盘的工作原理是利用特定磁粒子的极性来记录数据。磁头在读取数据时，将磁粒子的不同极性转换成不同的电脉冲信号，再利用数据转换器将这些原始信号变成计算机可以使用的数据；写操作正好相反。另外，硬盘中还有一个存储缓冲区，以便协调硬盘与主机在数据处理速度上的差异。由于硬盘的结构比软盘复杂得多，因而格式化工作也比较复杂，分为低级格式化、硬盘分区、高级格式化，并建立文件管理系统。

硬盘驱动器加电正常工作后，利用控制电路中的单片机初始化模块进行初始化工作，此时磁头置于盘片中心位置，初始化完成后，主轴电机将启动并以高速旋转，装载磁头的小车机构移动，将浮动磁头置于盘片表面的 00 道，处于等待指令的启动状态。当接口电路接收到计算机系统传来的指令信号时，通过前置放大控制电路驱动音圈电机发出磁信号，根据感应阻值变化的磁头对盘片数据信息进行正确定位,并将接收后的数据信息解码,通过放大控制电路传输到接口电路,反馈给主机系统完成指令操作。结束操作的硬盘处于断电状态,在反力矩弹簧的作用下浮动磁头驻留到盘面中心。

(2)硬盘的编号。

1)希捷(Seagate)硬盘编号。

希捷硬盘编号 ST380023AS 的含义如表 5-12 所示。

表 5-12　希捷(Seagate)硬盘编号

硬盘编号	含义
ST	代表硬盘厂商:Seagate(希捷)
3	代表其硬盘外形和尺寸: • 1:表示尺寸为 3.5in,厚度为 41mm 的全高硬盘 • 3:表示尺寸为 3.5in,厚度为 25mm 的半高硬盘 • 4:表示尺寸为 5.25in,厚度为 82mm 的硬盘 • 5:表示尺寸为 3.5in,厚度为 19mm 的硬盘 • 9:表示为尺寸为 2.5in 的硬盘
800	代表硬盘的容量,通常由 3~4 位数字组成,单位为 GB: • 1600:表示硬盘容量为 160GB • 400:表示硬盘容量为 40GB • 800:表示硬盘容量为 80GB
23	代表硬盘标志,由主标志和副标志组成。前一个数字是主标志,在希捷的 IDE 硬盘中都是指硬盘的碟片数,如数字 2 表示该硬盘采用了 2 张盘片
AS	代表硬盘接口类型,主要由 1~3 个字母组成: • A:表示为 ATAUDMA/33 或 UDMA/66IDE 的接口 • AS:表示为 SerialATA150 的接口 • AG:表示为笔记本电脑专用的 ATA 接口 • N:表示为 50 针 UltraSCSI 的接口,其数据传输率为 20MB/s • W:表示为 68 针 UltraSCSI 的接口,其数据传输率为 40MB/s • WC:表示为 80 针 UltraSCSI 的接口 • FC:表示为光纤,可提供 100MB/s 的数据传输率,支持热拔插 • WD:表示为 68 针 UltraWideSCSI 的接口 • LW:表示为 68 针 Ultra-2SCSI(LVD)的接口 • LC:表示为 80 针 Ultra-2SCSI(LVD)的接口

2)迈拓(Maxtor)硬盘编号。

迈拓硬盘编号 6Y080M006500A 的含义如表 5-13 所示。

表 5-13　迈拓硬盘编号

硬盘编号	含义
6Y	代表产品系列和型号： • 3：表示为 40GB 或以下 • 9：表示为 40GB 以上，此系列为星钻一代 • 2R：表示为 Fireball531DX 美钻一代 • 2B：表示为 Fireball541DX 美钻二代 • 2F：表示为 Fireball3 • 4W：表示为 Diamondmax536DX 星钻二代 • 4D、4K、4G：都表示为 Diamondmax540X 星钻三代 • 4R：表示为 Diamondmax16 星钻四代 • 5T：表示为 DiamondmaxPlus60 金钻六代 • 6L：表示为 DiamondmaxPlusD740X 金钻七代 • 6E：表示为 DiamondmaxPlus8 • 6Y：表示为 DiamondmaxPlus9
080	代表硬盘容量，单位为 GB： • 080：表示容量为 80GB • 200：表示容量为 200GB
M	代表缓存容量、接口及主轴马达类型： • D：表示为 UtralATA/33 • U：表示为 UtralATA/66 • H：表示为 UltraATA100 接口，2MB 缓存 • J：表示为 UltraATA133 接口，2MB 缓存并使用滚珠轴承马达（BallBearingMotor） • L：表示为 UltraATA133 接口，2MB 缓存并使用液态轴承马达（FluidDynamicBearingMotor） • P：表示为 Ultra ATA133 接口，8MB 缓存并使用液态轴承马达 • M：表示为 SerialATA150 接口，8MB 缓存并使用液态轴承马达
0	代表使用的磁头数，也就是记录面数量，由此也可以凭着"硬盘单碟容量=2×硬盘总容量/磁头数"这个公式来推算出单碟容量

3）西部数据（WD）硬盘编号。

西部数据硬盘编号 WD2500JB-00EVA0，其中 WD 是 Western Digital 的缩写，表示是西部数据公司的产品，之后的 6 位为硬盘的主编号，含义如表 5-14 所示。

表 5-14　西部数据（WD）硬盘编号

硬盘编号	含义
2500	代表硬盘容量，通常由 3～4 位数字组成，单位为 GB： • 2500：表示 250GB • 800：表示 80GB

续表

硬盘编号	含义
J	代表硬盘转速及缓存容量： • A：表示转速为 5400rpm 的鱼子酱硬盘 • B：表示转速为 7200rpm 的鱼子酱硬盘 • E：表示转速为 5400rpm 的 Protege 系列硬盘 • J：表示转速为 7200rpm，数据缓存为 8MB 的高端鱼子酱硬盘 • G：表示为转速为 10000rpm，数据缓存为 8MB 的最高端桌面硬盘 Raptor 系列
B	代表接口的类型： • A：表示为 UltraATA/66 或者更早期的接口类型 • B：表示为 UltraATA/100 • W：表示应用于 A/V（数码影音）领域的硬盘 • D：表示为 SerialATA150 接口
00	代表 OEM 客户标志。如今西部数据面向零售市场的产品，其两个编号都是数字"00"。如果为其他字符的话，则为 OEM 客户的代码，不同的编号对应不同的 OEM 客户，而这种编号的硬盘通常是不面向零售市场的
E	代表硬盘单碟容量，单位为 GB： • C：表示硬盘单碟容量为 40GB • D：表示 66GB • E：表示 83GB
V	代表同系列硬盘的版本代码，该代码随着不同系列而变： • A：表示 7200rpm，UltraATA100 接口的 BB 系列 • B：表示 5400rpm，UltraATA66 接口的 AB 系列 • P：表示 5400rpm，UltraATA100 接口的 EB 系列 • R：表示 7200rpm，UltraATA100 接口，具有 8MB 缓存的 JB 系列，而在单碟 66GB 和 83GB 的产品中还出现了 U、V 等其他字母，分别对应 JB 系列和 BB 系列产品
A0	代表硬盘的 Firmware 版本，目前常见的一般都是 A0

3. 硬盘维修方法

（1）硬盘常见故障现象及原因。

硬盘是计算机的主要存储设备，计算机的操作系统一般安装在硬盘上，当硬盘出现故障时，计算机将不能正常工作。

1）硬盘常见故障现象。

- 启动计算机时，屏幕提示：DeviceError 或 Non-systemDiskOrError,ReplaceAnd StrikeAny KeyWhenReady，不能启动。
- 启动计算机时，屏幕提示：NoROMBasicSystemHalted，死机。
- 启动计算机时，屏幕提示：InvalidPartitionTable，不能启动。
- 启动计算机时，系统提示停留很长的时间，最后显示提示：HDDControllerFailure。
- 异常死机。
- 正常使用计算机时，频繁无故出现蓝屏等。
- 计算机无法识别硬盘。

2）硬盘故障的原因分析。
- 硬盘坏道：硬盘由于经常非法关机或使用不当而造成坏道，导致计算机系统文件损坏或丢失，计算机无法启动或死机。
- 硬盘供电问题：硬盘的供电电路出现问题，将直接导致硬盘不能工作，造成硬盘不通电、硬盘检测不到、盘片不转、磁头不寻道等故障。供电电路常出问题的部位：插座的接线柱、滤波电容、二极管、三极管、场效应管、电感和保险电阻等。
- 分区表丢失：由于病毒破坏造成硬盘分区表损坏或丢失，将导致系统无法启动。
- 接口电路问题：接口是硬盘与计算机之间传输数据的通路，接口电路出现故障可能会导致检测不到硬盘、乱码、参数误认等现象。接口电路常出故障的部位和原因是接口芯片或与其匹配的晶振损坏、接口插针断或虚焊或脏污、接口排阻损坏等。
- 磁头芯片损坏：贴装在磁头组件上，用于放大磁头信号、磁头逻辑分配、处理音圈电机反馈信号等，该芯片的故障可能会导致磁头不能正确寻道、数据不能写入盘片、不能识别硬盘、发现异响等故障现象。
- 电机驱动芯片：用于驱动硬盘主轴电机和音圈电机。现在的硬盘由于转速太高导致芯片发热量太大而损坏。据不完全统计，70%左右的硬盘电路故障是由该芯片损坏引起的。
- 其他部件损坏：包括主轴电机、磁头、音圈电机和定位卡子等损坏，导致硬盘无法正常工作。

（2）硬盘常见故障的维修方法。

1）**硬盘软故障的维修方法。**

硬盘软故障包括磁道伺服信息出错、系统信息区出错和扇区逻辑错误（又称逻辑坏道）等引起的故障。硬盘软故障维修方法如下：

①磁盘扫描。用启动盘启动计算机，运行 ScandiskX:（X 为 C 或 D 等）命令扫描硬盘，硬盘如有坏道将用字母 B 标注。

②如果没有坏道或没有办法扫描磁盘，且计算机启动时屏幕出现 Invalid Partition Table（无效的分区表）的错误提示，则故障可能由病毒引起。这时，先用杀毒软件杀毒，然后重新启动计算机。如果还不能启动，则可能是病毒破坏了硬盘分区表，可以用以前备份的硬盘分区表进行恢复，重新启动计算机。

③如果硬盘的分区表被病毒破坏，又没有备份硬盘分区表，可用 FDISK 分区软件对硬盘重新分区并格式化来排除故障。如果硬盘中有重要的数据，可先用数据恢复软件进行恢复。

④分区完成后，重新安装操作系统及应用软件。

2）**硬盘硬故障的维修方法。**

硬盘硬故障包括硬件冲突、连接故障、磁头组件损坏、控制电路损坏、综合性损坏和扇区物理性损坏（一般称为物理坏道）等引起的故障。硬盘硬故障的维修方法如下：

①进入 CMOS，查看是否能检测到硬盘信息。

②如能检测到硬盘信息，接着检查是否存在硬件冲突。如果存在多个设备，则需要检查硬盘之间或硬盘与光驱等设备之间是否存在主从盘冲突问题。

③检查硬盘数据线和电源线连接是否正常、硬盘及主板 IDE 端口是否正常（可用替换法检测）。

④检查磁头组件或控制电路是否损坏。

3）无法检测到硬盘的维修方法。

无法检测到硬盘的故障原因主要有：IDE 接口与硬盘连接的电缆线未连接好、IDE 电缆接头处接触不良、电缆线断裂、跳线设置不当和硬盘硬件损坏等。

维修方法：逐一排查，找到故障源头，如无法修复则更换设备。

4）启动计算机时停留很长时间，最后显示：HDDControllerFailure。此类故障一般是由硬盘线接口不良或接线错误所致。

维修方法：先检查硬盘电源线与硬盘的连接状态，再检查数据线的连接状态。

5）频繁无故出现蓝屏的维修方法。

硬盘由于非法关机、使用不当等原因造成磁盘坏道，会使计算机系统无法启动或出现蓝屏，读取某个文件或运行某个软件时经常出错，或者要经过很长的时间才能操作成功，其间硬盘不断读盘并发出刺耳的杂音，这种现象意味着硬盘上载有数据的某些扇区已坏。

维修方法：磁盘完全扫描，或用硬盘工具软件修复。

6）硬盘坏道的维修方法。

硬盘由于老化或使用不当会造成坏道，如果不解决，将影响系统运行和数据的安全。下面介绍几种处理坏道的方法。

①用 Windows 系统的磁盘扫描工具对硬盘进行完全扫描，对于硬盘的坏簇，程序将以黑底红字的 B 标出。

②避开坏道，对坏道比较多且比较集中的，分区时可以将坏道划分到一个区内，以后不要在此区内存取文件。

③将坏道分区隐藏，用 PartitionMagic 分区软件将坏道分区隐藏，运行 PartitionMagic 分区软件后，选择 Operations→check 标注坏簇，然后选择 Operations→Advanced/badSectorRetest 把坏簇分成一个或多个分区，再用 HidePartition 将坏簇分区隐藏，最后选择 Tools→DriveMapper 收集快捷方式和注册表内的相关信息，更新程序中的驱动盘符参数，可以确保程序的正常运行。

4. **硬盘故障维修实例**

（1）开机后屏幕显示 Device error，硬盘不能启动。

故障现象：开机后屏幕显示 Device error，硬盘不能启动。

故障原因：造成该故障的原因一般是 CMOS 中的参数丢失或硬盘类型设置错误。

解决方法：进入 CMOS，检查硬盘设置参数，发现硬盘类型设置错误，将硬盘设置参数修改过来即可。如果忘了硬盘设置参数，不会修改，可用出厂 CMOS 设置进行恢复。

（2）关闭硬盘故障。

故障现象：计算机没有进行任何操作，闲置 3 分钟左右，听到好似硬盘停止转动的声音，再继续使用计算机，能听到硬盘开始转动的声音，但感觉计算机运行速度明显减慢。

故障原因：可能是计算机的"电源管理"选项中设置了"3 分钟后关闭硬盘"。

解决方法：在"开始"菜单中选择"设置"→"控制面板"→"电源选项"，打开这项设置，把"关闭硬盘"项设置为"从不"，单击"确定"按钮。

（3）硬件不兼容故障。

故障现象：计算机使用一会儿出现找不到硬盘的提示，运行大的游戏出现死机。

故障原因：可能是硬件故障、硬件接触不良、硬件不兼容或软件不兼容。

解决方法：检查硬盘的数据线与数据线的插头连接。运行大游戏时出现死机，应该是硬件不兼容或软件不兼容造成的，可以安装主板和显卡驱动程序，重新插拔内存或更换部件。

（4）硬盘物理坏道故障。

故障现象：计算机每次读写时，硬盘都会出现"嘎嘎"的响声。

故障原因：硬盘一旦出现读写时发出"嘎嘎"响的情况，基本上都是出现了物理坏道。

解决方法：低级格式化硬盘。这样处理后，即使能暂时恢复正常，硬盘使用寿命也不会太久。因此，要备份重要数据以防患于未然。

（5）找不到硬盘故障。

故障现象：计算机开机时找不到硬盘，在 CMOS 中也检测不到硬盘的信息。

故障原因：一般由硬盘接触不良、硬盘分区损坏或硬盘损坏造成。

解决方法：检查硬盘数据线和电源线的连接，如果没有问题，可能是硬盘分区损坏或硬盘损坏，将硬盘接到其他计算机上，如能找到硬盘，则重新分区，创建新的引导分区。

（6）硬盘坏道故障。

故障现象：计算机不能正常安装 Windows 系统，即使勉强装上使用也不稳定。

故障原因：硬盘坏道。

解决方法：对于硬盘坏道比较集中的硬盘，用分区软件将坏道分为一个区或几个小区，然后将该分区删掉；对于坏道比较分散的硬盘，用 Norton 8.0 的 Wipeinfo.exe 文件擦除有坏道的驱动器，重装软件；此外，还可用 DM 软件低级格式化硬盘，或用 Pctools 9.0 的 Diskfix 修复硬盘。

（7）无法格式化硬盘故障。

故障现象：使用 Format 命令格式化硬盘时提示硬盘有坏道，且格式化速度很慢。

故障原因：硬盘介质损坏。

解决方法：重新分区，避开坏道所在区域。

（8）硬盘接触不良故障。

故障现象：系统从硬盘无法启动，从启动盘启动也无法进入 C 盘，使用 CMOS 中的自动监测功能也无法发现硬盘的存在。

故障原因：可能是连接电缆或 IDE 端口接触不良，或硬盘的主从跳线错误，硬盘本身故障的可能性不大。

解决方法：通过重新插接硬盘电缆或者改换 IDE 口及电缆等进行替换试验，很快发现故障所在。如果新接上的硬盘也不被接受，则检查硬盘的主从跳线；如果在一条 IDE 硬盘线上接两个硬盘设备，要分清主从关系。

5.3.2　光驱的故障实例分析

光驱是用来接收视频、音频和文本信息的设备，光驱主要有 CD-ROM 和 DVD-ROM 两种。刻录机也是计算机的一个重要设备，外形和光驱相似。光驱和刻录机都是多媒体计算机的重要组成部分。光驱的故障原因较多，如果发生故障，可以按照图 5-16 所示的故障维修流程进行检修。

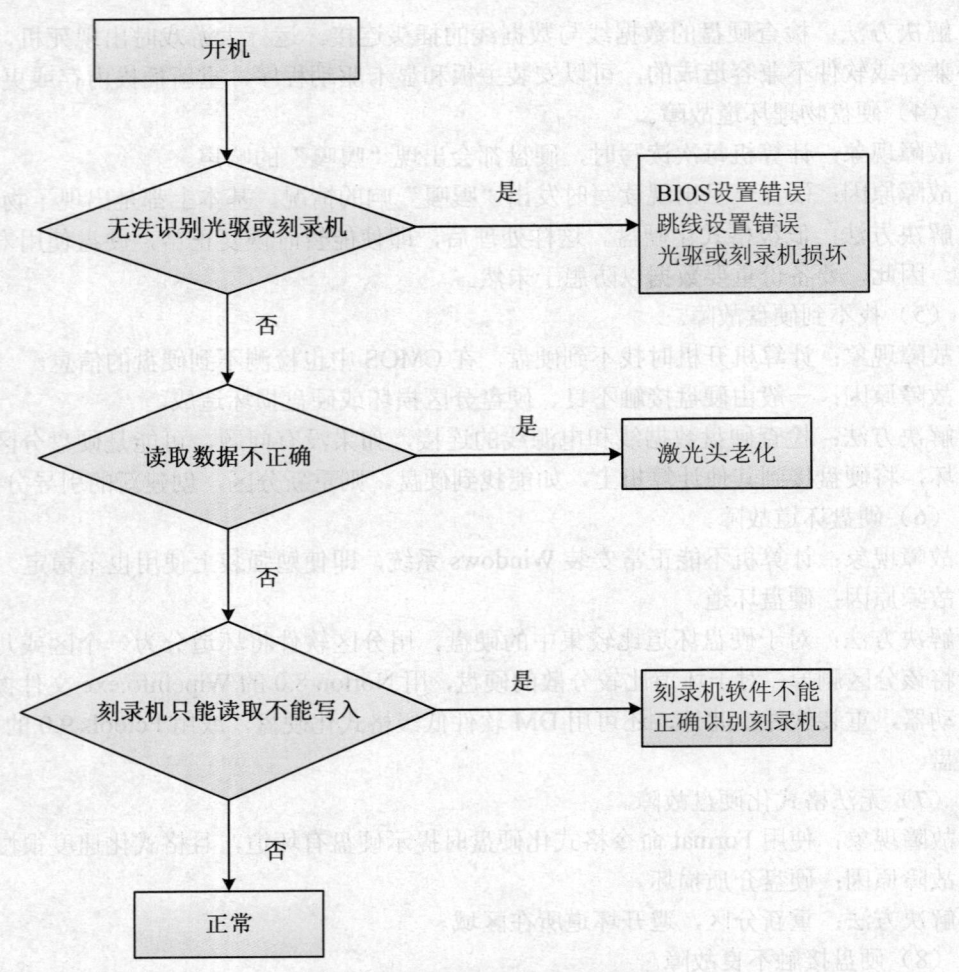

图 5-16 光驱、刻录机故障检测流程

1. 光驱和刻录机故障的分类
（1）接口故障：光驱和刻录机的接口与主板不匹配或电源接口、数据线接口接触不良等。
（2）系统配置故障：系统中设备的驱动程序损坏或冲突等。
（3）光学部件故障：激光头表面和聚焦透镜表面积尘太多、激光强度减弱、激光头老化等。
（4）机械部件故障：机械部件磨损、损坏产生位移导致激光头定位不准；压盘机械部分不能夹紧光盘、托盘不能弹出等。
（5）电子部件故障：电子线路板损坏、元器件老化和损坏等。

2. 光驱和刻录机常见故障现象及原因
（1）光驱和刻录机的常见故障现象。
- 光驱挑盘。
- 系统中找不到光驱盘符。
- 光驱打不开仓门。
- 无法复制游戏 CD。
- 光驱指示灯不亮，没有反应。

- 光驱不读盘。
- DVD 光驱只能读 DVD 盘，不能读数据盘。
- 刻录软件找不到光盘刻录机。
- 安装刻录机后无法启动计算机。
- 光盘刻录过程中经常会出现刻录失败。
- 检测不到光驱或刻录机。

（2）光驱和刻录机故障的原因。
- IDE 接口接触不良引起的故障。
- 驱动丢失或损坏引起的故障。
- 激光头脏了引起的故障。
- 激光头老化引起的故障。
- 进给电机插针接触不良或者电机烧毁引起的故障。
- 进出盒机械结构中的传动带松动打滑引起的故障。
- 跳线设置不正确引起的故障。

3. 光驱常见故障维修实例

（1）光驱不能自检。

故障现象：光驱不能自检，指示灯亮。

故障原因：说明电路基本正常，可能激光头老化了。

解决方法：重装光驱驱动程序，如果仍不能自检，则卸下光驱检查。如果没有元件损坏，则怀疑激光头老化导致不能自检，经小心调试激光能量电位器亦无效果。更换新的激光头后接上主机试验，自检通过，数据读取正常，故障排除。

（2）光驱读盘故障。

故障现象：光驱读数据时，有时读得出，有时读不出，并且读盘的时间变长。

故障原因：可能是磁头沾有灰尘或有机械故障。

解决方法：用清洗盘清洗，如果没有效果，则打开机器仔细观察，听光驱在读盘时是否噪音很大，如果是，可能是光盘在旋转时阻力过大，接着检查光驱内部是否有油污，如果有，将其清洗干净。

（3）光驱挑盘故障。

故障现象：光驱有的盘能读，有的盘不能读。

故障原因：光驱使用时间长，激光头物镜变脏或激光头老化。

解决方法：打开光驱盖，用棉花擦干净激光头物镜，如果不行，可能激光头老化了，调节激光电路上的可调电阻以增大激光的发射功率。

（4）光驱图标丢失故障。

故障现象：计算机开机自检时提示信息有光驱，但"我的计算机"窗口中没有光驱图标。

故障原因：可能是计算机感染病毒或系统注册表被修改或光驱的驱动程序已被损坏。

解决方法：先用杀毒软件杀毒，再用"安全模式"启动，将注册表恢复，最后打开控制面板→系统，选择"设备管理"来查看或重新安装光驱的驱动程序。

（5）读盘不稳定故障。

故障现象：光盘进入后，旋转时颤抖很明显，且嗡嗡作响，读盘不稳定。

故障原因：有两种可能：一是光盘质量差、片基薄、光碟厚薄不均；二是光驱的压碟转动机制松动了。

解决方法：如果是第二种原因，则打开盖板，取下压碟机制的上压转动片，由于上压碟转轮是塑料的且有少许磨损，加之光碟也是塑料的，因而上下压碟时碟片夹不稳，高速旋转时发生抖动。拿一块薄的绒布，将其剪成小圆环，大小与上压碟轮一致，用万能胶将其与压碟轮粘在一起。

（6）光驱机械故障。

故障现象：出碟、进碟时噪音很大，且伴有机械摩擦的杂音，进出碟速度不稳定，有时进出碟电机会空转，导致舱门无法弹出。

故障原因：故障在于"噪音"和"电机伺服机械部分"，噪音可能是由于光盘旋转不稳定或者机械摩擦所致，电机伺服机械部分最有可能出毛病的是传动齿轮和橡皮胶带，一般电机和电路出毛病的可能很小。

解决方法：先在通电的情况下打开光驱的舱门，取下光驱，打开盖板，取下光盘托架，仔细检查控制进出碟的传动橡皮轮是否变形老化、有无裂纹，如果有，更换橡皮轮并清洁灰尘后，进出碟电机空转现象即可消失。再在光驱托盘左侧的齿槽进出轨道上涂抹润滑油。

（7）光驱不出仓故障。

故障现象：按下光驱的出仓按钮不出仓。

故障原因：可能是光驱出仓电机故障或机械传动部分故障或出仓电机驱动电路故障。

解决方法：拆开光驱上部盖板，按出仓键，看电机正常旋转，再用手试试皮带的张力，由于长时间使用，皮带可能会老化，如果皮带打滑，可以换一条皮带。再仔细观察出仓传动机构，如果发现有错齿，或出到一定位置便卡住，将其复位即可。如果现象仍然出现，那么可能是驱动芯片坏了，返回厂家维修。

（8）托盘弹出弹入时光驱发出很大的噪音。

故障现象：托盘弹出弹入时光驱发出很大的噪音，并且托盘弹出弹入的速度不均匀。

故障原因：主要是电机伺服机械部分有问题。

解决方法：在通电的情况下，仔细观察确认齿轮和传动带有没有变形或者打滑；检查光驱的齿槽、进出轨道有没有严重磨损；添加润滑油，使系统机械部分运行顺畅，故障排除。

（9）DVD 不读盘故障。

故障现象：可以播放 DVD 影碟，但不能读取数据盘。

故障原因：一般 DVD 光驱分别装有两个相对独立的激光发射管，分别发射 780nm 和 650nm 波长的激光束，以便适应数据盘和 DVD 影碟对波长的不同要求。可以播放 DVD 影碟但不能读取数据盘，可能是发射 780nm 光束的激光管由于使用频繁老化了，出现了发射功率降低的情况。

解决方法：调整光头的输出功率。先打开 DVD-ROM 的外壳，用脱脂棉将物镜上的灰尘清除。再用一把自制的三角口螺丝刀卸下挡在光头组件侧面的盖板，在露出的光头组件的印刷电路板上有两个绿豆般大小的可调元件，即调整激光管发射功率的元件。正中间的那一个是调整 DVD 盘的，靠近电路板边缘的那个是调整数据盘的，每次调整 5°，先顺时针调，不行再逆时针调，直到可以读盘为止。

（10）刻录失败故障。

故障现象：刻录盘时，"模拟刻录"已经成功，但真正刻录时失败了。

故障原因：刻录机接受刻录程序"模拟刻录"与"刻录"命令的差别在于有无打出激光，其他动作基本相同。所以"模拟刻录"可以测试待刻资料是否正常、硬盘速度是否够快、所剩光盘空间是否足够等，但无法得知刻录的光盘是否有问题、刻录机的激光读写头功率与光盘是否匹配。

解决方法：进行"模拟刻录"成功，但实际刻录失败，说明刻录机与 CD-R（W）光盘存在兼容性问题，或者光盘自身存在质量问题，可换一个品牌的 CD-R（W）光盘试试。此外，刻录机激光读写头功率衰减也会出现这种问题。此类问题请找专业人员进行维修。

（11）缓冲区数据不足故障。

故障现象：在刻录过程中出现 BufferUnder Run（缓冲区数据不足）的错误，无法完成刻录，造成盘片报废。

故障原因：刻录机使用过程中最常见也是最为复杂的故障可能是操作系统、刻录软件、刻录机硬件等多种因素所致，而根本原因是：刻录机缓存数据被用完，被迫中断当前刻录操作，由于传统刻录方式中断后不能继续进行刻录，由此导致盘片报废。

解决方法：为了避免 BufferUnderRun（缓冲区数据不足）的错误，在刻录光盘前应保持环境的单纯，如果计算机需要进行刻录工作，建议除必要的刻录程序，最好不要再运行其他应用程序，也不要进行其他的额外工作，尤其是那些占用系统资源大的程序。

（12）刻录机连接故障。

故障现象：安装刻录机后无法启动计算机。

故障原因：连接刻录机与主板的数据线没有正确连接。

解决方法：切断计算机供电电源，打开机箱外壳，检查 IDE 线是否完全插入，并且要保证 PIN-1 的接脚位置正确连接。如果刻录机与其他 IDE 设备共用一条 IDE 线，则需要保证两个设备不能同时设定为 MA（Master）或 SL（Slave）方式，可以把一个设置为 MA，另一个设置为 SL。

（13）无法识别刻录机故障。

故障现象：可以用刻录机读光盘，但刻录软件提示找不到刻录机。

故障原因：刻录机没有被正确识别，或者刻录软件不支持该刻录机。

解决方法：看是否是由于刻录软件的 BUG 所致，或是安装的刻录软件太多，不同版本的软件之间相冲突所致，一般应采用刻录机的原配刻录软件。查看刻录机的电源、IDE 线插接是否正常，如果均正常，单击"我的计算机→控制面板→系统"，看"设备管理器"对话框中"硬盘控制器"下面的设备是否正常。如果有黄色的感叹号，最好的解决方法是重新安装该设备，使该设备正常，然后再安装刻录软件刻录数据。

5.3.3 U 盘驱动器的故障与维修实例

U 盘是基于 USB 接口，以闪存芯片为存储介质的无需驱动器的新一代存储设备。U 盘的体积小巧，适合随身携带，能够在各种主流操作系统及硬件平台之间作大容量数据存储及交换，是理想的移动办公及数据存储交换产品。

1. U 盘故障维修流程

目前，U 盘已经逐渐取代软盘成为数据交换和工作学习不可缺少的工具，用户经常用 U

盘存储重要的文件，如果 U 盘损坏，可能导致重要数据丢失。U 盘损坏后，可以按照图 5-17 所示的故障检修流程进行检修。

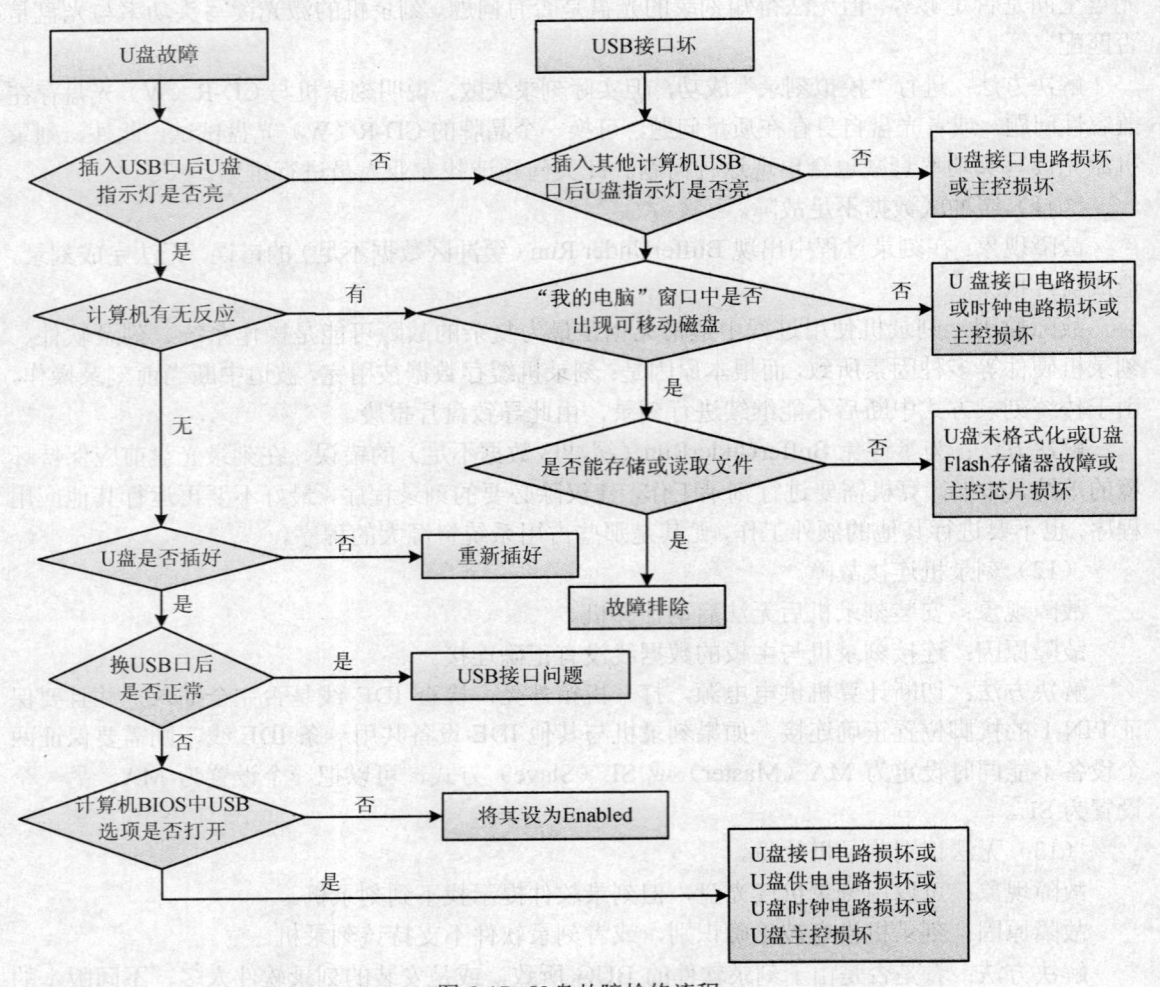

图 5-17 U 盘故障检修流程

2. U 盘的结构和原理

（1）U 盘的组成结构。

U 盘主要由 5 部分组成：USB 接口、主控芯片、Flash（闪存）芯片、写保护按键及指示灯、外壳封装等，如图 5-18 所示。

其中，USB 接口负责连接计算机，是数据输入或输出的通道；主控芯片负责各部件的协调管理和下达各项动作指令，并使计算机将 U 盘识别为"可移动磁盘"，主控芯片是 U 盘的核心；Flash 芯片与计算机中内存条的原理基本相同，是保存数据的实体，其特点是断电后数据不会丢失，能长期保存。

（2）U 盘的工作原理。

U 盘的基本工作原理比较简单。当 U 盘连接到计算机主机的 USB 接口时，计算机 USB 接口的 5V 电压通过 U 盘 USB 接口的供电针脚为 U 盘供电电路供电，产生 VCC 电压。接着，

USB 接口电路中 USB 插座的数据输入针脚为高电平，数据输出引脚为低电平；当计算机主板中的 USB 模块检测到数据线上的一高一低电平信号后，认为 USB 设备连接好，向 USB 设备发出准备好信号。接着，U 盘的主控芯片调取存储器中的基本信息及文件信息，通过 USB 接口发送给计算机主机的 USB 总线，计算机主机接收数据后提示发现新硬件，并开始安装 U 盘的驱动程序。驱动程序安装完成后，用户即可看见 U 盘存储器中的文件。

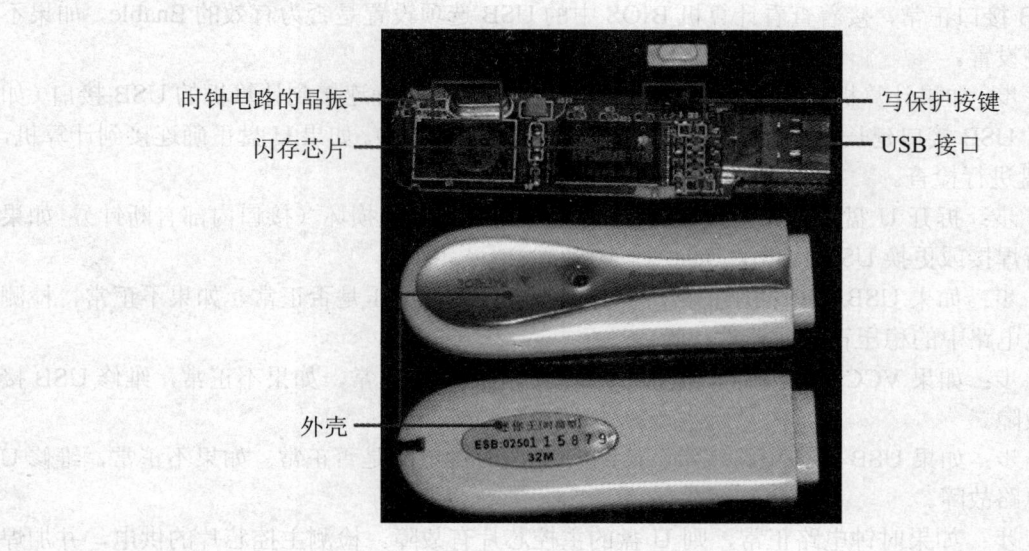

图 5-18　U 盘的组成结构

向 U 盘中存储数据文件时，主控芯片先检测其写保护端口的电平信号。若写保护端口为高电平信号，主控芯片向闪存芯片发送一个读写信号，闪存将数据存入其中；若写保护端口为低电平信号，主控芯片向闪存芯片发送一个写保护信号，闪存将拒绝数据的存储。

3．U 盘维修方法

（1）U 盘常见故障现象。
- U 盘与计算机连接时没有反应。
- U 盘与计算机连接时计算机提示"无法识别的设备"。
- 计算机可以认 U 盘，但打开时提示"磁盘还没有格式化"，但系统又无法格式化。
- 打开 U 盘盘符，里面都是乱码。
- 不能往 U 盘中存储文件等。

（2）U 盘故障产生的原因。
- U 盘 USB 接口插座接触不良或损坏。
- U 盘供电电路故障。
- U 盘时钟电路故障。
- U 盘主控芯片损坏。
- USB 接口电路故障。
- 计算机的 USB 接口损坏或设置不正常。
- 闪存芯片损坏。
- 主控芯片有引脚虚焊或损坏。

- 主控与闪存芯片间的电阻等元件损坏。

(3) U盘故障维修方法。

1) U盘与计算机连接时没有反应。

故障维修方法:

第1步:检查计算机的USB接口是否损坏(可以用其他USB设备接到计算机中测试),如果USB接口正常,接着查看计算机BIOS中的USB选项设置是否为有效的Enable,如果不是,调整设置。

第2步:如果计算机的USB接口正常,检查U盘是否正确连接到计算机的USB接口(如果使用了USB接口延长线,还需要检查USB延长线是否正常)。如果U盘正确连接到计算机,拆开U盘进行检查。

第3步:拆开U盘后,先检查USB接口插座是否虚焊或损坏(接口内部有断针),如果是,重新焊接或更换USB接口插座。

第4步:如果USB接口插座正常,测量U盘的VCC电压是否正常,如果不正常,检测U盘供电电路中的稳压管等元器件故障。

第5步:如果VCC电压正常,检查USB接口电路是否正常,如果不正常,维修USB接口电路故障。

第6步:如果USB接口电路正常,检测U盘的时钟电路是否正常。如果不正常,维修U盘时钟电路故障。

第7步:如果时钟电路正常,则U盘的主控芯片有故障。检测主控芯片的供电,并加焊主控芯片,如果不行,更换主控芯片。

2) U盘插入计算机,计算机提示"无法识别的设备"。

故障维修方法:

第1步:如果U盘插入计算机,计算机提示"无法识别的设备",说明U盘的供电电路正常,检测U盘的USB接口电路故障。

第2步:如果U盘的USB接口电路正常,可能是时钟电路有故障(U盘的时钟频率和计算机不能同步所致),检测U盘的时钟电路故障。

第3步:如果时钟电路正常,可能是主控芯片工作不良。检测主控芯片的供电,并重新加焊主控芯片,如果不行,更换主控芯片。

3) U盘存储文件故障。

U盘存储文件故障通常与U盘的闪存芯片有关,应重点检查闪存芯片及其与主控芯片的连接线路,可找到故障原因。

故障维修方法:

第1步:先用U盘的格式化工具将U盘格式化,如果故障依旧,拆开U盘外壳,检查闪存芯片与主控芯片间的线路中是否有损坏的元器件或断线故障。

第2步:如果有,维修损坏的元器件;如果没有,检测USB接口电路是否正常,主要是数据线中连接的电阻。

第3步:如果USB接口电路正常,检测闪存芯片的供电是否正常。如果不正常,检测供电电路;如果正常,检测时钟信号端是否有时钟信号,如果没有,检测主控芯片时钟信号输出端口是否有信号,如果没有,则是主控芯片故障,更换主控芯片。

第 4 步：如果闪存芯片的供电和时钟信号正常，重新加焊闪存芯片，如果故障依旧，更换闪存芯片。

第 5 步：如果更换闪存芯片后故障依旧，则是主控芯片损坏，更换主控芯片。

4. U 盘常见故障的维修实例

（1）接口电路故障导致连接错误。

故障现象：一个清华紫光的 U 盘接入计算机 USB 接口后，提示"无法识别的设备"。

故障分析：一般是 U 盘通信故障或计算机中没有安装 USB 驱动程序等引起的。

解决方法：检查计算机中的 USB 接口驱动程序，驱动程序安装正常。打开 U 盘的外壳，检查 U 盘接口电路，发现接口电路中+Data 数据线连接的电阻损坏，更换后接入计算机，可以正常检测到 U 盘，故障解决。

（2）BIOS 设置问题导致无法找到 U 盘。

故障现象：一个联想 U 盘，插到计算机上后没有任何反应。

故障分析：可能是计算机的 USB 接口损坏，或系统没有安装 USB 驱动程序，或 BIOS 中屏蔽了 USB 接口，或 U 盘的供电电路故障，或 U 盘的时钟电路故障，或 U 盘的主控芯片损坏等引起的。

解决方法：先更换一个 USB 接口测试，发现故障依旧。接着打开"设备管理器"窗口下的"通用串行总线控制器"，发现驱动程序安装正常。重启计算机进入 BIOS 程序，查看周边设备选项中的 USBController 项，发现该项设置为 Disabled，改为 Enabled 后保存退出，启动计算机，系统提示发现新硬件，接着在"我的计算机"窗口中看见 U 盘的可移动磁盘，故障解决。

（3）晶振损坏导致无法被计算机识别。

故障现象：一个爱国者 2GB U 盘，不小心摔地后，接到计算机 USB 接口没有任何反应。

故障分析：可能是 U 盘中的晶振被震坏。

解决方法：拆开 U 盘外壳，检测 U 盘的时钟电路，发现晶振两脚的对地阻值不相同，其中一端为 0，看来晶振损坏。更换晶振后，接入计算机可以识别，故障解决。

（4）供电问题导致计算机无法识别。

故障现象：一个 8GB U 盘，插到计算机上后没有任何反应。

故障分析：可能是计算机的 USB 接口损坏，或系统没有安装 USB 驱动程序，或 BIOS 中屏蔽了 USB 接口，或 U 盘的供电电路故障，或 U 盘的时钟电路故障，或 U 盘的主控芯片损坏等引起的。

解决方法：先更换一个 USB 接口测试，发现故障依旧。检查 USB 接口的驱动程序和 BIOS 中的 USBController 选项设置，均正常。看来是 U 盘有问题，打开 U 盘的外壳，测量 U 盘 USB 接口的 5V 供电，供电正常。再检查主控芯片的 3V 供电引脚，没有电压。检查供电电路，发现一个 3V 稳压器损坏，更换后故障解决。

（5）内部程序损坏导致无法打开 U 盘。

故障现象：一个纽曼 U 盘接入计算机，在"我的计算机"窗口中双击"可移动磁盘"后计算机提示"磁盘还没有格式化"，执行格式化时提示无法格式化，打开 U 盘，发现里面都是乱码，而且容量与本身不相符。

故障分析：可能是 U 盘的固件损坏。

解决方法：从厂商网站下载固件修复工具后运行修复程序修复，U盘恢复正常，故障解决。

5.3.4 移动硬盘的故障与维修实例

现在，移动硬盘已成为常用的存储设备，其优点是传统存储设备所无法比拟的。但是，移动硬盘是一个非标准的USB设备，使用中远不如鼠标可靠，若使用不当会导致移动硬盘故障。

1. 使用移动硬盘的注意事项

（1）移动硬盘分区不要超过2个。

（2）移动硬盘最好不要插在机器上长期工作。移动硬盘是用来临时交换数据的，不是一个本地硬盘。相比于笔记本内置的硬盘，移动硬盘应尽量缩短工作时间。正确的使用方法是使用本地硬盘下载资料等，然后拷贝到移动硬盘上，而不是挂在机器上整夜下载。

（3）不要给移动硬盘整理磁盘碎片。整理的方法是把整个分区的数据都拷贝出来，再拷贝回去。

（4）千万不要混用供电线。某个盒子的线就只给某个盒子用，供电线的接口电压定义各有不同，乱插轻则烧盒子，重则烧硬盘。

（5）妥善保护移动硬盘。切忌摔打，轻拿轻放；注意温度，太热就停；干燥防水，先删再拔。

2. 移动硬盘的故障维修实例

（1）新买的移动硬盘经常产生读写错误。

故障现象：新买的500GB USB 2.0移动硬盘，接入计算机后，发现USB硬盘读写操作发出"咔咔"的声音，经常产生读写错误。

故障分析：USB接口的设备需要+5V，最大500mA供电，供电不足会导致移动硬盘读写错误甚至无法识别。

解决方法：更换USB接口供电方式，从+5VSB切换为主板+5V供电；如果仍不能解决问题，则考虑更换电源。某些USB移动硬盘也提供PS/2取电接口，也可以尝试使用。

（2）移动硬盘接入计算机时提示"未知的USB设备"，安装无法继续进行。

故障现象：USB移动硬盘能被操作系统识别，但无法打开移动硬盘所在的盘符。即USB移动硬盘在操作系统中能被发现，但被识别为"未知的USB设备"，提示安装无法继续进行。

故障分析：移动硬盘对工作电压和电流有较高的要求（+5V，最大要求500mA），如果主板上USB接口供电不足，会造成上述现象。

解决方法：选择带有外接电源的移动硬盘盒，或者使用带有外接电源的USB Hub。

（3）使用USB 2.0移动硬盘复制较大文件时容易出错并死机。

故障现象：在华擎P4I45D主板上使用USB 2.0移动硬盘，复制较大文件时容易出错并死机。

故障分析：未更新的驱动程序导致操作系统和USB控制芯片产生兼容性的问题。

解决方法：更新主板USB 2.0控制芯片VIA VT6202的驱动程序——VIA USB过滤器补丁。

（4）USB 2.0接口的移动硬盘无法在机箱的前置USB接口上使用。

故障现象：USB 2.0接口的移动硬盘无法在机箱的前置USB接口上使用，也不能使用USB 1.1接口延长线。

故障分析：通常机箱上的前置USB口和USB延长线都是采用USB 1.1结构，USB 2.0接口的移动硬盘在 USB 1.1 集线器插座上使用会不定时出错。即使有些前置 USB 接口是 2.0 标准，也可能因为重复接线的原因导致电阻升高，使得 USB 2.0 接口供电不足。

解决方法：尽量使用主板 I/O 面板上的 USB 2.0 接口。

（5）移动硬盘无法在系统中弹出和关闭。

故障现象：在 Windows 2000 或 Windows XP 系统中，移动硬盘无法在系统中弹出和关闭。

故障分析：系统中有其他程序正在访问移动硬盘中的数据，产生对移动硬盘的读写操作。

解决方法：关闭所有对移动硬盘进行操作的程序，尽可能在弹出移动硬盘时关闭系统中的病毒防火墙等软件。

（6）无法从移动硬盘引导系统。

故障现象：用移动硬盘作启动盘，开机无法从移动硬盘引导系统。

故障分析：如果用移动硬盘引导系统，必须在 BIOS 的启动设置中设置为从 USB 设备启动。

解决方法：将 BIOS 设置中的 Boot Device 设置为 USB-ZIP。如果 BIOS 不支持，必须更新 BIOS 版本到最新。

学习任务 5.4 扩展卡的故障

5.4.1 显卡常见故障与维修

显卡是显示适配器的简称，是显示器与主机通信的控制电路和接口，由视频存储器、字符发生器、显示系统 BIOS 和控制电路等组成。

显卡接收由主机发出的控制显示系统工作的指令和显示内容，通过输出信号控制显示器显示各种字符和图形。主机对显示屏幕的任何操作都要通过显卡。显卡一般有显存，可以暂存图像信息。显卡一旦出现故障，将使计算机无法显示图像。显卡故障维修流程如图 5-19 所示。

1. 显卡维修预备知识

显卡是计算机内主要的板卡之一，它负责将 CPU 送来的信息处理为显示器可以处理的信息后送到显示屏上形成影像。显卡的工作性质不同，提供的功能也各不相同。一般来说，二维图形图像的输出是必备的。在此基础上将部分或全部的三维图像处理功能纳入显示芯片中，由这种芯片做成的显卡就是"3D 显卡"。3D 显卡拥有专用的图形函数加速器和显存，用来执行图形加速任务，可以大大减少 CPU 处理图形函数的时间，从而提高计算机的整体性能。

显卡的工作流程：

第 1 步：把 CPU 处理完的数据通过总线传入显卡芯片进行处理。

第 2 步：数据在显示芯片处理后进入显存。

第 3 步：由显存读取资料再送到 RAM DAC（数/模转换器）进行资料转换。

第 4 步：将转换后的资料送到显示屏显示。

显卡的结构大致相同，主要由显示芯片、显存、数/模转换器、显卡 BIOS 和 VGA 接口等几部分组成。

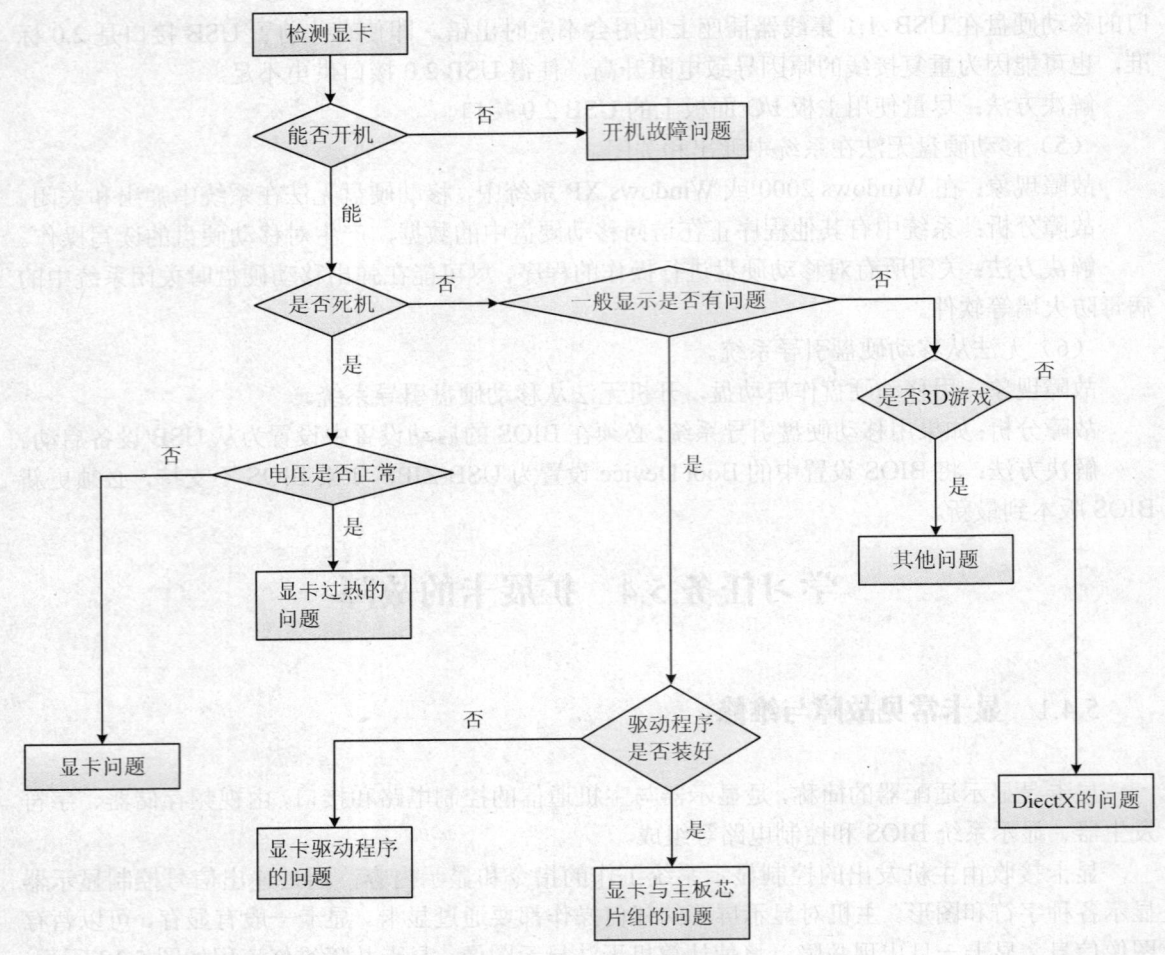

图 5-19 显卡故障维修流程

（1）显示芯片。

图形处理芯片（Graphic Processing Unit，GPU），即图形处理单元，是显卡的"大脑"，负责绝大部分的计算工作。整个显卡中，GPU 负责处理由计算机送来的数据，最终将产生的结果显示在显示器上，如图 5-20 所示。

图 5-20 显示芯片

(2) 显存。

显存即显示内存，与主板上的内存功能基本一样，显存的速度以及带宽直接影响显卡的速度，即使显卡图形芯片性能很强劲，如果板载显存达不到要求，无法将处理过的数据即时传送，就无法得到满意的显示效果。显存的容量与速度直接关系到显卡的性能，高速显示芯片对显存的容量要求相应高一些，因此显存的性能是显卡的重要指标。

(3) RAM DAC（数/模转换器）。

RAM DAC（RAM Digital to Analog Converter）即随机存储器数/模转换器，负责将显示内存中的数字信号转换成显示器能够接收的模拟信号。

RAM DAC 是影响显卡性能的重要器件，其转换速度影响着显卡的刷新率和最大分辨率。对于给定的刷新频率，分辨率越高，像素越多。如果要保持一定的画面刷新，则生成和显示像素的速度就必须快。RAM DAC 的转换速度越快，影像在显示器上的刷新频率越高，从而图像显示越快，图像越稳定。

(4) 显卡 BIOS。

显卡 BIOS 中包含了显示芯片和驱动程序的控制程序、产品标识信息。这些信息一般由厂商固化在 BIOS 芯片中。开机时，最先在屏幕上看到显卡 BIOS 的内容，即显卡的产品标识、出厂日期、生产厂家等相关信息。

(5) 总线接口。

显卡必须插在主板上才能与主板交换数据，因而必须有相应的总线接口。现在主流总线接口是 AGP（Accelerated Graphics Pro）接口。AGP 接口在 PCI 图形接口的基础上发展而来，是一种专用的显示接口，具有独占总线的特点，只有图像数据才能通过 AGP 接口。AGP 又分为 AGP8X、AGP4X 和 AGP2X 等标准。AGP8X 是目前的主流接口，总线带宽达到 2133MB/s，是 AGP4X 的两倍。AGP8X 规格可以向下兼容 AGP4X，即 AGP8X 插槽可以插 AGP4X 的显卡，AGP8X 规格的显卡也可以用在 AGP4X 插槽的主板上。

PCI Express 接口是显卡的一种新接口规格，自 Intel 在 IDFFall 2002 上推出以来，PCI Express 得到大多数厂商的支持。PCI Express×16 界面插槽将取代 AGP4X/8X 插槽，其数据带宽是 AGP8X 的两倍，达到 4GB/s。PCI Express 还可以给显卡提供高达 75W 的电源供给。PCI Express 接口是现在比较先进的接口规范。

(6) 输出接口。

经显卡处理的图像数据要在显示器上显示，必须通过显卡的输出接口输出到显示器上，常见的显卡输出接口有：VGA 接口、DVI 接口和 S 端子等，如图 5-21 所示。

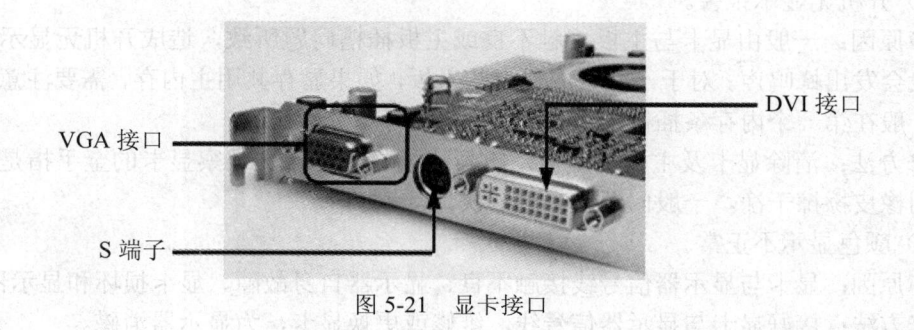

图 5-21 显卡接口

2. 显卡常见故障现象及原因

（1）显卡常见故障现象。
- 开机无显示报警。
- 系统不稳定死机。
- 显示花屏，看不清字迹。
- 颜色显示不正常，偏色。
- 屏幕出现异常杂点或图案等。

（2）造成显卡故障的原因。
- 接触不良、灰尘：金手指氧化等引起的故障多数在开机时有报警音提示。可以打开机箱重新拔插显卡；清除显卡及主板的灰尘；认真观察显卡的金手指是否发黑被氧化，用橡皮擦擦干净，一般问题即可得到解决。
- 显卡元器件故障：显卡自身的质量问题引起的故障。
- 显卡散热条件不好引起的故障：显卡芯片与 CPU 一样，工作时会产生大量的热量，需要有比较好的散热条件，有些厂商为降低成本，省去了散热片或采用质量不好的风扇，这都会使显卡工作的稳定性降低。另外，由于显卡风扇上灰尘过多，导致转速减慢，也会引起显卡过热。
- CMOS 中相关设置引起的故障：CMOS 中与显卡有关的设置项如设置不合理，将会引起显卡故障，如 AGPApertureSize 指定 AGP 能取用的主内存容量，AGPDrivingControl 指定 AGP 驱动控制等。
- 兼容性问题引起的故障：一般发生在计算机刚装机或升级后，多见于主板与显卡的不兼容或主板插槽与显卡金手指不能完全接触。
- 显卡显存引起的故障：由于显存老化、质量不好或虚焊等引起计算机死机等故障。
- 显卡工作电压不稳引起的故障：当工作电压低于或高出标准电压时，就有可能造成显卡故障。
- 显卡超频引起的故障：有时为了提高显卡性能，对显卡进行超频而导致故障。

3. 显卡常见故障维修方法

（1）显卡驱动程序无故丢失。

故障原因：一般是由于显卡质量不佳，或显卡与主板不兼容，使显卡温度太高，导致系统运行不稳定或出现死机。

维修方法：更换显卡。

（2）开机无显示报警。

故障原因：一般由显卡与主板接触不良或主板插槽问题所致，造成开机无显示故障，开机后一般会发出蜂鸣声。对于一些集成显卡的主板，如果显存共用主内存，需要注意内存条的位置，一般在第一个内存条插槽上应插有内存条。

维修方法：清除显卡及主板的灰尘，重新拔插显卡，认真观察显卡的金手指是否发黑被氧化，用橡皮擦擦干净，一般问题会得到解决。

（3）颜色显示不正常。

故障原因：显卡与显示器信号线接触不良、显示器自身故障、显卡损坏和显示器被磁化。

维修方法：接好显卡与显示器信号线，维修或更换显卡，为显示器消磁。

（4）显示花屏，看不清字迹。

故障原因：一般是显示器或显卡不支持高分辨率而造成。

维修方法：重新设置系统分辨率为较低分辨率。

（5）系统不稳定死机。

故障原因：一般为主板与显卡不兼容，或主板与显卡接触不良，或显卡与其他扩展卡不兼容所致。

维修方法：打开机箱重新拔插一下显卡；清除显卡及主板的灰尘；认真观察显卡的金手指是否发黑被氧化，用橡皮擦干净，一般问题即可解决。如果没有解决则需更换显卡。

4．显卡常见故障处理实例

（1）显示颜色不正常。

故障现象：在 Windows 中，显示器显示的颜色不正常。

故障原因：一是显卡与显示器信号线接触不良；二是显示器自身故障；三是显示器被磁化；四是显卡损坏。

解决方法：重新将信号线插头插好；如果不行，利用显示器自身的消磁功能消磁；如果不行，通过"替换法"查看是否是显卡问题，如果是显卡问题，更换显卡。

（2）显卡驱动程序丢失故障。

故障现象：显卡运行一段时间后驱动程序自动丢失。

故障原因：显卡质量不佳或显卡与主板不兼容，使得显卡温度太高，导致系统运行不稳定或出现死机。

解决方法：更换显卡。

（3）显卡挡板故障。

故障现象：开机电源灯亮，硬盘灯不亮，显示器无画面，机箱喇叭发出"嘀、嘀、嘀嗒……"的声响。

故障原因：从 BIOS 报警声可以判断故障可能在显卡。

解决方法：用另一块显卡换上，故障消失。将原先的显卡插到另一台计算机上，机器运行正常。仔细观察原先的显卡，发现铁挡板与显卡电路板距离太近，当用螺钉固定显卡到机箱上时，显卡尾部有往上翘（脱出显卡插槽）迹象。将铁挡板稍微弯曲一下，当拧螺钉固定显卡时显卡不会受力。重新安装回显卡开机，故障消除。

（4）显卡灰尘故障。

故障现象：开机后屏幕上出现几丝杂波，移动鼠标时指针边缘产生毛刺，而且故障时有时无。

故障原因：此类故障可能为灰尘所致。可以说灰尘是计算机的杀手，很多计算机故障，诸如 CPU 转速减慢、芯片散热不良、内存及显卡接触不好、鼠标或键盘接口故障等，除了硬件本身存在的毛病外，大多数故障都是由灰尘引起的。

解决方法：打开机箱检查，发现 CPU 和显卡风扇旁积聚了很多灰尘。用毛刷和吹气球清理干净，再拔下显卡，用橡皮将显卡金手指上的氧化层仔细擦干净后再按原样装上。

（5）驱动程序故障。

故障现象：计算机平时工作正常，运行一些游戏软件及制图软件时经常出现错误，甚至出现死机。

故障原因：从故障表现看，很有可能是显卡驱动程序导致的故障。

解决方法：下载正式版的显卡驱动程序或 WHQL 版的显卡驱动，用该驱动更新原来的驱动程序。

5.4.2 声卡常见故障与维修

声卡是声音之源，负责对信号的处理，其性能与输出的音频信号好坏关系重大。声卡出现故障，计算机将变成"哑巴"。声卡出现故障时，按照图 5-22 所示的故障维修流程检修。

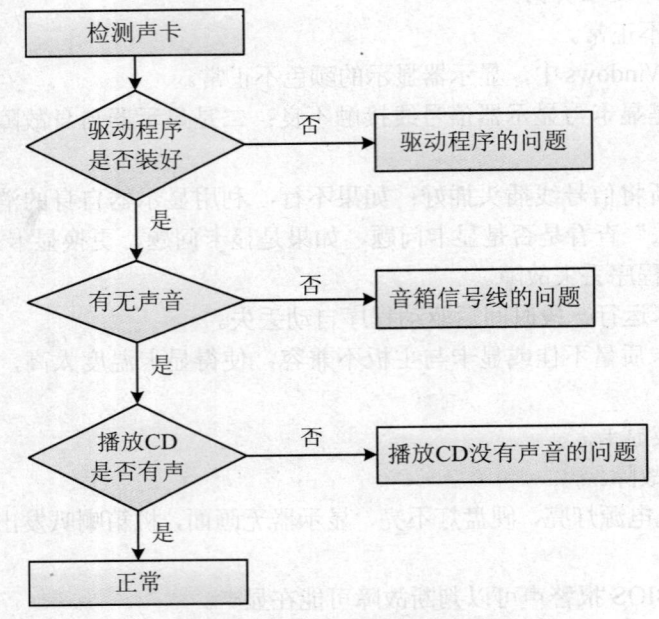

图 5-22 声卡故障维修流程

1. 声卡的类型

目前市场上的声卡主要分为板卡式、集成式和外置式 3 种接口类型。

（1）板卡式。

板卡式产品涵盖低、中、高各档次，主流产品多为 PCI 接口，支持即插即用。板卡式产品主要由音效处理芯片、Digital Control 芯片、Audio Codec 芯片几个部分组成。

（2）集成式。

集成式声卡实际上是将声卡芯片整合在主板上，可以使计算机更加廉价与简便，使用时只要安装了声卡的驱动程序即可。集成式声卡的音质比较一般。

（3）外置式。

外置式声卡通过 USB 接口与 PC 连接，具有使用方便、便于移动等优势。这类产品主要应用于特殊环境，如连接笔记本实现更好的音质等。

2. 声卡常见故障现象及原因

计算机的声音设备主要是声卡和音箱。

(1) 声卡常见故障现象。
- 声卡无声故障。
- 播放 CD 无声。
- 播放时有噪音。
- 播放时声音很小。
- 无法安装声卡驱动。

(2) 声卡故障产生的原因。
- 声卡与主板不兼容。
- 接触不良（音箱与声卡、声卡与主板）。
- 主板扩展槽损坏。
- 声卡和芯片组冲突。
- 声卡与其他设备冲突。
- 驱动没有安装或丢失。
- CMOS 设置不正确。
- 声卡损坏。

3. 声卡常见故障处理方法

(1) 声卡无声故障。

声卡无声是最常见的一种声音故障，造成故障的原因较多，一般主要在音箱及连线、声卡和系统设置等几个方面，具体检修步骤如下：

第 1 步：看桌面右下角有无小喇叭，如有则声卡正常，故障原因可能在音量（包括音箱和系统音量）、静音设置、音箱（包括音量、电源等）、音箱与声卡连线等，逐一排查可以查到故障原因。

第 2 步：如桌面右下角无小喇叭，可能声卡有故障。打开控制面板→声音设备→声音选项→程序事件，单击其中一个程序事件（如程序出错），再选一个声音种类，然后看右边的"预览"按钮是否为黑色，如为黑色，则声卡正常，故障原因应该在音量（包括音箱和系统音量）、静音设置、音箱（包括音量、电源等）、音箱与声卡连线。

第 3 步：如声音属性对话框中的"预览"按钮为灰白色，打开控制面板→系统属性→硬件→设备管理器，看"其他"选项中有无带黄色问号的选项，如果有，看选项是否为声卡设备选项（声卡设备通常选项中有 Audio 或 Sound 等关键词），如果是声卡设备的选项，则声卡驱动程序没有安装，重新安装声卡驱动程序，无声问题即可解决。

第 4 步：如果带问号的选项不是声音设备的，则看声音、视频和游戏控制器选项下有无标黄色感叹号的选项。如果有，则可能驱动程序不匹配，或声卡与其他设备冲突，或声卡与主板不兼容。删除感叹号选项，重新安装声卡驱动程序。如果重新安装后问题没有解决，则双击带黄色感叹号的声音选项，打开该选项的"属性"对话框，在"资源"选项卡中检查设备冲突列表有没有冲突，如果有，检查与声卡冲突的设备（声卡一般会与 Modem 中断冲突，先检查 Modem 的中断是否存在冲突，如果存在，将 Modem 的中断改为与声卡不同的中断即可）。

第 5 步：如果声音选项没有冲突，可能是声卡接触不良或与主板不兼容。打开机箱，拔下声卡，用橡皮擦擦声卡金手指，清理主板上的灰尘，重新安装声卡，再重新安装驱动程序，如果问题还没有解决，将声卡换一个插槽试试，如果还不行则需要换声卡。

第6步：如果设备管理器中没有声卡带问号的选项和带感叹号，可能是 CMOS 设置问题或声卡接触不良或声卡损坏。先在 CMOS 设置的周边设备设置选项中查看声卡设置是否为 Enable（有效的），如果不是，问题就在这里；如果是，将声卡周边的灰尘清理干净，金手指擦一擦或换个插槽（防止主板扩展槽损坏）试试，如果不行，只有用替换法测试声卡是否损坏，如果损坏换一块声卡。

（2）播放 CD 无声故障。

故障原因：无法正常欣赏 CD 唱片，最大的可能是没有连接好 CD 音频线。

维修方法：将光驱附带音频线的一头与声卡的 CD IN 相连，另一头与光驱的 Analog 音频输出相连。

（3）播放时的噪音问题。

噪音与暴音主要由以下几种情况引起：
- 声卡没有插正。由于机箱制造精度不高、声卡外挡板制造或安装不良，导致声卡不能与主板扩展槽紧密结合，目视可见声卡上的金手指与扩展槽簧片有错位。
- 有源音箱输入接在声卡的 Speaker 输出端口。有源音箱应接在声卡的 Lineout 端口，输出的信号没有经过声卡上的功放，噪声要小得多。
- 声卡驱动程序与系统不兼容。将声卡插紧，接在声卡的 Lineout 端口，下载一个更兼容的驱动程序重新安装。

4. 声卡常见故障处理实例

（1）驱动程序故障。

故障现象：安装 PCI 声卡驱动程序时驱动程序选择错误，安装完成后声卡工作不正常。删除错误的驱动程序，安装正确的驱动程序后，声卡还是工作不正常。

故障原因：主要是 Windows 有自动检测即插即用设备并自动安装驱动程序的特性。如果先前安装的驱动有错误，即使在设备管理器中删除声卡后重新安装驱动程序，由于 Windows 自动匹配原来的驱动程序，声卡还是不能发声。

解决方法：不能用"添加新硬件"的方法解决，可以进入 Windows/inf/other 目录，把与声卡相关的.inf 文件统统删掉，重新启动后再进行手动安装。

（2）噪声故障。

故障现象：使用耳机模式输出时，伴随着无规律噪声。

故障原因：耳机驱动芯片本身信噪比不是很出众，且 PCB 没有较好地考虑防干扰问题，导致耳机模式输出容易受到电源或其他因素影响。

解决方法：尽量远离其他设备。

（3）电源故障。

故障现象：计算机完全断电后，静默一段时间启动进入系统时提示找到新声卡。

故障原因：可能和电源有关。

解决方法：重新安装驱动。

（4）暴音故障。

故障现象：播放 RealRM、RAM 格式的文档时出现暴音。

故障原因：Real 的播放器和声卡不兼容。

解决方法：安装 RMCodec，使用 Media Player Classic 播放。

（5）声音失真故障。

故障现象：不管是播放音乐还是影碟，声音都明显失真。

故障原因：一般由声卡驱动程序、音箱、硬件冲突所致。

解决方法：先安装新版的声卡驱动程序；接着检查音箱，如果确定是音箱的原因，更换音箱；然后检查是否由于扬声器的音量太高，超出扬声器的处理范围，此时应降低扬声器的音量；检查声卡是否与其他设备发生冲突（进入"设备管理器"窗口后，检查是否出现该设备以及该设备旁是否有黄色感叹号）。如果发现冲突，则重新设置声卡。

学习任务 5.5　常用外部设备的故障处理

5.5.1　显示器的故障处理

显示器是将计算机处理的信息显示到屏幕上的一种设备。通过显示器，用户可以直观地了解计算机的工作状态。显示器一旦发生故障就不能正常工作，掌握显示器的维修技术可以轻松地排除故障，使显示器更好地发挥作用。

1. 显示器常见故障剖析

（1）显示器常见故障现象。

- 显示器开机后，电源指示灯亮，但屏幕上无任何显示。
- 显示颜色不正常。
- 屏幕上出现杂点或图案。
- 启动计算机时显示器发出"啪啪"的响声。
- 显示器不停闪烁或者显示图像模糊。
- 显示器出现黑屏、花屏等现象。
- 显示器屏幕亮线或者是暗线。
- 显示器的亮度、对比度、屏幕太小、屏幕位置不能调节或者可调的范围很小。
- 屏幕参数不能设置或修改。
- 显示器通电后，屏幕没有光栅。
- 显示器出现水波纹。

（2）显示器常见故障分类与分析。

显示器常见的故障有以下几种类型：

1）开机黑屏，屏幕有不正确的颜色或者亮度出现。

如果计算机正常启动后，显示器屏幕不亮，而计算机自检正常或者在使用的过程中显示器屏幕有不正确的颜色或者亮度出现，通常是由于显示器的电源线、信号线连接不正确或者接触不良造成的，只要重新检查与显示器连接的线路并对其进行重新连接，一般就会排除故障，特殊情况下可更换信号线。

2）开机时显示器屏幕模糊或者显示器内部有声音。

正常启动计算机后，显示器屏幕呈现模糊状态，而且显示器内部还有声音传出，一般情况下是由于显示器内部聚集的灰尘太多，受潮后导致的，只要清除显示器内部的灰尘即可消除该故障。

提示：平时最好做好显示器的防尘和防潮工作，以避免出现显示器屏幕模糊或者显示器内部有声音传出。

3）显示器屏幕显示偏色、失真变形。

如果显示器屏幕出现偏色，部分区域的颜色不正常或者失真变形，一般情况下是由于附近的磁场干扰导致的，遇到此种情况时，可仔细检查显示器周围，将有磁场的设备转移走，如果磁化严重，可以使用显示器自身附带的消磁功能或者其他的消磁器进行消磁。

4）显示器显示缺色。

正常启动计算机后，彩色显示器屏幕变成了单色（如蓝色），一方面有可能是信号线没有接触好或者是某根信号线断裂导致的缺色；另一方面也可能是显示器内部的 RGB 电路中某一电路工作不正常引起的。如果是信号线没有接触好，只要将该信号线接好即可；如果是某根信号线断裂或者显示器内部的 RGB 电路引起的，则需要送专业维修点由专门人员来修理。

提示：接信号线的时候，不要与其他信号线发生挤压，也不要与墙壁发生抵触变形。

5）显示器屏幕发生抖动、闪烁。

计算机在正常启动以后，如果显示器屏幕出现抖动、闪烁等现象，一般情况下是由于刷新频率太低导致的，此时只要在操作系统中将显示器的刷新频率调高一些，显示器就会显示正常了；如果无法将显示器的刷新频率调高，则有可能是系统设置的显示器类型不对或者未正确安装显卡驱动程序，此时可通过更改显示器类型或者显卡驱动程序来将显示器调至正常。

2. 显示器故障检测

排除显示器故障必须掌握正确的检测方法。

（1）显示器常用的故障检测方法。

1）测电流法。

测电流法是维修显示器的一种基础方法，主要用于测量晶体管和集成电路块的负载电流和工作电流，以检测集成电路、晶体管及其电源负载是否正常等。

提示：当电流与正常值有很大的偏差时，说明该电路有问题。

2）测电压法。

测电压法主要是测量电路和元器件的工作电压，以判断故障部位和元器件。测电压可分为测交流电压和测直流电压两种。测交流电压是用万用表的交流电压挡测量显示器电源的交流电压值。也可在万用表上串联上一个 $0.1\mu F$ 左右的耐压足够大的电容，测量场扫描输出电路、行扫描输出电路、视频放大电路等部位的交流部分。用万用表检查其交流电压，然后再与正常状态下测的数值比较，以此判断该电路工作是否正常。

3）测电阻法。

可分为测量显示器电路和元器件的对地电阻值、测量元器件本身的电阻值。测量电路输出端的对地电阻值可以判别电路的负载是否正常。

提示：例如测量稳压电源输出端的对地电阻值时，如果负载电阻发生较大的变化，则稳压电源输出端的对地电阻必然有较大的变化，这样可以很容易判定故障的位置。

测量晶体管或集成电路块各个脚的对地电阻值时，需要测量其正反向电阻。通常情况下，以负表笔接地时测得的电阻值为正向电阻，以正表笔接地时测得的电阻值为反向电阻。根据所测电阻值的变化与正常情况下的电阻值比较，可判断出故障所在位置。

当无法清楚地判断故障的具体位置时，可取下晶体管或集成电路块，测量晶体管各脚之间的正反向电阻值和集成电路块各脚与接地脚之间的正反向电阻值,可以大概判断出晶体管或集成电路块的好坏。

4）观察法。

直接观察元器件是否烧毁、损坏、变形、变色、破裂,以及接通电流后显像管灯丝亮不亮等,这些问题是显示器发生故障的直接表现,可以根据情况进行维修。

5）敲击法。

敲击法适用于虚焊和接触不良等引起的故障。方法是用绝缘体如木棍,在通电或不通电情况下对可能出故障的部位轻轻敲打和按压,以此发现虚焊和接触不良等故障。

6）摸温法。

断电后,直接用手去摸被怀疑的元器件,如检查电解电容、变压器、晶体管等部件,根据其温度的异常变化、温度升高等现象找到故障部位。

7）冷热法。

适用于热稳定性差和发热较严重的元器件。发现某个元器件温度异常时,可用棉花球蘸上纯酒精,敷在该元器件的表面让其迅速冷却。待冷却后再开机,如发现刚才的故障明显减轻或消失,可初步判定该元器件已热失效或已有问题,可将其更换。

加温法和冷却法是相辅相成的,发现元器件热稳定性差时,用冷却法无效的情况下,可用电烙铁或电吹风等对被怀疑的元器件进行适当加热处理,然后开机观察,如发现刚才不明显的故障加重了,那么就可以对该元器件进行重点检查,甚至将其更换。

8）干扰法。

用螺丝刀等物去接触电路的输入端,输入人体感应信号或碰撞时产生的物理性杂波,用来检查视频、中频等电路,然后可根据显示屏上的杂波反应基本断定电路工作是否正常。其检查顺序应从后级向前级,检查到哪级无杂波反应哪级就有问题,就可对其进行重点检测。

9）元件替换法。

元件替换法适用于不便测量的元器件,如高压包（内部绕组短路）、高压硅堆（其内部绝缘不好、整流特性差等）以及一些电容电阻等。将怀疑有故障的元器件取下,换上好的元器件,查看故障是否消失。

（2）显示器故障处理的思路与流程。

显示器的维修思路是先检查显示器的连接情况,保证显示器与电源、主机正确连接;再检查供电电压、环境温度、湿度是否正常,显示器周围是否有磁场干扰等环境因素;然后检查显示器参数设置有无过高或者过低,BIOS 中的设置与当前使用的显卡类型或者显示器连接的位置是否相匹配;最后检查显示器自身。

显示器故障的维修流程如图 5-23 所示。

3. 显示器故障处理实例

（1）显示器不能显示故障。

故障现象:主机虽然能够正常工作,但显示器在加电后一直显示深蓝色,不能正常显示。

故障原因:显示器信号线的某个针弯曲了。

解决办法:用工具将弯曲的针轻轻修正,再重新连接。

（2）接触不良故障。

故障现象:液晶显示器开机后,电源指示灯亮,但屏幕上无任何显示。

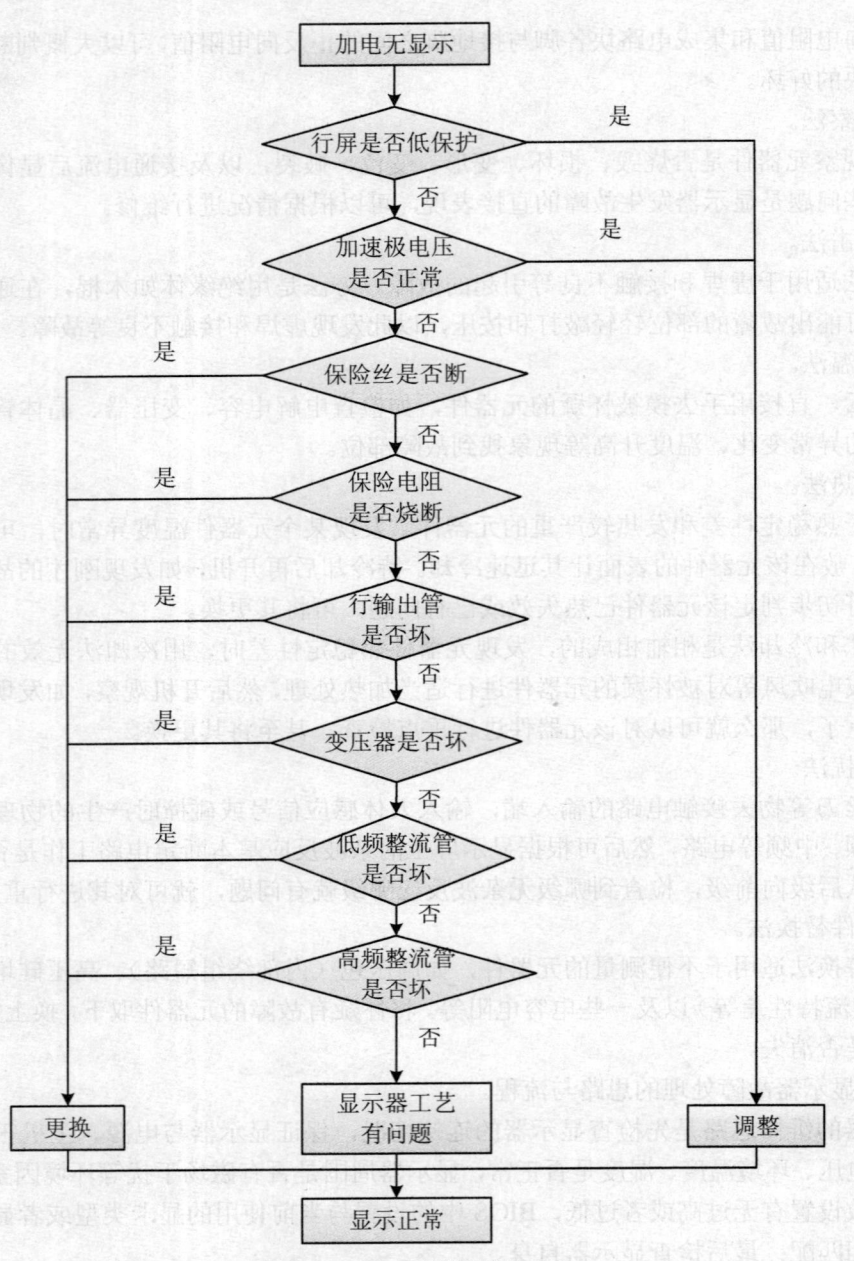

```
                    ┌──────────┐
                    │ 加电无显示 │
                    └────┬─────┘
                         ↓
                    ╱╲
                   ╱  ╲      是
              ╱行屏是否低╲─────────┐
              ╲  保护   ╱          │
                ╲    ╱            │
                 ╲ ╱              │
                  ↓否             │
                 ╱╲               │
                ╱  ╲       是     │
           ╱加速极电压╲─────────┐  │
           ╲ 是否正常 ╱         │  │
             ╲     ╱           │  │
              ╲  ╱             │  │
               ↓否             │  │
              ╱╲               │  │
         是  ╱  ╲              │  │
      ┌────╱保险丝╲             │  │
      │    ╲是否断╱             │  │
      │     ╲   ╱              │  │
      │      ╲╱                │  │
      │       ↓否              │  │
      │      ╱╲                │  │
      │ 是  ╱  ╲               │  │
      ├───╱保险电阻╲            │  │
      │   ╲是否烧 ╱            │  │
      │    ╲ 断 ╱              │  │
      │      ╲╱                │  │
      │       ↓否              │  │
      │      ╱╲                │  │
      │ 是  ╱  ╲               │  │
      ├───╱行输出管╲           │  │
      │   ╲是否坏 ╱            │  │
      │     ╲   ╱              │  │
      │      ╲╱                │  │
      │       ↓否              │  │
      │      ╱╲                │  │
      │ 是  ╱  ╲               │  │
      ├───╱变压器是否坏╲        │  │
      │   ╲          ╱        │  │
      │      ╲    ╱           │  │
      │        ╲╱             │  │
      │       ↓否              │  │
      │      ╱╲                │  │
      │ 是  ╱  ╲               │  │
      ├───╱低频整流╲            │  │
      │   ╲管是否坏╱            │  │
      │      ╲  ╱              │  │
      │       ╲╱               │  │
      │        ↓否             │  │
      │       ╱╲               │  │
      │  是  ╱  ╲              │  │
      ├────╱高频整流╲           │  │
      │    ╲管是否坏╱           │  │
      │      ╲    ╱            │  │
      │        ╲╱              │  │
      │         ↓否            │  │
      │    ┌─────────┐         │  │
      │    │显示器工艺│         │  │
      │    │ 有问题  │         │  │
      │    └────┬────┘         │  │
      ↓         ↓              ↓  ↓
   ┌─────┐              ┌─────┐
   │更换 │              │调整 │
   └──┬──┘              └──┬──┘
      └────────┬───────────┘
               ↓
          ┌─────────┐
          │ 显示正常 │
          └─────────┘
```

图 5-23　显示器故障维修流程

　　故障原因：由于液晶显示器的电源指示灯亮，可以排除显示器电源的故障。屏幕无任何显示，最普遍的情况是液晶显示控制模块与液晶显示板的段电极之间有接触不良的故障。

　　解决办法：

　　1）打开显示器的外壳，可以看到控制电路和电源电路两个模块的电路板。

　　2）找一根普通电线，将电线一头的绝缘外皮剥去一小段，将另外一头在台灯的电源线上绕几圈，该电线中感应产生出微弱的交流电压，虽然这个感应电压的内阻很大，且只有 50Hz 交流感应电动势，对一般家用电器说没什么作用，但驱动液晶显示器件正好适用。

3）用左手捏住液晶显示面板的背电极引出线，用右手拿刚才有感应电压的电线，用裸露电线头分别接触各个段电极（即 Y 电极），观察液晶显示器的反应。当电线接触到其中一个段电极时，发现液晶显示器没反应，说明此处导电橡胶有问题。

4）用高纯度的无水酒精清洗发现问题的导电橡胶，装回原处，将显示器装好，通电测试，发现显示器可以正常显示，故障排除。

（3）液晶显示器显示错误故障。

故障现象：液晶显示器显示时，显示了不该显示的内容。

故障原因：交流方波上下幅度不对称，以致熄灭时截止不清；导电橡胶条纹不正、不平行或绝缘性能差。

解决办法：更换导电橡胶条。

（4）电源电路损坏故障。

故障现象：显示器显示垂直幅度正常，但水平幅度缩小。

故障原因：显示的内容和场扫描电路、视频放大电路、高压电路有关。现在主要是水平幅度缩小，可能由于行扫描电路、电源电路损坏了。

解决办法：

1）关机，断开电源，静态测量行扫描电路的主要元器件有无硬损坏。

2）通电测量行扫描电路主要元器件的各极电压。测得行振荡集成电路芯片 TDA1108P 的第 1 脚电压从 12V 升到了 18V，且其由开关电源供电，因而要检查电源电路。

3）检查电源的输出电压是 18V，查得稳压电压是由 U801 担负，静态测量损坏没有检查出来是由于 U801 没有彻底损坏。

4）更换 U801 芯片。

（5）指示灯不亮故障。

故障现象：显示器无显示并且指示灯不亮。

故障原因：除显示适配器的原因外，主要的问题是显示器电源电路部分有故障。

解决办法：打开显示器后盖，检测发现保险丝烧断了，此外没有发现烧焦、虚焊的情况。只要更换保险丝即可排除故障。

（6）停电导致显示器画面抖动。

故障现象：计算机正常工作时突然断电，重启后，显示器的画面严重抖动。

故障原因：计算机直接连接到电源上，没有采用任何电源保护设备，突然停电时回流电造成电压异常，致使电源电容损坏，导致故障发生。

解决办法：

1）拆开损坏的主机电源，看到一个滤波电容已经爆裂。

2）根据"先软后硬"的原则，检查"显示属性"对话框中分辨率和刷新率的设置，无异常。

3）打开"设备管理器"，查看"监视器"和"显示卡"两个选项，未发现黄色感叹号（如图 5-24 和图 5-25 所示），表示状态正常，重新安装驱动程序，再次重启计算机，故障依旧存在。

4）检查硬件设备，拆下显卡，通过替换法排除显卡故障。

5）把显示器接到另一台主机上使用时，显示器画面正常，接回原主机时，故障依旧存在，排除显示器故障。

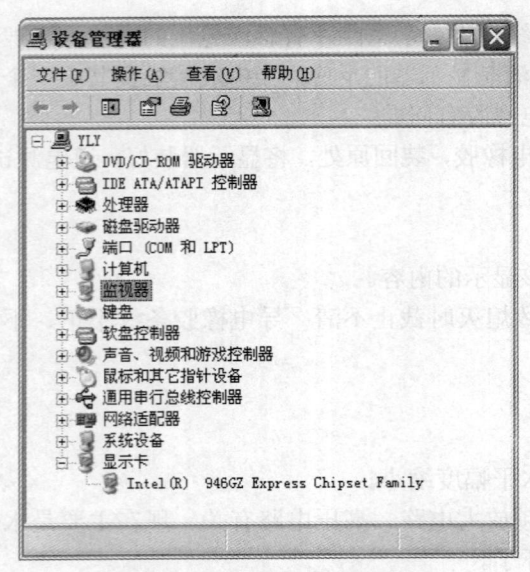

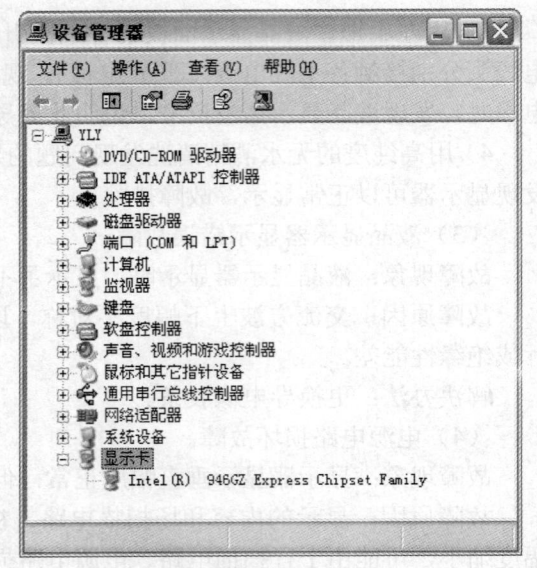

图 5-24 检查"监视器"选项　　　　图 5-25 检查"显示卡"选项

6）由于故障是计算机突然停电重启后出现的，可能性最大的故障在主机电源，把主机的电源拆下，重新更换一个新电源，重启后故障消失。

5.5.2　键盘的故障处理

键盘是最容易出现故障的外部设备之一。键盘通常有 101 键、102 键、104 键和 105 键等，键盘上分为 3 个区：功能键区、打字键区、光标控制和编辑的小键盘区。键盘内部一般都采用了可靠的微处理器电路、固态电容开关和触感反馈技术。我国应用的键盘主要有 101 键和 104 键。另外，人体工程学键盘、带写字板的多功能键盘、遥控无线式键盘、防水键盘等的相继推出增加了键盘的品种。

1. 键盘的维护

键盘使用中应注意的问题如下：
- 更换键盘时，必须切断计算机电源，且事先应将键盘背面的选择开关置于与机型相应的位置。
- 操作键盘时，切勿用力过大，以防按键的机械部件受损而失效。
- 保持键盘的清洁，键盘一旦有油渍或脏物，应该及时清洗，清洗时可以用柔软的湿布沾少量洗衣粉进行擦除，然后用柔软的湿布擦净，切勿用酒精清洗键盘。清洗工作应该在断电情况下进行。
- 切忌将液体洒到键盘上。因为大多数键盘没有防溅装置，一旦有液体流进，则会使键盘受到损害，造成接触不良、腐蚀电路和短路等故障。
- 注意防尘屑杂物。过多的尘土会给电路的正常工作带来困难，有时甚至造成误操作。杂物落入键的缝隙中，会使键挤住，或者造成短路等故障。
- 必须拆卸计算机键盘时，应首先关闭电源，再拔下与主机连接的电缆插头。

2. 键盘故障处理实例

(1) 字母无法键入。

故障现象：字母 D 无法敲进去，没办法使用 DIR 命令，字母 A 时有时无。

故障原因：键盘上的一些常用字母容易出问题，个别键脏了或弹簧失去弹性。

解决办法：清洗键盘内部。步骤为：关机，拔下键盘，反转键盘，拧下螺丝，打开键盘；用酒精擦洗键盘按键下面与键帽接触部分。注意，如果表面有一层比较透明的塑料薄膜，请揭开后清洗。键盘价格比较便宜，可以考虑换新键盘。

(2) 进入系统后键盘不可用。

故障现象：开机进入 Windows 7 后，鼠标可以使用，但键盘不能使用。

故障原因：键盘接口松动。

解决办法：用鼠标软关机 Windows 7 系统，以防硬关机使系统瘫痪。关机后，拔出键盘接口一部分，再稍用力插回。注意不要力气太大，以免损伤主板上的键盘接口，重新开机。

(3) 开机黑屏。

故障现象：开机黑屏，键盘工作指示灯不亮。

故障原因：鼠标和键盘接口接反了。

解决办法：关机后，将键盘和鼠标接口交换，重新接上。

(4) 键盘无法插入主板接口。

故障现象：刚组装的计算机，键盘无法接入主板的键盘接口，有时可以接入，但很困难。

故障原因：接口大小不匹配，主板太高或太低，个别键盘接口外包装塑料太厚。

解决办法：仔细检查接口的大小，如果主板使用小接口，可以购买转接头。如果是同样的接口，检查主板上键盘接口与机箱给接口留的孔洞，看主板是偏高还是偏低，个别主板有偏左或偏右的情况，可能要更换机箱，否则更换其他长度的主板铜钉或塑料钉。塑料钉更好，因为可以直接打开机箱；用手按主板键盘接口部分，插入键盘，解决主板偏高问题。

(5) 键盘按键按下后被卡住弹不起来。

故障现象：键盘的 Shift 键、回车键、空格键用一段时间后，按下被卡住弹不起来。

故障原因：键盘的键帽下面有一个凸凹的导电橡胶，个别键盘质量不好，导电橡胶容易老化，失去弹性。

解决办法：单独调整每个导电橡胶的位置，将一些不常用按键的导电橡胶和 Shift 键调换，如果导电橡胶是一个整体，可以在导电橡胶和键位对应的电路板触点间加一点导电体。建议选择大牌子的键盘，很少出现卡键问题。

5.5.3 鼠标的故障处理

鼠标是一种最普通、最廉价的指点设备，体积小巧，操作方便、自然，与其他指点设备（如数字化仪、光笔、触摸屏等）相比，更便宜和方便，已成为微机的基本配置之一。

1. 鼠标的结构和工作原理

各种类型的鼠标工作原理相差不大，都以串行方式与主机通信。主机接收从串行口传送来的反映鼠标移动方向、位移、键位的信号编码，以确定屏幕上鼠标指针的位置，实现对微机的各种操作。下面以光机式鼠标为例，简要介绍鼠标的结构和工作原理。

光机式鼠标的机械部分主要包括与滚动橡胶球直接接触的铜质滚轴,铜质滚轴的一端连着一个活动的轮子,该轮子套在另一个固定的板子上,活动的轮子上有许多均等的栅格,固定的板子上有对称的一对栅格,当活动轮子的栅格与固定板子上的栅格相重合时,发光二极管发出的光通过栅格缝隙照到光敏器件上。

光机式鼠标的光电部分包括两对发光二极管和光敏三极管,当发光二极管的光通过栅格的缝隙照到光敏三极管上时,光敏三极管导通,输出脉冲信号。

互相垂直的一对带有栅格的轮子转过的栅格数分别反映了在 X 和 Y 两个方向上的位移,将此信号通过光敏器件输出给专用的处理芯片进行处理,再通过 PS/2 口送给微机,可以决定鼠标指针在屏幕上的位置。

2. 鼠标的常见故障处理实例

(1) 鼠标短路引起的 CMOS 检测错误。

故障现象:计算机启动时自检,当显卡检测通过后显示 CMOSCHECKERROR,然后死机,按机箱上的"重启"按钮重新启动,故障依旧。

故障原因:鼠标短路引起的 CMOS 检测错误。

解决办法:更换鼠标,开机一切正常。

(2) 一台计算机更换了显卡,却导致串口鼠标无法使用。

故障现象:计算机更换显卡后,鼠标无法使用。

故障原因:是由于 PCI 显卡与串口"争抢"系统中断资源造成的,显卡占据一个系统中断号,通常为 IRQ11。

解决办法:进入 BIOS,把系统中断分配设定为"自动",更改串口中断地址。如果故障无法解决,进入操作系统的硬件设备列表,找到显卡的选项,右击并选择"属性"命令,检查 IRQ 中断是否为 11。如果不是,取消自动分配,手动指定为 IRQ11。完成后,继续查看鼠标的资源属性,检查系统资源中是否有冲突。可以与显卡属性两个对话框比较,调整到无冲突状态。重新启动,故障得到解决。此外,更换 PS/2 口的鼠标也可消除故障。

(3) 光电式鼠标"失灵"。

故障现象:在露天阳光下使用光电式鼠标出现"失灵"现象。

故障原因:强烈的阳光照在鼠标上,引起阳光对鼠标"内光"的干扰,使鼠标"失灵"。

解决办法:使用光电式鼠标时,注意不要让强烈的阳光照在鼠标板上,否则会引起阳光对鼠标"内光"的干扰,使鼠标"失灵"。只要挡住阳光,故障立刻消失。

(4) 鼠标指针跳动的故障。

故障现象:一台 I3 微机,开机后进入 Windows 7 环境,移动光电式鼠标时鼠标指针跳动,不稳定。

故障原因:设备中断冲突、驱动程序安装不正确和病毒等都会是导致鼠标指针跳动不稳定的原因。

解决办法:由于没有安装另外的串行设备,不存在中断冲突的问题。启动 Windows 7 后,检查鼠标的驱动程序,如果安装正确,且驱动程序没有受到破坏,用杀毒软件检查,没有发现病毒;将鼠标与主机的接口插头拔插一次,故障仍未排除;用替换法将另一只正常的相同型号的鼠标与主机连接,故障现象消失,确定这是鼠标本身的硬件故障。更换鼠标,故障排除。

5.5.4 IRQ、DMA 和 I/O 的概念

1. IRQ（Interrupt ReQuest）中断请求

每一个设备都有一个 IRQ，用以向 CPU 发送服务请求，称为中断。一般来说，计算机有 16 个中断线与各种需要用中断方式工作的不同外设相连（每个中断线有一个标号，即中断号），一条中断线被激活后，CPU 立即停下当前工作，装载一定的中断处理子程序（中断服务程序），这个程序执行后，系统回到刚才的断点，继续原来的工作。如果两个设备拥有一个中断号，计算机系统中的某些部分会停止工作，甚至会导致整个计算机系统崩溃。常用的个人计算机中，中断号的分配都有对应功能，如表 5-15 所示。

表 5-15 中断（Interrupt）对应表

中断号	说明	中断号	说明
0	系统时钟（不可用）	8	实时时钟（不可用）
1	键盘（不可用）	9	可用
2	系统的第二个中断请求控制器（IRQ8~IRQ15）	10	可用
3	串行口 2（可用）	11	常用于显卡
4	串行口 1（可用）	12	PS/2
5	并行口 2（可用）（一般用来设置声卡）	13	数学协处理器
6	软盘（不可用）	14	IDE1 控制器通道
7	并行口 1（一般用作打印机）	15	IDE2 控制器通道（可用）

2. DMA（Direct Memory Access）直接内存存取

主要用于快速设备和主存储器成批交换数据的场合。这种应用中，处理问题的出发点集中到两点：一是不能丢失快速设备提供出来的数据，二是进一步减少快速设备入出操作过程中对 CPU 的打扰。可以把这批数据的传输过程交由一块专用的接口卡（DMA 接口）来控制，让 DMA 卡代替 CPU 控制在快速设备与主存储器之间直接传输数据，此时传输一个数据只需要一个总线周期。从共同使用总线的角度看，DMA 和 CPU 成为竞争对手关系。完成一批数据传输后，快速设备向 CPU 发一次中断请求，报告本次传输结束的同时"请示"下一步的操作要求，DMA 直接内存存取通道对应表如表 5-16 所示。

表 5-16 DMA 直接内存存取通道对应表

DMA 通道	说明	DMA 通道	说明
0	可用	4	级联 DMA 控制器
1	EPC 打印口	5	可用
2	软盘控制器	6	可用
3	8 位数据传送	7	可用

3. I/O（Input/Oouput）输入/输出端口

计算机外设与主机（CPU 和内存）的通信通过接口进行，这个接口称为端口。每个端口赋予一个端口号，称为地址。每一个端口都包含一组寄存器（数据寄存器、命令寄存器和状态寄存器）。每一个想和 CPU 通信的外设都有不同的 I/O 地址，在计算机中，I/O 地址是 16 位表示，称之为 16 位寻址，一共有 64K 个地址。

5.5.5 打印机的使用与维护

1. 针式打印机

针式打印机具有结构简单、使用灵活、技术成熟、分辨率高和速度适中的优点，同时还具有高跳行能力、多份拷贝和大幅面打印的独特功能。针式打印机主要用于对文字表格进行打印，因此一般使用于专用场合，如银行、公司打印表格、票据等，如图 5-26 所示。

2. 喷墨打印机

喷墨打印机利用一个压纸卷筒和输纸进给系统，当纸通过喷墨头时，让墨水通过细喷嘴在强电场作用下以高速墨水束喷到纸上，形成点阵字符或图形。喷墨打印机是目前最为常见的打印机，它的用途广泛，可以用来打印文稿、图形图像，也可以使用照片纸打印照片，如图 5-27 所示。

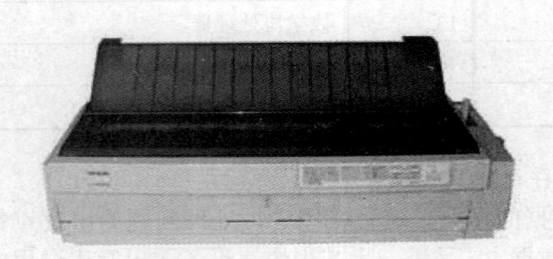

图 5-26 针式打印机　　　　图 5-27 喷墨打印机

喷墨打印机常见故障处理如下：

（1）打印时字迹无法辨认。

故障现象：打印时墨迹稀少，字迹无法辨认。

故障原因：多数是由于打印机长期未用或其他原因，造成墨水输送系统障碍或喷头堵塞。

解决方法：如果喷头堵塞得不是很厉害，直接执行打印机上的清洗操作即可。如果多次清洗后仍没有效果，可以拿下墨盒（墨盒喷嘴非一体的打印机，需要仔细拿下喷嘴），把喷嘴放在温水中浸泡一会儿。注意，不要把电路板部分也浸在水中，否则后果不堪设想，用吸水纸吸走沾有的水滴，装上后，再清洗几次喷嘴。

（2）打印机面板上的"墨尽"灯亮。

故障现象：更换新墨盒后，打印机在开机时面板上的"墨尽"灯亮。

故障原因：

①墨盒未装好。

②在关机状态下自行拿下旧墨盒，更换新墨盒。重新更换墨盒后，打印机将对墨水输送系统充墨，这个过程在关机状态下无法进行，使打印机无法检测到重新安装的墨盒。

③打印机对墨水容量的计量是用打印机内部的电子计数器进行计数（特别是对彩色墨水使用量的统计），当该计数器达到一定值时，打印机判断墨水用尽。在墨盒更换过程中，打印机将对其内部的电子计数器复位，从而确认安装了新的墨盒。

解决方法：打开电源，将打印头移动到墨盒更换位置。安装墨盒后，让打印机进行充墨，充墨过程结束，故障排除。

（3）喷墨打印机打印有横向条纹。

故障现象：打印稿件有横向条纹，打印图像文件更为严重。

故障原因：①打印机长期没有使用，造成堵塞现象；②打印头连接电缆出现断路；③输墨通道内存在气体（气泡）。经查为喷嘴堵塞所致。

解决方法：取下墨盒，将喷头放在温水中泡一会儿（注意不要把电路板部分也浸在水中），使堵塞在喷嘴里的墨水融化，故障排除。

（4）彩色喷墨打印机打印纸空白。

故障现象：刚开始出现字体缺笔断画，后逐渐发展为打印纸呈空白现象。

故障原因：①打印喷头出现堵塞现象；②打印头连接电缆出现断路；③使用了劣质的墨盒或墨水。首先怀疑墨水有问题，更换一盒新的墨水后，试机，故障依旧。再对打印头进行清洗，也无效。开机观察，打印机在自检和开机时，墨水能正常地吸到打印头的小方盒里，说明墨水输送管畅通。再检查喷头，发现喷头已被墨水杂质堵塞了。

解决方法：采用人工清洗打印喷头，操作步骤为：切断打印机电源，卸下打印机外上盖，小心取下打印喷头，把喷头垂直浸泡在无水酒精中半小时左右，然后水平拿起喷头，用一个尖嘴吸球吸入干净酒精对准喷头上的墨水进口往里用力射入，重复几次，直至喷头流出的酒精呈无色。把吸球里的空气压出，再套住喷头的进墨口，松手让吸球吸出喷头内残留的墨水杂质和酒精，重复几次，最后用干净的脱脂棉吸干喷墨头上的酒精，将喷头放在干净的地方，让剩余的酒精蒸发干净，再将喷头按原样装入打印头中，注意喷墨头进墨口不要插入墨水管太深，以免难以吸上墨水，装机试验，故障排除。

（5）打印机不能检测到墨水类型。

故障现象：打印机不能检测到墨水类型或打印出的字符模糊不清。

故障原因：①喷头喷嘴长时间裸露在空气当中；②墨盒未放入同颜色的墨盒槽里；③打印机安装驱动和打印机型号不符。

解决方法：先对打印头进行清洗（很多打印机的驱动程序提供清洗打印头命令，可直接使用该命令），如果长时间没有使用打印机，要多清洗几次，方法是把墨盒拆下来，在靠近打印头的地方用柔软的、吸水性较强的纸擦干净。如果还不能解决问题，可能是打印机驱动程序有问题，可以把与打印机对应的驱动程序再重新装一遍，问题解决。

3. 激光打印机

激光打印机的核心技术是电子成像技术，这种技术融合了影像学与电子学的原理和技术以生成图像，核心部件是一个可以感光的硒鼓。激光打印机有较为显著的几个优点，包括打印速度快、打印品质好、工作噪声小等。而且随着价格的不断下调，现在已经广泛应用于办公自动化（OA）和各种计算机辅助设计（CAD）系统领域，如图 5-28 所示。

图 5-28 激光打印机

激光打印机常见故障处理如下：

（1）打印机打印速度很慢。

故障现象：打完一行后总是停一会儿再继续打下一行。

故障原因：查看 BIOS 中的 Integrated Peripherals 设置，打印机驱动是否安装正确。

解决方法：

①检查 BIOS 设置中 Integrated Peripherals 里面的 Parallel PortMode 一项关于并口的设置，默认的 SPP 速度很慢，将其改为 EPP 或 EPP+ECP 模式。

②检查打印机驱动程序是否安装正确，可以先卸载驱动程序，再重新安装；或检查打印机电缆是否有接触不良。

③检查计算机是否中了病毒，可以先进行杀毒。

（2）打印机卡纸。

故障现象：控制板上指示灯会发光，并向计算机返回一个报警信号。

故障原因：忘记关闭盖板、打印机在打印时取出纸张、打印纸张不合规格、送纸辊运转不正常、送纸路径有纸屑和碎纸等异物、装纸盘安装不正常、纸张质量不好（过薄、过厚、受潮）、纸张传感器出错等。

解决方法：出现卡纸现象时不要急躁，打开前盖板，以进纸方向取纸。取纸时双手要平均用力、轻轻拽着被卡住的纸张，缓慢地将卡纸从打印机中取出来，切不可反方向转动任何旋钮。在取出的过程中，应先关闭打印机电源。如果经常卡纸，就要检查进纸通道，清除输出路径的杂物，纸的前部边缘要刚好在金属板的上面；检查出纸辊是否磨损或弹簧松脱，压力不够，即不能将纸送入机器；出纸辊磨损，一时无法更换时，可用缠绕橡皮筋的办法进行应急处理，缠绕橡皮筋后，增大了搓纸摩擦力，能使进纸恢复正常。

（3）打印纸上定影不牢。

故障现象：纸张打印出来的内容部分或全部能擦掉。

故障原因：打印纸潮湿、墨粉不合格、定影膜破损、加热组件温度不够。

解决方法：如果是打印纸潮湿和墨粉的问题，更换可以解决；如果是定影膜破损和加热组件问题，需要更换定影膜和维修加热组件。

（4）网络打印机不能使用。

故障现象：使用网络打印机时，无法打印或提示"找不到网络打印机"。

故障原因：网络打印机设置不正确、打印机驱动没有正确安装。

解决方法：先检查连接打印机的计算机上打印机设置是否正确，并确定该打印机已经共

享，然后检查远程使用网络打印机的计算机上打印机设置是否正确。

（5）打印机硒鼓漏粉。

故障现象：打印出来的纸张上有很多零乱的小黑点或黑块。

故障原因：鼓粉总成内密封刮刀片破损或变形、磁辊与刮板之间有很大颗料的杂质堵塞。

解决方法：查看刮刀片是否破损或变形，更换相应刮刀。如果是磁辊与刮板之间有很大颗料的杂质堵塞，可以用清扫工具同一方向清理杂质，把原来刮板的积粉清理干净。

习题五

一、选择题

1. 通常在电池旁边都有一个用来清除 BIOS 用户设置参数的（　　），这样用户在错误地设置了 BIOS 参数之后，通过放电来恢复出厂默认设置。
   A. 芯片　　　　　　　　　　B. 指示灯
   C. 跳线或 DIP 开关　　　　　D. 插座
2. IDE 接口可以接（　　）设备。
   A. 硬盘　　　B. 软驱　　　C. 光驱　　　D. 打印机
3. 串行 ATA 接口的特点有（　　）。
   A. 体积小　　B. 串行传输　　C. 高电压　　D. 7 引脚
4. 从外观上来看，AGP8X 的插槽与标准的（　　）插槽是一模一样的。
   A. AGPPro　　B. AGP1X　　C. AGP2X　　D. AGP4X
5. 与普通的声卡相比，由于集成软声卡没有（　　）芯片，而是采用软件模拟，所以 CPU 占用率比一般声卡高。
   A. Digital Control　　　　　B. BOOTROM
   C. MIDI　　　　　　　　　　D. SB Live

二、问答题

1. 简述显卡的结构和每一部分的作用。
2. 简述主机的常见故障及维护方法。
3. 简述打印机的常见故障与维护方法。

项目 6　计算机软件系统维护和故障处理

职业能力目标：

- 了解计算机软件系统维护
- 了解计算机软件系统的基本日常维护
- 熟悉计算机软件系统快速维护的方法
- 掌握计算机软件系统极速维护的方法
- 了解计算机系统常见故障
- 掌握 Windows 系统还原
- 掌握 Windows 注册表的备份与还原

学习任务 6.1　计算机软件系统维护概述

通常情况下，人们将不安装任何软件的计算机称为"裸机"，这种计算机只能使用最基本的操作，无法满足用户的需求。计算机系统里的软件包括系统软件和应用软件。其中，系统软件包括操作系统、数据库管理系统、网络软件、程序设计语言，主要功能是管理和监督计算机内的所有资源，帮助用户有效地减少使用前准备程序的时间，在一定程度上提高了计算机运行的效率。计算机系统软件是计算机高速运行的重要保障。应用软件主要是指能够帮助用户解决问题，有具体应用价值的软件或程序。应用软件必须运用到相关领域的专业知识，无法单独地运行，必须要有系统软件的支持才能正常运行。

6.1.1　计算机软件系统维护的基本工作

计算机软件系统维护必须是有效修改和一致性维护，以保证软件系统的正常工作。软件维护的基本工作是保证安全服务管理和安全机制管理、正常交互功能的实现。

1. 创建良好的软件运行环境

根据不同软件分类的原则，将同类软件安装在一个相对集中的磁盘区域，以方便管理和修改。存放系统软件的磁盘应尽量使其有足够的运行空间，最好独立使用一个区域，以提高软件的运行效率，同时也方便管理。

2. 做好软件的管理

(1) 不要轻易删除或修改系统文件。系统文件是计算机操作系统正常运行的基础，不要对系统文件的数据信息随意修改，预防误操作引起系统崩溃。

(2) 在注册表编辑器中对部分功能进行手工修改时，可隐藏驱动器图标和控制面板等相关功能单元，以预防对系统文件的非法操作。另外，下载安装操作系统的升级程序，对加强系统运行的安全性和可靠性是十分必要的。

(3) 早期版本的漏洞。早期软件漏洞很多，第一次运行新软件前，有必要对应用软件进行更新或检测病毒，确保安全后再安装使用。

3. 加强软件安全维护

(1) 病毒防御机制。为防御计算机病毒的侵入，必须使用入侵检测系统（IDS）。一般入侵检测系统在功能结构上由数据采集、数据分析和用户反馈等模块组成。软件维护管理人员必须能够使用维护与检测系统的分析技术、审计日志、异常记录等操作。对病毒潜入的预防是维护人员的首要任务。

(2) 权限设置。计算机系统采用密钥口令控制授权访问，设置口令应当复杂且方便记忆，应当定期更换口令密钥。根据系统访问用户的不同，可以设置不同的访问权限，其中超级用户可以对系统的所有数据资源进行权限控制，访问用户使用应用系统的功能菜单、各个界面的按钮等。

(3) 软件防御。应加强系统软件本身的防御能力，如设置防火墙技术，构成系统对外防御的第一道屏障。防火墙技术也是网络访问的入口，但不能对内部网络进行完全保护，必须结合其他有效的防御方法，才能提高系统整体的防御能力。防御等级从低到高分别是操作系统的硬件安全、操作系统的核心程序区、系统配置服务、应用服务安全和文件系统安全；同时以计算机软件安全检查、漏洞修补和系统备份安全作为辅助软件防御措施。对于操作系统本身的漏洞，定期升级系统补丁可以有效提高系统的安全防御能力，弥补系统本身的漏洞缺陷。

(4) 软件维护操作。

1) 对软件事故制定明确的安全恢复计划、操作细节和规程，提出完备的恢复报告。必要的备份措施是软件维护的关键，备份包括通信中心备份、注册表信息备份、系统初始化程序备份等，安全管理必须建立恢复文档资料。

2) 掌握快速高效系统恢复的方法，例如使用 Ghost 恢复系统是一个方便快速的途径，周期性地对系统进行备份，在数据恢复的时候可以恢复到最近使用的时间内。

3) Windows 操作系统包含多种帮助功能和磁盘分析整理工具，遇到各种问题时，这些系统自带的信息可以方便查阅，系统日志会记录各种操作，操作系统遇到破坏修改时是重要的参考信息。

6.1.2 计算机软件系统的基本日常维护

计算机软件系统的基本日常维护工作主要包括：

(1) 删除系统中不需要的软件。有的软件如果不需要，可以将其删除。这些软件长期闲置，不仅浪费硬盘空间，也增加了系统的负担。

(2) 查病毒。

计算机病毒会对系统造成不同程度的干扰或破坏，危害是十分巨大的。计算机病毒可能破坏磁盘逻辑系统，造成程序失效、数据丢失、系统瘫痪以及一些不可理解的错误等。对计算机病毒的防治应以预防为主。因此，定期对计算机硬盘进行病毒检查是十分必要的。

(3) 防木马，清理恶意程序。

除了防病毒以外，还应该加强防范木马和恶意程序，它们的危害一点也不亚于病毒。

(4) 清理垃圾文件。

Windows 在运行中会囤积大量的垃圾文件，且无法自动清除，垃圾文件不仅占用大量磁盘空间，还会使系统的运行速度变慢。因此，这些垃圾文件必须清除。

(5) 定期进行磁盘碎片整理。

磁盘碎片的产生是因为文件被分散保存到磁盘的不同位置，而不是连续地保存在磁盘连续的簇中而形成。如碎片过多，系统在读文件时来回寻找，会造成系统性能下降，可能会导致存储文件丢失，严重的还会缩短硬盘的寿命。因此，对于磁盘碎片不容忽视，要定期对磁盘碎片进行整理，以保证系统正常稳定地运行。可以用系统自带的"磁盘碎片整理程序"整理磁盘碎片。

(6) 清理注册表。

计算机运行一段时间后，注册表里会残留很多垃圾，这些垃圾一方面会影响系统的启动和运行速度，同时也会出现一些莫名其妙的错误。因此，需要及时地进行清除。

6.1.3 防杀病毒、木马、流氓软件

随着计算机技术的发展，出现了一些被称为隐性病毒的木马软件，即流氓软件，它们对计算机的危害程度虽然不如木马病毒严重，但是对用户的个人隐私和上网信息，尤其是银行账号的安全、身份验证信息构成很大威胁。目前，市面上一些流行的杀毒软件只是在流氓软件侵入后甚至是对用户计算机造成很大破坏时才做出相应处理，这种解决方式的滞后性不能将用户的损失降低到最小。正确的时机应当是流氓软件将要侵入系统时对其做出处理。

(1) 养成良好的安全习惯。例如，对一些来历不明的邮件及附件不要打开，并尽快删除；不要上一些不太了解的网站，尤其是那些有诱人名称的网页更不要轻易打开；不要执行从 Internet 下载后未经杀毒处理的软件，这些必要的习惯会使自己的计算机更安全。

(2) 关闭或删除系统中不需要的服务。许多操作系统会默认安装一些辅助服务，如 FTP 客户端、Telnet 和 Web 服务器。这些服务为攻击者提供了方便，而对用户没有太大的用处，删除它们将可以大大减少被攻击的可能性。

(3) 经常升级操作系统的安全补丁。据统计，有 80% 的网络病毒是通过系统安全漏洞进行传播的，像红色代码、尼姆达、冲击波等病毒。因此，应该定期到微软网站下载最新的安全补丁，以防患于未然。

(4) 使用复杂的密码。许多网络病毒是通过猜测简单密码的方式攻击系统的，因此使用复杂的密码将会提高计算机的安全系数。

(5) 迅速隔离受感染的计算机。当计算机发现病毒或异常时，应立刻中断网络，尽快采取有效的查杀病毒措施，以防止计算机受到更多的感染，或者成为传播源而感染其他计算机。

了解一些病毒知识可以及时发现新病毒并采取相应措施，使自己的计算机免受病毒破坏。如果能了解一些注册表知识，就可以定期检查注册表的自启动项是否有可疑键值；如果了解一些内存知识，可以经常检查内存中是否有可疑程序。

（6）安装专业的防毒软件，进行全面监控。在病毒日益增多的今天，使用杀毒软件进行防杀病毒是简单有效且经济的选择。用户安装防病毒软件后，应该经常升级至最新版本，并定期查杀计算机病毒。将杀毒软件的各种防病毒监控始终打开（如邮件监控和网页监控等）可以很好地保障计算机的安全。

（7）及时安装防火墙。安装较新版本的个人防火墙，并随系统启动一起加载，即可防止多数黑客进入计算机偷窥、窃密或放置黑客程序。尽管病毒和黑客程序的种类繁多，发展和传播迅速，感染形式多样，危害极大，但是还是可以预防和杀灭的。只要增强计算机和计算机网络的安全意识，采取有效的防杀措施，随时注意计算机的运行情况，发现异常及时处理，就可以大大减少病毒和黑客的危害。

6.1.4 计算机软件系统的快速维护方法

目前，较为常用的软件系统快速维护技术主要有以下几种类型：

（1）改正性维护。在软件的开发过程中，由于现阶段没有任何一种测试技术能够检查出软件中所有的错误，势必有一些未被发现的错误被带到运行当中，这些错误的存在使得软件系统在运行过程中有可能会出现故障。对于这类错误的修改称为改正性维护。据不完全统计，软件系统中的改正性维护占全部维护工作的20%左右。

（2）适应性维护。近些年来，随着计算机的迅猛发展，其外部环境和数据环境随之发生了巨大变化，为确保软件系统能够适应这种变化而对其进行的修改称为适应性维护。

（3）完善性维护。在软件系统的实际使用过程中，用户由于某些特殊的需要会对软件提出一些新的功能和性能方面的要求，为满足用户的需求而对软件进行的修改，称为完善性维护，如用户界面修改等。

（4）预防性维护。为使计算机中的程序能够被更好地纠错，增强软件的可靠性和可维护性而采取的改进软件性能的过程，称为预防性维护。

6.1.5 计算机软件系统极速维护的方法

计算机软件系统的极速维护可采取以下方法：

（1）采用具有网络对拷功能的硬盘保护卡进行数据传输。可将所有软件都安装完毕的计算机作为发射台，将其他计算机作为接收端，接收端计算机不需要安装任何软件，作为发射台的计算机能够将预先设定好的系统完整地传输到接收端的计算机中，传输完成后，硬盘保护卡对每台计算机的硬盘内容进行自动保护。这种方法的操作十分简单，只需要在启动机器时按照保护卡上的提示进行操作即可，优点是无需打开机箱拆下硬盘，只要确保网络连接正常便可以对硬盘进行复制。

（2）利用 Ghost 软件对数据进行备份。Ghost 软件是一种面向通用型硬件传送的软件，通过该软件对硬盘进行对拷，不仅能够快速实现系统安装和恢复，而且还便于维护管理。Ghost

软件的工作原理与其他备份软件不同,它是将硬盘中的某一个分区或是整个硬盘当成对象进行操作,能够非常完整地对硬盘中的所有对象进行复制,如硬盘分区信息、操作系统引导区内的信息等。同时,可将复制后的信息压缩成一个映像文件,若有需要还可以将该文件恢复到相应的硬盘或分区中。该软件的功能包括:两台计算机间的硬盘对拷、两个硬盘分区对拷、单台计算机内的两个硬盘对拷、映像文件制作等。其中,应用较多的是分区备份功能,可以将硬盘中的某一个分区备份成为一个映像文件,并将其存储到另一个硬盘或是容量较大的软盘中,一旦原来的分区出现故障,可将备份文件拷贝回去,使其恢复正常运行。这种方法常被用于没有局域网的计算机机房软件系统维护及管理中。

学习任务 6.2　计算机系统常见故障及处理

6.2.1　软件故障处理概述

计算机软件系统故障是影响计算机正常运行的一大杀手,给计算机用户带来极大的困扰,所以对计算机软件系统故障予以确诊和处理极其重要。为进一步提高计算机软件系统的运行安全性和可靠性,软件维护人员应当了解并掌握软件系统故障处理。所谓软件系统故障,是指软件运行过程中出现的一种不可接受的内部状态,这种状态将影响软件系统的正常运行。分析软件故障时,应仔细观察故障现象和系统提供的有关信息,据此判断引起软件故障的原因,找出故障源,最后再仔细查找、确定故障点。

6.2.2　计算机系统软件故障类别

大部分软件故障来源于病毒感染、程序运行所需的软硬件环境配置不合理、操作失误等。按照故障性质,软件故障大致分为病毒感染、系统故障、程序故障等。

1. 病毒感染

计算机病毒是人为编写的具有传播性、隐藏性、破坏性的程序。它通过对带毒软盘、光盘或网络的访问而进入计算机,并隐藏在硬盘的引导扇区或文件中。当计算机运行时,一旦条件满足,病毒程序即被激活并开始执行。病毒对计算机系统的危害非常大,不但占据微处理器的时间和内存、磁盘空间,还有可能修改磁盘的引导扇区或文件等信息,影响显示器、打印机等外设的工作,有的甚至破坏 BIOS 中的信息,进而导致主板报废或需要重新写入信息。因此,对病毒的防治必须给予高度重视。首先应加强防范,不使用来路不明的软件,其次应经常检测、及时发现、及时清除病毒。

目前已有许多种检测和清除病毒的工具软件,如 CPAV、SCAN/CLEAN、KILL、超级巡警 KV3000、瑞星杀毒软件、金山毒霸等。需要指出,杀毒工具软件一般对新出现的病毒或变种病毒是无能为力的,这要求计算机用户,特别是计算机系统的维护与维修人员要具有一定的识毒能力。通常,病毒的表现有:程序突然工作异常,如文件打不开、运行速度变慢、显示异常、Word 2010 出现"宏"警示框、死机;文件长度自动改变;基本内存变小,以前运行正常的程序运行时内存不足;Windows 出现异常出错信息;系统无法启动等。初步断定病毒感染后，可以使用杀毒软件清除病毒。如果不能清除，可分析归纳出该病毒的感染目标、感染位置、病毒程序的长度等特征，再用常规的工具软件清除病毒。

2. 系统故障

应根据故障现象有针对性地检查操作系统的版本是否兼容、计算机内存是否够用、操作系统的文件和重要数据是否完整、系统配置文件和自动批处理文件是否正确、CMOS 中的各项参数的设置是否合理等。例如，在系统启动的过程中提示某驱动程序未找到，应首先检查系统盘中是否有该驱动程序以及是否在根目录下。

3. 程序故障

应检查程序的运行环境是否符合要求、程序的装入方法是否正确、程序是否完整、程序本身是否有错、操作步骤是否正确、有没有相互影响的软件等。

计算机软件的故障分析与处理是一个随着计算机发展而不断循序渐进的过程，必须在扎实的理论基础指导下不断总结经验教训，仔细分析故障现象与故障原理的内在联系，进而精准定位故障点并排除它。

学习任务 6.3　Windows 系统的故障处理

6.3.1 概述

使用 Windows 7 操作系统时，难免会遇到各种各样的错误和问题。我们要做的是知道怎么排查故障、怎么解决问题，分析导致 Windows 7 操作系统出现故障的原因，并了解解决方法。

1. 第三方软件导致的故障

有些软件的程序编写不完善，安装或卸载时会修改 Windows 7 的设置，或者误将正常的系统文件删除，导致 Windows 7 出现问题。软件与 Windows 7 系统、软件与软件之间也容易发生兼容性问题。若发生软件冲突与系统兼容的问题，只要将其中一个软件退出或者卸载即可；若是杀毒软件导致无法正常运行，可以试试关闭杀毒软件的监控功能。另外，还应该熟悉自己安装的常用工具的设置，避免无谓的假故障。

2. 病毒、木马、恶意程序入侵导致的故障

有很多恶意程序、病毒、木马会通过网页、捆绑安装软件的方式强行或秘密入侵用户的计算机，然后强行修改用户的网页浏览器主页、软件自动启动选项、安全选项等设置，强行弹出广告，或者做出其他干扰用户操作、大量占用系统资源的行为，导致 Windows 7 发生各种各样的错误和问题，如无法上网、无法进入系统、频繁重启、很多程序打不开等。

要避免这些情况的发生，我们最好安装 360 安全卫士等，再加上网络防火墙如 ZoneAlarm 和病毒防护软件。

3. 误操作、优化清理 Windows 7 过头

如果对系统不熟悉，最好不要随便修改 Windows 7 的设置。若使用优化软件，要使用优化软件自带的系统设置备份功能备份系统设置，再进行系统优化。对于已经发生的问题，可以看看下面的故障简要基本解决套路以及案例，找到解决问题的方法。

4. 使用民间修改过的 Windows 7 安装系统

民间流传着大量修改过的精简版 Windows 7 系统、Ghost 版 Windows 7 系统，这类被精简修改过的 Windows 7 普遍删除了一些系统文件，精简了一些功能，有些甚至还集成了木马、病毒，留有系统后门。如果安装了这类的 Windows 7，安全性是不能得到保证的。建议安装原版 Windows 7 和补丁。

5. 硬件驱动有问题

如果安装的硬件驱动没有经过微软 WHQL 认证或者驱动编写不完善，也会造成 Windows 7 故障，如蓝屏、无法进入系统、CPU 占用率高达 100%等。如果由于驱动的问题进不了系统，可以进入安全模式卸载驱动程序或重装正确的驱动。

6.3.2 Windows 系统还原

（1）单击"开始"→"所有程序"→"附件"→"系统工具"→"系统还原"命令，如图 6-1 所示。

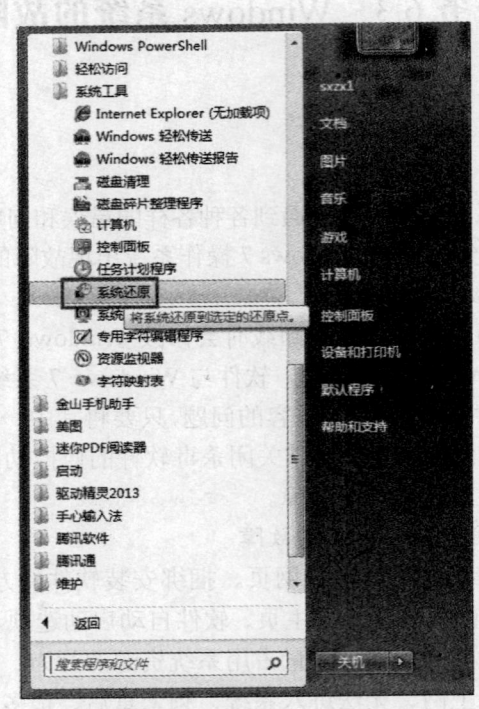

图 6-1 "系统还原"命令

（2）弹出"系统还原－还原系统文件和设置"对话框，如图 6-2 所示。

（3）单击"下一步"按钮，弹出"系统还原－将计算机还原到所选事件之前的状态"对话框，选择需要还原的时间点，如果没有需要的时间点，则选择左下角的"显示更多还原点"复选框，如图 6-3 所示。

（4）单击"下一步"按钮，弹出"系统还原－确认还原点"对话框，单击"完成"按钮，对系统进行还原，如图 6-4 所示。

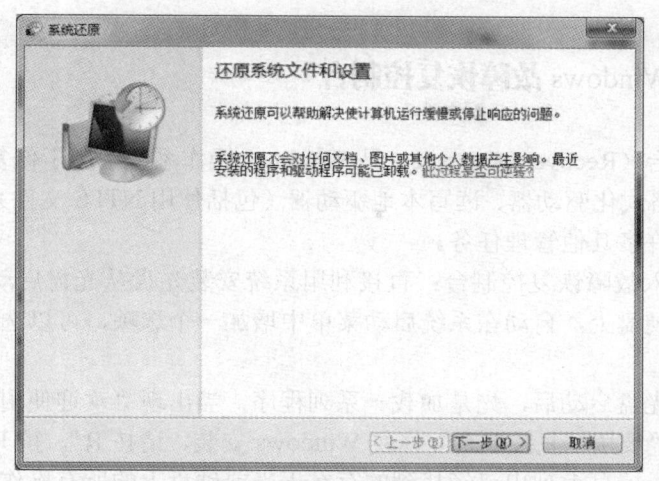

图 6-2 "还原系统文件和设置"对话框

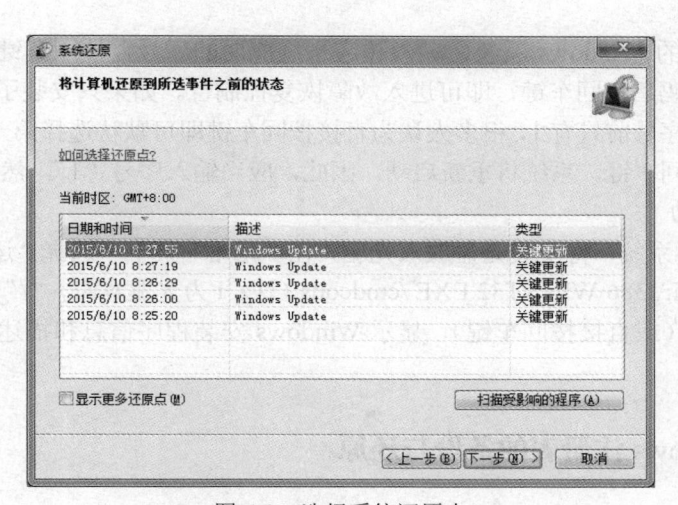

图 6-3 选择系统还原点

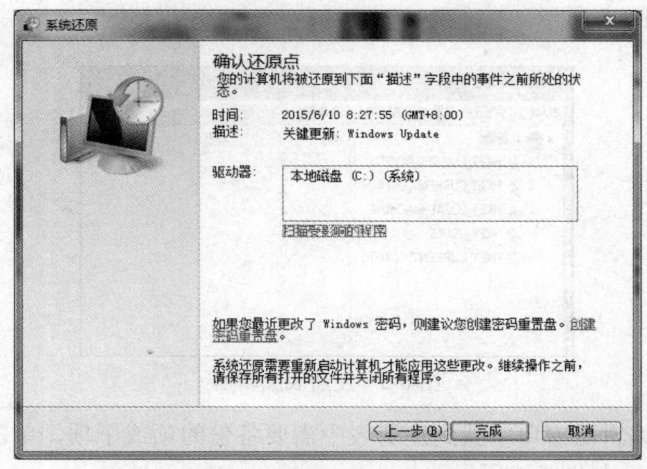

图 6-4 "确认还原点"对话框

6.3.3 使用 Windows 故障恢复控制台

故障恢复控制台（Recovery Console）是 Windows 操作系统中用于修复系统的工具，可以启用和禁用服务、格式化驱动器、读写本地驱动器（包括使用 NTFS 文件系统的驱动器）上的数据，还可以执行许多其他管理任务。

有两种方法进入故障恢复控制台：直接利用系统安装光盘从光盘启动系统进入；将故障恢复控制台安装到硬盘上，自动在系统启动菜单中增加一个选项，可以选择进入。

1. 从光盘启动

计算机从安装光盘启动后，先是加载一系列程序，当出现"欢迎使用安装程序"界面时，看到第二项内容为"要用'复控制台'修复 Windows 安装，请按 R"。按 R 键，安装程序对磁盘进行检查。稍候，屏幕上列出已经找到的存在于当前硬盘上的所有操作系统及其安装目录，并且给予自动编号。

选择想要修复的 Windows 系统，输入相应系统前面的序号，按回车键，系统要求输入管理员密码。输入密码后按回车键，即可进入故障恢复控制台。如果只安装了一个操作系统，在选择登录的系统时序号前只有 1，很多人认为直接按回车键即可默认选择第一项，这种认识是错误的。如果直接按回车键，系统将重新启动。因此，应当输入序号"1"，然后再按回车键。

2. 从硬盘启动

启动 Windows 系统，将安装光盘放入光驱，在"开始"菜单中选择"运行"命令，在"运行"文本框中输入 i:\I386\WINNT32.EXE /cmdcons（注：i 为光驱盘符，"/"前面有一个空格），单击"确定"按钮（或直接按回车键），显示 Windows 安装程序信息和描述故障恢复控制台的相关信息。

6.3.4 Windows 注册表的备份与还原

（1）单击"开始"→"运行"命令，在"运行"文本框中输入 regedit，按回车键，打开注册表编辑器，如图 6-5 所示。

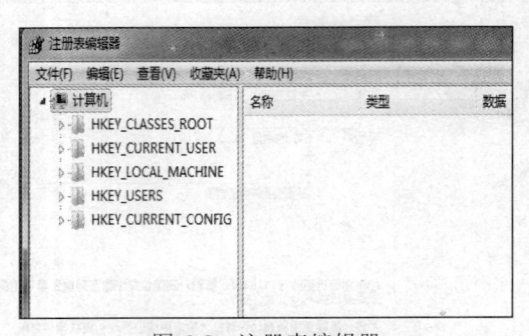

图 6-5 注册表编辑器

（2）在注册表编辑器窗口中找到注册表中需要备份的项或子项，单击选中；再单击"文件"→"导出"命令，如图 6-6 所示。

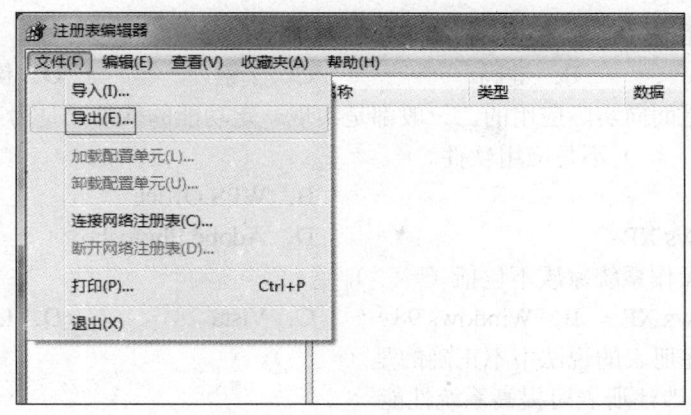

项目 6　计算机软件系统维护和故障处理

图 6-6　导出注册表文件

（3）在"导出注册表文件"对话框的"保存在"下拉列表框中选择要保存备份副本的文件夹位置，在"文件名"文本框中输入备份文件的名称，如图 6-7 所示。

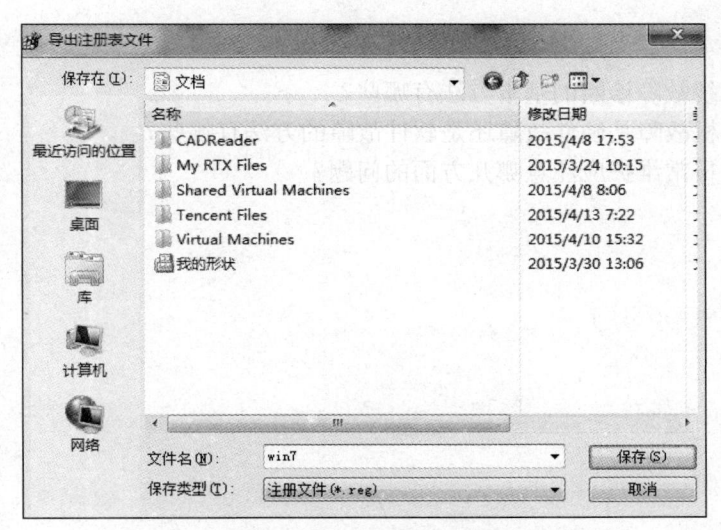

图 6-7　设置导出注册表文件的名称和存放路径

（4）单击"保存"按钮，当前注册表信息被保存在.reg 文件中。

如果注册表发生错误或出现问题，可以用相似的步骤将保存好的注册表信息导入系统，即可解决注册表异常的问题。

习题六

一、选择题

1. Ghost 属于常用的（　　）软件。
　　A．数据备份与还原　　　　　　　　B．杀毒软件
　　C．系统优化软件　　　　　　　　　D．硬件测试软件

2. Windows 系统注册表的组成结构不包括的部分是（　　）。
   A．根键　　　　　　B．键码　　　　　　C．子键　　　　　　D．键值
3. 应用软件是面向实际应用的，一般都是实现一定功能的软件，是为某一应用目的而编制的软件，下列（　　）不是应用软件。
   A．Office   B．WPS Office
   C．Windows XP   D．Adobe Photosho
4. Windows 操作系统家族不包括（　　）。
   A．Windows XP   B．Windows 98   C．Vista   D．Linux
5. 下面关于注册表的说法中不正确的是（　　）。
   A．适当修改注册表可提高系统性能
   B．通过使用注册表可以对计算机硬件进行管理和维护
   C．通过使用注册表可以对软件进行管理
   D．因为注册表是软件，所以任意修改也不会对硬件性能造成影响

二、问答题

1．计算机系统故障诊断的基本方法有哪些？
2．判断计算机故障是硬件故障还是软件故障的方法有哪些？
3．计算机的日常维护应注意哪几方面的问题？

参考文献

[1] 柳青等. 微型计算机组装与维护. 北京：中国水利水电出版社，2008.
[2] 柳青等. 微型计算机组装与维护实训. 北京：中国水利水电出版社，2008.
[3] 柳青. 计算机组装与维修. 北京：高等教育出版社，2006.
[4] 王建设. 计算机组装与维护实用教程（第二版）. 北京：清华大学出版社，2012.
[5] 李占宣. 计算机组装与维护. 北京. 清华大学出版社，2012.
[6] 刘博等. 计算机组装与维护维修（第2版）. 北京：清华大学出版社，2011.
[7] 邱丽绚等. 计算机组装与维护. 北京：清华大学出版社，2010.
[8] 缪亮等. 计算机组装与维护实用教程. 北京：清华大学出版社，2009.
[9] 郭江等. 计算机组装与维护实训教程. 北京：高等教育出版社，2010.
[10] 江兆银等. 计算机组装与维护. 北京：人民邮电出版社，2013.
[11] 李勇. 计算机组装与维护大师. 重庆：电脑报电子音像出版社，2011.
[12] 熊巧玲等. 电脑组装与维修技能实训. 北京：科学出版社，2007.
[13] 刘瑞新. 计算机组装与维护教程（第5版）. 北京：机械工业出版社，2011.